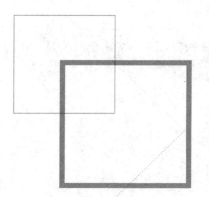

生态环境与资源保护研究

Research on Ecological Environment and Resource Protection

任 亮 南振兴◎主编

中国经济出版社
CHINA ECONOMIC PUBLISHING HOUSE
·北 京·

图书在版编目（CIP）数据

生态环境与资源保护研究/任亮、南振兴主编.
北京：中国经济出版社，2017.9（2024.6重印）
ISBN 978-7-5136-4776-2

Ⅰ.①生… Ⅱ.①任… ②南… Ⅲ.①生态环境—环境保护—文集 Ⅳ.①X171-53

中国版本图书馆CIP数据核字（2017）第171749号

组稿编辑　丁　楠
责任编辑　郭国玺
责任印制　马小宾
封面设计　任燕飞工作室

出版发行　中国经济出版社
印 刷 者　三河市金兆印刷装订有限公司
经 销 者　各地新华书店
开　　本　710mm×1000mm　1/16
印　　张　18
字　　数　310千字
版　　次　2017年9月第1版
印　　次　2024年6月第2次
定　　价　78.00元
广告经营许可证　京西工商广字第8179号

中国经济出版社　**网址** http://epc.sinopec.com/epc/　**社址** 北京市东城区安定门外大街58号　**邮编** 100011
本版图书如存在印装质量问题，请与本社销售中心联系调换（联系电话：010-57512564）

序言

PREFACE

可持续发展是当今人类迫切关注的问题之一。

1972 年联合国在斯德哥尔摩召开人类与环境会议，通过了《人类环境宣言》，揭开了全人类共同保护环境的序幕，1987 年该委员会在其长篇报告《我们共同的未来》中正式提出了“可持续发展”的理论。

张家口与北京并列为 2022 年冬奥会举办城市，而可持续发展是北京申冬奥时向国际奥委会提出的三大理念之一。北京 2022 年冬奥会将坚持“以运动员为中心、可持续发展、节俭办赛”的三大理念，与国际奥委会 2015 年 12 月通过的奥运会改革方案《奥林匹克 2020 议程》高度契合，得到了国际奥委会的高度肯定。

北京 2022 年冬奥会的筹办将把冬奥会和谐融入周边自然环境的改善，融入城市和地区的长期发展，实现更快的环境改善进程、更高的区域发展水平、更强的公众参与力度，达到冬奥会举办与城市可持续发展的双赢，这与奥林匹克运动的不懈追求不谋而合，也必将为京张地区的可持续发展做出巨大贡献。

发展经济和保护环境，在人类工业化进程中一直是一对难以协调的矛盾。改革开放以来，在快速工业化进程中，在意识、制度和能力上，中国都没有做好充分准备，造成了环境遭受污染、生态环境被破坏的不良后果。

党的十八大以来，以习近平同志为核心的党中央大力推进生态文明建设，将“绿色发展”确立为新发展理念的重要内容，将“建设美丽中国”确定为实现中国梦的重要目标，并采取一系列措施，特别是通过制度建设推进环境改善，从制度上解决环境保护和生态文明建设的问题。党的十八届三中全会确定了生态文明体制改革的任务，提出了加快建立系统完整的生态文明制度体系，开启了生态、绿色发展的新道路。

按照 2015 年 4 月 30 日中央政治局通过《京津冀协同发展规划纲要》的提法，京津冀地区是中国人与自然环境最为紧张的地区。而河北省由于经济发展阶段整体还处于工业化中期，高耗、高污染、高排放的产业结构严重影响了本省的生态环境。因而，下大力气加大对河北产业结构的调整，就成为解决河北环境问题的重中之重。

自2008年北京举办第29届奥运会以来，张家口的发展进入我们的视野。2014年11月，2022年冬奥会申办委员会委托北京改革和发展研究会承担了《申办及举办2022年冬奥会与北京、张家口可持续发展研究》，作为此项课题负责人，笔者对张家口的关注程度前所未有。特别是2015年7月31日，北京携手张家口共同申办2022年冬奥会获得了成功，为张家口这座历史和文化底蕴深厚但却相对贫困的城市带来了千载难逢的历史机遇。中国北方绿色休闲城市成为《申办及举办2022年冬奥会与北京、张家口可持续发展研究》课题组对张家口的定位，这一城市定位决定了张家口必须把环境保护放在重中之重，大力发展绿色休闲产业，而在这些领域，张家口有着广阔的前景和无限的发展潜力。

河北北方大学生态建设与产业发展研究中心是河北省高等学校人文社会科学首批重点研究基地，成立以来，立足于区域经济社会发展，服务于京津冀协同发展进程中生态建设与产业发展，潜心于生态科学研究，着力打造生态建设领域的学术交流、人才培养、新型智库平台。《生态环境与资源保护研究》是这一机构和河北省法学会环境与资源法学研究会围绕京津冀协同发展背景下对生态环境保护、生态产业发展、生态治理的法治化等问题联合展开学术研究的成果结晶。此书以交流学术、资政服务为宗旨，聚焦生态环境保护这一重大现实课题，力图从理论上厘清生态与产业发展的关系，探索生态产业化和产业生态化的可持续发展道路，形成有利于生态治理现代化和法治化的体制机制，体现区域发展的需求。具体而言，本书第一篇、第四篇围绕京津冀协同发展的生态保护和产业发展，重点探讨了京津冀协同发展背景下张家口的生态环境现状、生态治理分析以及生态经济、旅游开发等问题，对地方生态环境保护和旅游发展具有重要的指导意义和借鉴价值；第二篇、第三篇立足于生态治理现代化问题，重点从立法和司法两个层面研究了生态环境治理问题，与党的十八届三中全会提出的加快建立系统完整的生态文明制度体系高度契合，为生态治理法治化提供了思路和启示，是不可多得的研究成果。

值此此书出版之际，撰写此篇，是为序。

陈　剑*

2017年8月

* 作者系中国经济体制改革研究会副会长，京张冬奥研究中心主任、研究员。

目录 CONTENTS

第一篇　京津冀协同发展中的生态环境研究

第二篇　生态环境立法研究

第三篇 生态环境司法研究

第四篇 生态产业发展研究

第一篇

京津冀协同发展中的生态环境研究

环境正义视域下京津冀都市圈生态协同治理机制研究

陶红茹　马佳腾①

（河北地质大学；河北大学）

摘要： 京津冀都市圈是我国环渤海经济地带的中心区域，也是全国经济发展的第三增长极。近些年，由于经济发展不均衡、制度建设不完善、地区利益冲突严重等诸多因素的影响和作用，生态环境问题逐渐成为京津冀各地政府和公众共同关注的焦点，已经成为推动京津冀一体化发展的制约因素和首要问题。本文结合京津冀都市圈的发展现状和存在的问题，从环境正义的角度分析该区域存在的生态问题及主要原因，借鉴国内外区域性生态协同治理的经验，探索实现生态协同治理的路径和具体措施，对于进一步推动京津冀经济一体化发展，推动产业结构的调整与升级，解决生态环境问题具有重要的现实意义。

关键词： 环境正义；京津冀都市圈；协同治理；

一、相关概念的界定及理论支撑

环境正义理论产生于20世纪80年代的美国。经过几十年的发展，各国学者结合世界性生态危机问题和本国区域性生态问题对环境正义进行了深入的理论研究。然而，国内外学者并没有形成统一的理论体系，即使对于其概念的界定也是仁者见仁，智者见智。从我国诸多相关著作中可以了解到，国内学者认为，环境正义的核心问题是正义分配问题，即：在什么条件下分配，分配什么，怎么分配。结合我国相关学者的理论研究，环境正义即承认人人（代际之间和代际之内）都平等享有分配生态环境资源的资格和权利。环境正义强调的是不同的主体（不同的群体、地区、国家甚至世代）在面对环境利益和负担的分配

---

① 基金项目：2015年河北省社会科学发展研究课题“环境正义视域下京津冀都市圈生态协同治理机制研究”的阶段性成果（2015021207）。

时，在表达自身对环境的理解和想象时，需要得到公正的对待。环境正义是将正义理念引入环境问题，其核心则是权利诉求的平等和公正。

协同治理理论是一种新兴的交叉理论，来自自然科学中的协同论和社会科学中的治理理论，代表着公共管理理论的新方向。协同治理中最核心的概念是协同、合作，是指在公共生活过程中，政府、非政府组织、企业、公民个人共同参与到公共事务的实践中，发挥各自的独特作用，形成和谐高效的治理网络，最大限度地维护和增进公共利益。尽管不同学者对协同治理的内涵有着不同的界定，但是从本质上看，都强调主体的多元化、权力的分散化和工作的协同性。

早在2004年，在京津冀高层领导人的共同推动下，国家发展改革委已经着手开始京津冀都市圈区域规划的工作，于2007年报国务院。直到2015年4月，中共中央政治局召开会议，审议通过了《京津冀协同发展规划纲要》。根据《规划纲要》的规划指导，最终确立了北京、天津以及河北省11个地级市的都市圈协同发展的战略选择和具体规划。京津冀都市圈地域广阔，人口众多，资源丰富，发展潜力巨大。同时，由于三地区的经济发展不均衡、社会基础设施建设差距大、行政区域壁垒等原因，虽然近十几年在三地政府部门的努力下取得了一些合作成果，但是京津冀一体化发展并没有取得实质性的进展，尤其是关乎公众生存和发展的生态恶化和水资源污染问题。2014年伊始，首先是京津冀协同发展上升为重大的国家发展战略，其次是京津冀一体化被首次写入政府工作报告中，然后成立了京津冀协同发展领导小组，因此，京津冀都市圈进入了快速发展的轨道。至今，在交通一体化、生态环境保护、产业升级转移等方面取得的成果为京津冀一体化发展的里程碑。

随着我国经济的快速发展，日益恶化的生态问题逐渐成为人们普遍关系的话题。党的十八大报告提出，要更加自觉地珍爱自然，更加积极地保护生态，努力走向社会主义生态文明新时代；要把生态文明建设放在突出地位，融入经济建设、政治建设、文化建设、社会建设各方面和全过程，努力建设美丽中国。就目前而言，京津冀都市圈生态环境问题已经成为阻碍京津冀一体化发展的瓶颈，尤其是大气污染。生态治理问题的背后是京津冀都市圈产业结构和GDP的取舍，而GDP又直接关系到不同地区财政收入、就业等切身利益，涉及政府、企业和居民等众多利益主体。在承担生态治理成本和享有生态治理补偿中如何实现生态治理中的制度正义、不同地区多元主体之间的分配正义、生态制度制定和生态补偿分配中程序正义，这是生态协同治理机制的核心议题。

二、京津冀都市圈生态治理存在的问题

由于诸多因素的影响，京津冀都市圈的生态问题日益严重，尤其是大气污染、水资源短缺、土壤污染等问题。据相关报道，河北省农村水资源污染严重，在城镇化进程中，农村水资源污染不仅来自自身生产过程中化肥和农药的使用，而且更多的是来自周边城镇企业的废水污染，承受着城镇化带来的巨大环境污染却没有享受城镇化带来的巨大福利。同时，以大气污染为例，京津冀地区近年来一直上演“雾霾大战”。京津冀是目前我国空气污染最为严重的地区，在近几年全国空气质量测评最差的前 10 个城市中，河北省各地级市基本上占据了半壁江山。在该区域中，京津作为“两个核心”地区，经济发展较好，基础设施建设完善，而河北省以工业为主，不仅经济发展相对落后，而且环境污染较为严重。近几年，为了治理大气污染，京津冀曾开展了“三北”防护林建设、坝上生态农业建设、退耕还林、首都周围和太行山绿化等工程，并加大了工业污染防治力度，取缔了“十五小”企业等。但由于能源结构、产业布局和制度法规等因素制约，区域性大气环境问题依然严峻。

一方面，该区域没有形成长效的治理机制。无论是 2008 年的“奥运蓝”、2014 年的“APEC 蓝”、2015 年的“国庆蓝”，一直以来都是中央部署下的临时性合作，依靠自上而下的“行政命令”，建立临时性协调小组，启动大气污染联防联控机制，完成上级硬性指标所促成的蓝天和白云。然而，特殊时期的“蓝天白云”只是给了人们短暂的美景，虽然三地区的大气联防联控机制得到进一步发展，但生态环境协同治理机制并没有完全形成。河北省环保厅经测算后指出，2014 年河北省化解过剩产能、治理大气污染影响全年经济增长约 1.75 个百分点，影响工业增速约 3 个百分点。“APEC 蓝”的背后，天津有 1953 家企业实行了限产限排措施，5903 个各类工地全部停工；河北共有 2000 多家企业停产、1900 多家企业限产、1700 多处工地停工。显然，在京津冀治理大气污染的合作过程中，河北省处于弱势地位，付出的代价相对较高，这是由其特殊的地理位置和产业结构决定的。

另一方面，缺乏完整统一的具体政策和法治保障。虽然我国相关部门出台了针对大气污染治理的政策法规，但对于京津冀大气污染只具有指导意义，并不能作为具体政策实施。面对大气污染问题，各地政府从自身实际出发，制定了一些符合自身利益的政策，取得了一些有限的效果。众所周知，大气污染具有跨区性和流动性的特点，各地政府“各自为政”的政策无法从根部

上解决大气污染的问题。根据《京津冀及周边地区大气污染联防联控2015年重点工作》，将北京、天津以及河北省唐山、保定、沧州等6个城市划为京津冀大气污染防治核心区。显然，并没有把全国污染严重的石家庄和邯郸列入该核心区，这充分说明该核心区紧紧围绕北京和天津制定的，重点放治理两个直辖市周边地区大气污染，而没有充分考虑河北省的大气污染治理的重点城市。

同时，我国相关法律不完善，区域性地方政府合作的合法性受到质疑，并且没有相关法律法规指导实践。我国出台的《大气污染防治法》对大气污染治理模式有着明确的规定。目前的大气污染治理模式是以行政区划为基础的由中央政府和地方各级人民政府负责的属地主义治理模式，国务院和地方各级人民政府是大气污染防治中的政府责任主体，国务院对全国范围内的大气环境质量负责，地方各级人民政府对各自辖区范围内的大气环境质量负责。[①] 面对区域性生态问题，这种传统的“各自为政”的治理模式值得我们反思和改变。

三、国内外生态问题协同治理的经验借鉴

改革开放以来，我国经济快速发展，尤其是东部沿海地区，其中最具有代表性的是“长三角”和“珠三角”区域。在经济高速发展的过程中，这些地区形成了“你中有我，我中有你”的经济圈，面对严峻的生态问题不得不进行有效的协作。这不仅是该区域经济发展和城市建设的需要，也关系到公民的切身利益。近十年来，长三角各地政府从提出绿色理念到签署协议、落实行动，率先在国内建立了长效的区域环境合作对话机制，率先打破行政边界进行环境治理，成立领导小组，设立专门管理机构，确立了一年一度的行政省长联席会议制度，建立健全了长三角区域生态环境联防联控机制，从而更好地推动了长三角一体化发展，实现了绿色发展的共同目标。

对生态环境问题而言，国外发达国家在其自身发展过程中同样遭遇了严峻的挑战。无论是不同国家跨国界的生态治理还是同一个国家内的区域性生态治理，他们从整体利益出发，协调各方利益，结合实际情况，建立具有权威性的统一领导机构，完善各项制度法规，最大限度地发挥联防联控机制，取得了良好的效果。国外发达国家区域性生态环境治理的经验，值得我们借鉴。

---

① 陶品竹．从属地主义到合作治理：京津冀大气污染治理模式的转型［J］．河北法学，2014，32（10）：120－129.

第一，生态治理中政府和市场的合理划分。国外发达国家在 20 世纪 30 年代以前奉行自由市场经济，遵循“管得最少的政府就是最好的政府”理念，市场经济得到了充分的发展。然而，市场经济有其自身的缺陷和不足，集中表现在市场的主体的逐利性和生态环境的公共性，事实证明，仅仅依靠市场经济自身发展不仅无法起到保护生态环境的作用，而且会对生态环境带来严重的破坏。20 世纪 30 年代的世界性经济危机就是很好的实例。在我国计划经济时期，国家和社会的高度一体化，政府通过政策和命令的形式使资源得到配置，市场对资源的配置作用微乎其微，然而，这种高度集中的体制下经济的发展造成了严重的自然资源的浪费和生态环境的破坏。无论是市场做主还是政府做主，经济的发展都会对生态环境产生或大或小的破坏。因此，在生态治理中，政府和市场之间应该建立一种协同治理的模式，以政府为主导，市场为补充，建立有效有限型政府，完善保护环境的各项政策法规，弥补市场失灵，同时发挥市场对资源配置的决定性作用，优化区域资源配置，促进产业结构升级，弥补政府不足。

第二，建立生态协同治理的管理机构。生态环境具有整体性特征，无论是大气还是河流，都是整体的和流动的。不同的国家可能会共享同一条河流资源，同一个国家内相邻的省份会共享大气资源。一个地方的生态系统遭到严重破坏，必然会影响到毗邻地区的生态环境和公众的生产生活，如果局部遭到破坏的生态环境无法得到及时修复，长此以往，这个区域的生态环境会日趋恶化，给人们带来巨大灾难。因此，面对区域性生态问题，国家应该建立专门的管理机构，统一领导，科学治理，互利共赢，学习欧洲莱茵河治理的经验。莱茵河是西欧最大的河流，主要流进德国、法国和荷兰等多个国家。20 世纪 50 年代开始，莱茵河生态日益恶化，有关国家从整体出发，树立协同治理理念，建立了跨国界的“保护莱茵河国际委员会”，实行统一领导，制定计划，落实责任。经过几十年的努力，莱茵河流域生态环境得到了有效的治理，这主要归功于协同治理的具有权威的管理机构。正如奥尔森“集体行动的逻辑”所阐明的那样，各个国家间的相互协作以及一国内部各地方政府间的协作必须有相应的组织机构起到集聚或者黏结作用，否则，“搭便车”行为将无法避免，并必然会导致区域性生态协同治理的失败。无论是世界上跨国性的还是本国区域性的生态环境治理，都是需要一个具有权威性的管理机构，从大局着手，打破行政壁垒，协调各方利益，制定统一规划，落实管理责任。

第三，完善生态协同治理的法律体系。面对生态环境问题，国外许多发达国家结合现实状况，制定了完善的法律法规，为生态协同治理提供了法律保障。美国、德国、英国出台了一系列法律法规，内容具体，范围广泛，从管理机构运行到汽车燃料标准，都做了比较详细的规定，形成了具有特色的生态治理大网络。尤其是美国制定的《清洁空气法》，该法明确规定州与州的协议在不与联邦法律冲突的条件下是具有法律效力的。相对于我国而言，一方面，我国在环境保护方面的法律法规有待进一步完善，执行力度不够；另一方面，我国《立法法》没有明确各地方政府之间的协议具有法律效力，也没有明确地方政府之间协作问题，京津冀三地政府近几年虽然签署了一些共同治理生态环境的协议，但由于其不具有法律效力，环境治理难以取得实质性进展。

第四，建立生态协同治理的合作激励机制。世界上著名的巴黎、纽约、东京等都市圈在自身发展的过程中，都曾面临城市发展和生态治理的问题。如何更好地保护和治理都市圈内的生态问题，如何更好地协调不同地区之间的利益冲突，如何更好地激励各地方政府共同治理生态环境，不同的国家结合自身情况做出了不同的战略选择。以巴黎都市圈的发展为例，巴黎都市圈由首都巴黎市和 7 个省份组成，总面积达 1.2 万公里，是世界上都市圈发展的典型范例。19 世纪末开始工业革命到 20 世纪 50 年代，以巴黎为中心的周边城市群得到快速发展，同其他发达国家一样，在发展过程中面临着同样的由城市发展产生的生态恶化问题。巴黎都市圈内部面临着各地区经济发展不平衡、产业同构造成恶性竞争和资源浪费、城市化发展过度等问题。从 20 世纪 50 年代开始，巴黎都市圈通过法律法规和政策支持激励地方政府协同治理生态环境，规范城市规划，提升城市建设的质量；发展交通网络，促进生产要素自由流通；合理定位各城市功能，形成优势互补型产业布局；保护自然环境，实现生态利益共享。同时，政府强化均衡发展，对发展比较落后的地区的进行财政和政策支持，促进其更好地发展。

第五，多元主体积极参与。从国外生态环境治理的经验来看，生态环境的治理不仅需要政府和市场，更需要企业、社会组织和公民的参与，形成多元主体参与治理网络。美国波托马河治理广泛地动员和鼓励公众的参与，取得了良好的效果。简单来讲，协同治理就是，多元主体在相互监督和制约的过程中共同协作来完成共同的目标。在多元主体参与的过程中，国外发达国家以政府为主，以市场为辅，积极引导作为污染主要来源的企业参与生态治理，承担相应的生态责任，同时加强政府和企业的合作，利用市场机制引导企业生产绿色产品，走绿色发展的道路；积极鼓励公众参与到生态保护和治理，调动公众参与热情，扩宽公共参与渠道；完善公众参与机制，使公众及时获得相关信息，有序参与。同时，公众参与是多元主体参与的重要组成部分，可以一定程度上弥补市场和政府的失灵，起到保障公民环境权益和监督政府的积极作用。多元主体积极参与是生态协同治理的发展趋势。

四、京津冀都市圈生态协同治理的基本原则

京津冀都市圈是由中国的政治中心、北方重要的经济中心和北方工业聚集地组成，拥有两个直辖市和八个地级市。近年来，三地在交通设施、能源合作、旅游开发等方面取得了一些成果，但是在生态治理方面却没有更多的实质性进展。相对于长三角和珠三角，京津冀都市圈发展依然存在很多现实的问题和困境。在河北省环绕京津的区域有 24 个贫困县、200 多万贫困人口，集中连片，亚洲开发银行为此提出了“环京津贫困带”的概念。贫困地区因自然保护为富裕地区埋单或者水资源无偿输出根本上就是不公正的，这是大区域之间的环境不公正。如何在保护资源环境的同时，维护资源保护区人民的正当经济利益已成为环境正义问题。[①] 同时，在京津冀协同治理生态环境的进程中，由于诸多因素的作用，河北明显处于弱势地位，是生态治理的重点和难点，作为环京津的工业大省必然将付出沉重的代价。因此，针对生态环境中存在的不正义问题，本文提出京津冀协同治理坚持的基本原则。

第一，制度正义原则。在京津冀协同治理生态环境的过程中，三地政府应该在平等协商的基础上制定互利共赢的政策，减少政治因素的过多介入，从而更好地推动生态治理，促进京津冀一体化的发展。在制定相关制度过程中，应该充分体现公平正义，生态责任、生态目标和奖惩措施应该做到标准统一，一视同仁，应该对于为京津冀生态治理做出巨大牺牲的地区给予补偿，同时，应该给予发展落后地区和贫困农村的发展最大限度地支持。以城市功能定位来讲，京津冀都市圈面临产业结构同化，人均收入差距大等问题，《规划纲要》对三地的城市功能进行合理划分，形成优势互补的产业格局。这就要求在实现京津冀一体化的目标下，三地政府部门在具体政策和制度制定时，从客观实际出发，坚持互利互惠，发挥各自优势，带动落后地区，到达均衡发展。

第二，分配正义原则。生态治理问题背后是京津冀都市圈产业结构和 GDP 的取舍，而 GDP 又直接关系到不同地区财政收入、就业等切身利益，涉及政府、企业和居民等众多利益主体。在承担生态治理成本和享有生态治理

① 徐春．社会公平视域下的环境正义［J］．中国特色主义研究，2012（6）：95－99．

补偿中如何实现不同地区多元主体之间的分配正义，是生态协同治理的重要议题。分配正义原则体现的是打破原有的地区之间利益冲突和矛盾，合理整合各方利益诉求，实现各地区和全体公众共享京津冀生态协同治理的成果。如果没有公正公平的收益分配，会直接影响到各地政府生态协同治理的积极性，许多政策法规难以实施和持续下去。在协同治理过程中，明确生态责任，对于破坏环境的一方进行强制性惩罚，用来补偿由于治理和保护环境而利益受损的一方，保障合作的公平；协调利益关系，关注发展落后的地区和弱势人群的环境权，对于发展落后地区进行财政和技术支持，对于贫困地区因保护环境而为富裕地区买单的弱势人群进行合理补偿。

第三，程序正义原则。《规划纲要》是京津冀都市圈发展的重要思想指导，要想实现近、中、远三期目标，关键在于相关政策的逐步落实。一方面，三地政府在制定生态环境协同治理的具体政策过程中，应该平等参与，整合利益，实现双赢。既不能出现前些年“河北一头热”的现象，也不能把主要精力和财力持续倾斜两大直辖市及周边的环境治理上，尤其是在疏散北京非首都功能要充分考虑周边的地区生态环境问题。另一方面，在制定利益协调分享机制过程中，应考虑为生态环境保护做出重要贡献的地区，加快完善补偿政策并无条件落实。例如，首钢的搬迁，增值税全部交给河北，所得税则由双方协商。在接受不受北京欢迎的企业时，这样简单的“机器搬移”模式对河北造成了巨大的负担，已经无法满足现实情况。同时，积极鼓励和引导公众参与生态环境治理，扩展参与渠道，在具体政策制定过程中，政府相关部门应公开信息，尊重民意，采纳意见，加强公众对其工作的监督。

五、京津冀生态协同治理机制的构建

目前，京津冀都市圈的合作与发展已经提上日程，尤其是生态环境的治理，受到了社会各界的广泛关注。由于现实的存在问题和困境，京津冀生态协同治理的道路依然很漫长。借鉴国内外都市圈的生态环境协同治理的经验，结合现实现状，京津冀地区需要建立生态协同治理机制，以实现生态治理的共同愿景。

第一，夯实生态协同治理机制的运行基础，建立政府主导下的生态市场经济运行机制。在京津冀都市圈中，北京和天津作为核心地区，经济发展较好但对周边辐射力度小，而河北省经济发展比较落后但资源丰富。在市场经济发展不成熟、政治因素介入过多的情况下，京津冀都市圈必须建立以政府为主导，市场为补充的生态市场运行机制，优化资源配置，合理定位城市功能，发挥各自优势，强化均衡发展，实现生态协同治理的目标。政府应该完善市场运行机制，减少行政干预，注重价值规律，发挥市场对资源配置的决定性作用，激活市场活力，引导环保节能企业的发展；应该转变政府经济职能，加强生态职能作用。在生态治理过程中，国家可以通过优惠政策的方式，引导节能公司的发展，从事生态治理并获得可观的收益，也可以通过市场机制解决京津产业同构现象，也可以依托河北丰富的资源，建立跨地界的工业园区，实现互利共赢。

第二，强化生态协同治理机构的权威。京津冀都市圈要想取得生态协同的治理，必须建立统一的区域生态协调管理机构，及时了解现实情况，定期召开会议，进行有效的沟通，建立长期的合作机制，这样不仅有效地破除了行政壁垒，减少行政过度干预，而且可以推动生态环境联防联动机制的发展。虽然在高层成立了京津冀协同发展领导小组，制定了一些相关的政策制度，然而在生态环境治理方面，尚没有统一的区域生态协调管理机构，目前主要是由三地环保部门根据上级政策制度进行生态协同治理，由于各地区的利益诉求不同依然困难重重。在组织内部，领导机构必须具有权威性才能更好地进行管理，实现组织目标。因此，强化生态协同治理机构的权威，就是要增强对各地区的约束力，落实生态责任，使各地方政府按照既定的政策和法律法规去执行，从而实现协同治理生态环境的目标。如果生态协同治理机构没有实权，没有权威，在现实中很难承担调京津冀生态治理的责任，也就无法实现生态治理的共同目标。在实践中，对于积极治理生态环境并做出贡献的地区，要给予多种形式的奖励，对于消极治理生态环境或损害其他地区利益和整体利益的成员，则应给予一定的惩罚。

第三，建立生态协同治理的法律体系。近日京津冀环保部门签署了“跨界环保”协议，对煤炭的管理、新车和油品标准以及联动执法做出详细说明，然而协议并不能代替相关的法律法规，执行依靠的是政府部门的自觉自律，约束性十分有限。就目前而言，我国法律法规尚不健全：一方面，我国关于环境保护和治理的法律法规不完善，内容指导性强，缺乏可操作性；一方面，我们相关法律法规把生态治理的按行政区域划分，分担给各地方政府，而各地方政府之间的协同治理的机构和协议不具有法律效力。因此，要建立生态协同治理的法律体系，加快推进区域环保立法，使生态协同治理步入法制化轨道。一是建立全国性的法律法规，授权各地方政府之间进行协同治理生态环境的权力，承认地方政府之间为治理区域性生态环境建立的机构和签订的协议的法律地位和效力，从而更好地增强地方政府之间的生态治理的协同能力，促进生态环境的保护和治理。同时，完善环境保护的相关法律法规，例如，我国目前对于生态补偿的法律规定依然是宏观指导的作用，不够具体和详细，需要尽快对生态补偿进行立法。二是建立区域性法律法规，指导本区域生态协同治理的实践活动。在京津冀区域性法律法规制定过程中，既要遵循全国性相关法律法规又要结合本地实际情况，要对各地政府进行生态责任划分，要对生态协同治理机构的职责进行划分，要对生态治理计划、技术和标准等方面进行详细说明。同时，加强执法力度和监督力度，对于违反相关法律法规的地方政府给予制裁，激励和惩罚并存才能更好地维护法律法规，实现京津冀生态协同治理的目标。

第四，构建环境污染补偿机制。在京津冀生态协同治理的进程中，由于发展不均衡、产业结构、政治因素等原因，河北省处于弱势地位，生态环境问题尤为突出，在治理过程中明显捉襟见肘，力不从心。构建环境污染补偿机制是协同治理区域性生态问题的客观需要，是协同治理的重要保障。其实质是对利益的再分配，是在效率的基础上保障合作的公平。一方面，资金来源多元化。环境污染补偿资金可以国家财政补贴，也可以吸收社会闲散资金，也可以地方政府之间的生态治理基金等。另一方面，着重补偿重点由于环境污染而受损害的地区和弱势群体。其中，河北在京津冀地区生态协同治理中付出代价最大的，同时，“环京津冀贫困带”的弱势群体也是主要的补偿对象。在京津产业转移过程中，由于诸多社会因素的影响，有一部分高污染、高能耗的产业会转移到河北，河北必然承受巨大生态治理压力，因而应该获得环境污染补偿。京津冀地区广大农村由于受到企业带来的环境污染而导致利益受损的村民，也应该获得环境污染补偿。

第五，完善生态协同治理的公众参与机制。京津冀都市圈生态协同治理需要多元主体的参与，如果单单依靠地方政府之间的合作，通过行政命令、法律法规等方式进行协同治理是远远不够的。在京津冀生态协同治理的过程中，要以政府为主导，以市场为补充，融入企业、社会组织和公民个人，建立多元化主体协同治理的网络。多元化主体参与在国外生态治理中发挥了积极的作用。在京津冀多元主体参与过程中，自上而下的治理无法适应和满足社会发展需要，公众的利益和诉求也需要得到满足，完善公共参与机制尤为重要。首先，政府应该培养公众环保意识，提升参与能力。作为生态环境恶化的直接受害者的公众对于环境问题尤为关注，关系到切身利益，同时处于弱势地位。其次，提供法律依据和制度保障。这是公众参与机制的重要内容和重要环节。这些法律和制度要集中体现鼓励公众参与，引导公众参与，科学决策；公共有序参与，公众理性参与，依法监督。比如完善信息公开制度，公众意见表达机制，生态听证制度，参与决策机制等。最后，扩宽参与渠道，加强公众监督。公众的监督是公众参与机制重要组成部分。生态环境的治理归根到底是为了还公众一个美好的生活环境，促进人与自然的和谐发展。生态环境关系到公众的切身利益，只有将公众监督覆盖到生态协同治理的全过程，才能弥补政府、市场和企业的不足，才能更好地促进京津冀生态协同治理的发展。

参考文献

［1］苑银，王宾．环境正义论研究综述［J］．法制与社会，2012（10）．

［2］李淑文，李彩丽．环境正义视域下生态文明建设的反思［J］．前言，2012（15）．

［3］黄丽娟．长三角区域生态治理政府间协作研究［J］．理论观察，2014（1）．

［4］向俊杰．协同治理：生态文明建设中政府与市场关系的历史趋势［J］．黑龙江社会科学，2014（6）．

［5］宋俊杰．生态文明多元建设主体的协同治理［J］．实事求是，2014（5）．

［6］李正升．从行政分割到协同治理：我国流域水治理机制创新［J］．学术探索，2014（9）．

［7］孙发锋．从条块分割走向协同治理—垂直管理部门与地方政府关系的调整取向探析［J］．广西社会科学，2011（4）．

［8］李娜．基于协同理论的京津冀都市圈合作治理研究［D］．天津：天津商业大学，2014.

［9］陈雨婕．论长三角区域生态治理中地方政府的协作［D］．苏州：苏州大学，2013.

［10］胡中华．环境正义视域下的公众参与［J］．华中科技大学报，2011（4）．

［11］付承伟．大都市经济区内政府间竞争与合作研究—以京津冀为例［M］．南京：东南大学出版社，2012.

［12］陈军，刘西友．美国的环境正义实践对我国的启示与借鉴［J］．中共贵州省委党校学报，2014（3）．

京津冀地区大气复合污染差异实证分析

王　超
（河北政法职业学院）

摘要：大气复合污染程度是影响环境质量的一个重要因素。本文对京津冀地区 13 个城市 85 个监测点的 423 个样本数据进行统计分析，并与全国 1835 个样本数据的对比，研究发现：京津冀地区之间的大气复合污染程度存在明显差异，也与全国的大气质量有所不同，相对来说，京津冀地区的大气复合污染程度更为严重一些，主要污染物仍是 $PM_{2.5}$。本文还从大气污染各项指标中挖掘出一些关联规则，并运用这些规则对 AQI、$PM_{2.5}$和 PM_{10}进行预测，其置信度均在 80% 以上。这为笔者预测京津冀地区的大气复合污染程度提供了依据。

关键词：京津冀地区；大气复合污染；地区差异；关联分析；环境治理

一、引言

如今，大气复合污染问题已成为当前环境问题中的一个重大问题，而且是一个影响经济和社会发展的重大难题。利用空气质量数据进行基于关联分析的数据挖掘，可以识别大气复合污染特征，并分析出有价值的研究结果。在京津冀协同发展的今天，研究京津冀地区的大气复合污染问题已成为时下必须解决的一个紧迫课题。本文通过采集生态环境部实时发布的京津冀地区共 13 个城市的 85 个空气质量监测站点的空气质量数据，运用 SPSS 数据统计软件对采集到的 423 个样本数据进行统计分析，运用 SPSSModeler17.0 数据挖掘软件对大气复合污染物指标进行关联规则（主要运用 Apriori 算法）挖掘，研究京津冀地区的大气复合污染差异及相关问题，希冀对该问题的解决有所助益。

二、研究方法

（一）研究数据概况

本论文采集了2016年6月到7月（选择时点分别为：6月5日18：00、6月7日21：00、7月7日20：00、7月8日9：00、7月13日19：00；选取标准为尽量考虑到京津冀各地市的大气复合污染差异，比如，尽量包括空气质量从优良到严重污染的各类别数据）生态环境部按小时实时发布的京津冀地区共13个城市（85个空气质量监测站点）的空气质量数据，即6类污染物每小时的浓度数据。具体包括：$PM_{2.5}$细颗粒物（单位：$\mu g/m^3$）、PM_{10}可吸入颗粒物、CO一氧化碳（单位：mg/m^3）、NO_2二氧化氮、O_3臭氧1小时平均和O_3臭氧8小时平均、SO_2二氧化硫的小时浓度数据。本文共采集到样本数据423条，其中有效样本数据有392条。同时，数据分析还使用了全国366个城市的大气质量监测数据共计1835个样本数据，以考虑京津冀地区大气复合污染在全国的排名以及多污染物复合的时间、空间、经济水平等背景特征等。

1. 空气质量指数

空气质量按照空气质量指数大小分为六级，相对应空气质量的六个类别，根据《环境空气质量指数（AQI）技术规定（试行）》（HJ 633—2012）规定：空气污染指数划分为0—50、51—100、101—150、151—200、201—300和大于300六档，对应于空气质量的六个级别，分别为：一级优、二级良、三级轻度污染、四级中度污染、五级重度污染、六级严重污染。指数越大，级别越高，说明污染越严重，对人体健康的影响也越明显。① 具体数据参见表1空气质量分指数及对应的污染物项目浓度限值。

---

① 参见：空气质量指数，百度百科：http：//baike. baidu. com/subview/3251379/3251379. htm，访问时间为2016年7月14日。

表 1 空气质量分指数及对应的污染物项目浓度限值

空气质量分指数（IAQI）	污染物项目浓度限值									
	二氧化硫（SO_2）24 小时平均/（μg/m^3）	二氧化硫（SO_2）1 小时平均/（μg/m^3）(1)	二氧化氮（NO_2）24 小时平均/（μg/m^3）	二氧化氮（NO_2）1 小时平均/（μg/m^3）(1)	颗粒物（粒径小于等于 10μm）24 小时平均/（μg/m^3）	一氧化碳（CO）24 小时平均/（mg/m^3）	一氧化碳（CO）1 小时平均/（mg/m^3）(1)	臭氧（O_3）1 小时平均/（μg/m^3）	臭氧（O_3）8 小时滑动平均/（μg/m^3）	颗粒物（粒径小于等于 2.5μm）24 小时平均/（μg/m^3）
0	0	0	0	0	0	0	0	0	0	0
50	50	150	40	100	50	2	5	160	100	35
100	150	500	80	200	150	4	10	200	160	75
150	475	650	180	700	250	14	35	300	215	115
200	800	800	280	1200	350	24	60	400	265	150
300	1600	(2)	565	2340	420	36	90	800	800	250
400	2100	(2)	750	3090	500	48	120	1000	(3)	350
500	2620	(2)	940	3840	600	60	150	1200	(3)	500
说明：	(1) 二氧化硫（SO_2）、二氧化氮（NO_2）和一氧化碳（CO）的 1 小时平均浓度限值仅用于实时报，在日报中需使用相应污染物的 24 小时平均浓度限值。 (2) 二氧化硫（SO_2）1 小时平均浓度值高于 800μg/m^3 的，不再进行其空气质量分指数计算，二氧化硫（SO_2）空气质量分指数按 24 小时平均浓度计算的分指数报告。 (3) 臭氧（O_3）8 小时平均浓度值高于 800μg/m^3 的，不再进行其空气质量分指数计算，臭氧（O_3）空气质量分指数按 1 小时平均浓度计算的分指数报告。									

2. 采集地市监测点

本文共采集了全国的 366 个城市空气质量监测数据；京津冀地区共 13 个城市，85 个空气质量监测站点的空气质量数据。其中，京津冀地区的 85 个具体空气质量监测点，见表 2。

表 2 京津冀地区主要监测点

区域	数量	监测点
北京市	12	万寿西宫、定陵、东四、天坛、农展馆、官园、海淀区万柳、顺义新城、怀柔镇、昌平镇、奥体中心、古城
天津市	18	市监测中心、南京路、北辰科技园区、天山路、永明路、团泊洼、南口路、勤俭路、大直沽八号路、前进路、跃进路、第四大街、航天路、汉北路、河西一经路、津沽路、宾水西道、大理道
石家庄市	9	化工学校、职工医院、高新区、西北水源、西南高教、世纪公园、人民会堂、封龙山、22 中南校区

续表

区域	数量	监测点
保定市	6	游泳馆、华电二区、接待中心、地表水厂、胶片厂、监测站
廊坊市	5	药材公司、开发区、环境监测监理中心、北华航天工业学院、河北工业大学
邢台市	4	达活泉、邢师高专、路桥公司、市环保局
邯郸市	4	环保局、东污水处理厂、矿院、丛台公园
沧州市	3	沧县城建局、电视转播站、市环保局
承德市	5	铁路、中国银行、开发区、文化中心、离宫
张家口市	5	人民公园、探机厂、五金库、世纪豪园、北泵房
衡水市	3	电机北厂、市监测站、市环保局
唐山市	6	供销社、雷达站、物资局、陶瓷公司、十二中、小山
秦皇岛市	5	北戴河环保局、第一关、监测站、市政府、建设大厦

（二）数据来源与采集方法

本研究使用的数据源来自 http：//www. pm25. in/，这是一个由 BestApp 工作室提供的首要空气污染物（Primary Pollutant）及空气质量指数（Air Quality Index）实时查询的公益性网站，为学术研究无偿开放 $PM_{2.5}$ 数据，提供生态环境部空气质量的实时数据。① 网站 PM25. in 不提供历史数据，只提供最近一小时的数据。本文针对研究问题和地区特征，对数据采用实时观察和不定时手工采集的方式，将采集的数据复制到 SPSS 统计软件中，以便进行分析使用。

（三）研究工具与研究方法

采用 SPSS21. 0 统计软件对收集的数据进行统计分析，使用描述性统计、频率性统计、交叉表、方差分析、聚类分析等方法进行分析。本文主要采用了聚类分析的算法，应用的是 K-means 聚类算法。K-means 算法是由 MacQueen 于 1967 年提出的，用每类的平均值来表示该类的聚类中心，降低了计算的复杂性。其实现过程是，首先由用户确定所要聚类的数目 k，并随机选择 k 个聚类中心，根据最近邻法则将分类对象赋给最近的聚类中心（簇中心）从而形成一个聚类簇，然后重新计算每个簇的平均值，并将其更新为新的聚类中心，这个过程不断反复迭代。② 为了避免不同变量的量纲之间相差太大可

---

① 贾瑾．基于空气质量数据解析大气复合污染时空特征及过程序列［D］．杭州：浙江大学，2014：14.

② 张俊溪，罗增强．基于主成分聚类算法的陕西省环境协调性分析［J］．微机处理，2010（5）．

能影响变量之间聚类的明显不均衡，在进行聚类分析之前，先对所选取的各指标数据进行标准化处理。

本文中的数据挖掘算法及模型验证通过 SPSS Modeler17.0 数据挖掘软件来实现，主要采用了关联规则和 Apriori 算法等方法进行分析，考虑支持度、置信度与提升度等指标。部分数据的整理也使用了 SPSS21.0 统计软件和 SPSS Modeler17.0 数据挖掘软件相结合的相应功能，比如重新编码、排序、选择样本和变量等。

三、京津冀地区大气复合污染差异及关联分析

通过对我国京津冀地区的大气复合污染情况进行分析，可以得出各地区大气污染情况的现实差异；通过对我国京津冀地区的大气污染指标的关联分析，可以进一步得出关于部分指标的关联规则，为进一步深入研究相关差异提供依据。

（一）基本统计情况

京津冀地区大气复合污染情况在全国统计样本中的排名，见表 3。

表 3　京津冀地区空气质量全国排名统计表

维度	N	极小值	极大值	均值	标准差
排名	65	122	364	309.57	66.461

通过表 3 可以看出，总体来看，京津冀地区在全国 366 个监测地区样本中平均排名为 309.57，相对来说排名比较靠后，也就是说，空气质量总体来说并不好。

京津冀地区大气复合污染情况的八项指标情况统计，见表 4。

表 4　京津冀地区的大气复合污染情况的指标统计量

维度	N	极小值	极大值	均值	标准差
空气质量指数（AQI）	423	0	241	82.36	45.060
细颗粒物（$PM_{2.5}$）	423	0	191	51.94	37.709
可吸入颗粒物（PM_{10}）	423	0	260	81.14	56.337
一氧化碳（CO）	423	.000	6.091	.95520	.784372
二氧化氮（NO_2）	423	0	119	30.15	17.232
臭氧 1 小时平均（O_3）	423	0	275	104.91	68.154
臭氧 8 小时平均（O_3）	423	0	269	115.78	69.884
二氧化硫（SO_2）	423	0	79	12.73	11.961

通过上表并结合空气质量指数标准可以看出，此次收集的样本数据中，空气质量指数平均处于二级良的程度，$PM_{2.5}$、PM_{10}均处于二级，一氧化碳、二氧化氮均处于一级，臭氧1小时平均处于一级，臭氧8小时平均处于二级，二氧化硫处于一级的水平。总体来看，样本处于空气质量较好程度，样本之间的标准差也比较大。

首要污染物的统计情况，见表5。

表5 京津冀地区的首要污染物情况

维度		频率	百分比	有效百分比	累积百分比
有效	—	74	17.5	17.5	17.5
	—	15	3.5	3.5	21.0
	臭氧1小时	62	14.7	14.7	35.7
	颗粒物（PM_{10}）	103	24.3	24.3	61.2
	颗粒物（PM_{10}）	5	1.2	1.2	36.9
	细颗粒物（$PM_{2.5}$）	164	38.8	38.8	100.0
	合计	423	100.0	100.0	

通过上表，我们可以看出，京津冀地区的首要污染物仍是以$PM_{2.5}$为主，其次是PM_{10}。

（二）地市差异分析

京津冀地区大气复合污染情况的八项指标的方差分析，见表6。

表6 京津冀地区大气复合污染情况的方差分析

维度	平方和		df	均方	F	显著性
Zscore（空气质量指数）	组间	101.922	12	8.493	10.880	.000
	组内	320.078	410	.781		
	总数	422.000	422			
Zscore（$PM_{2.5}$细颗粒物）	组间	103.314	12	8.609	11.076	.000
	组内	318.686	410	.777		
	总数	422.000	422			
Zscore（PM_{10}可吸入颗粒物）	组间	76.291	12	6.358	7.540	.000
	组内	345.709	410	.843		
	总数	422.000	422			
Zscore（一氧化碳）	组间	174.494	12	14.541	24.088	.000
	组内	247.506	410	.604		
	总数	422.000	422			

续表

维度	平方和		df	均方	F	显著性
Zscore（二氧化氮）	组间	58.537	12	4.878	5.503	.000
	组内	363.463	410	.886		
	总数	422.000	422			
Zscore（臭氧1小时平均）	组间	79.089	12	6.591	7.880	.000
	组内	342.911	410	.836		
	总数	422.000	422			
Zscore（臭氧8小时平均）	组间	66.042	12	5.504	6.339	.000
	组内	355.958	410	.868		
	总数	422.000	422			
Zscore（二氧化硫）	组间	197.725	12	16.477	30.122	.000
	组内	224.275	410	.547		
	总数	422.000	422			

通过上表可以看出，京津冀地区大气复合污染情况在八项指标上，均存在统计学上的显著性差异，各项差异均达到了统计学上的0.001的显著性差异标准。

京津冀地区大气复合污染情况的各指标差异，见表7。

表7　京津冀地区大气复合污染情况的各指标差异

维度	地区	N	均值	标准差
Zscore（AQI）	北京市	60	.5357482	.86991470
	天津市	89	-.5543159	.73322081
	石家庄市	45	-.1149932	1.12160156
	保定市	30	.3019844	.88144199
	廊坊市	24	.0743235	1.18818967
	邢台市	20	.5368579	1.15455142
	邯郸市	20	.5368579	1.23233226
	沧州市	15	-.1085819	.36281396
	承德市	25	.2308195	.89675650
	张家口市	25	-.0035362	.84708880
	衡水市	15	1.0646760	.92724018
	唐山市	30	-.2077097	.64297001
	秦皇岛市	25	-.9498360	.22313397
	总数	423	.0000000	1.00000000

续表

维度	地区	N	均值	标准差
Zscore（细颗粒物）	北京市	60	.4953181	.95353433
	天津市	89	–.5171217	.61496409
	石家庄市	45	–.1527673	1.11627991
	保定市	30	.3870338	.96273211
	廊坊市	24	.0800809	1.20643474
	邢台市	20	.5890172	1.14947431
	邯郸市	20	.6526619	1.23116589
	沧州市	15	–.1309631	.56787700
	承德市	25	–.0651969	.92102463
	张家口市	25	–.1797573	.79366591
	衡水市	15	1.2197182	.87794895
	唐山市	30	–.1044445	.62133142
	秦皇岛市	25	–.8904561	.17047019
	总数	423	.0000000	1.00000000
Zscore（可吸入颗粒物）	北京市	60	–.0805767	1.11159467
	天津市	89	–.5022739	.69595618
	石家庄市	45	.0870642	1.10531084
	保定市	30	.4329961	.97315442
	廊坊市	24	–.1148938	1.16523745
	邢台市	20	.6374193	1.10501645
	邯郸市	20	.4918676	.94047520
	沧州市	15	.1099422	.56969478
	承德市	25	.3014078	1.00682358
	张家口市	25	.1970366	.94179722
	衡水市	15	.9844360	.83198549
	唐山市	30	.1259174	.73844654
	秦皇岛市	25	–.7941353	.29328164
	总数	423	.0000000	1.00000000

续表

维度	地区	N	均值	标准差
Zscore（一氧化碳）	北京市	60	-.0958741	.49505031
	天津市	89	-.2032813	.62544243
	石家庄市	45	-.1894238	.64610895
	保定市	30	-.1153801	.55128582
	廊坊市	24	.0793192	1.07335492
	邢台市	20	-.0772605	.49258181
	邯郸市	20	-.0990614	.63678919
	沧州市	15	-.2615268	.24751580
	承德市	25	-.1473293	.68585722
	张家口市	25	-.2528404	.92044418
	衡水市	15	-.0941742	.23904326
	唐山市	30	2.2730276	1.84029908
	秦皇岛市	25	-.6159335	.21736449
	总数	423	.0000000	1.00000000
Zscore（二氧化氮）	北京市	60	-.0822859	.68985424
	天津市	89	-.1228858	1.06240833
	石家庄市	45	-.2963555	.93898266
	保定市	30	-.1151701	.64586029
	廊坊市	24	.2692847	1.52223056
	邢台市	20	.6324614	1.02424743
	邯郸市	20	.0086292	.76015939
	沧州市	15	.1382315	.67313944
	承德市	25	-.0714535	1.09824159
	张家口市	25	.0005049	.90363145
	衡水市	15	-.1751354	.73824366
	唐山市	30	1.0377106	1.04115822
	秦皇岛市	25	-.6169440	.54026949
	总数	423	.0000000	1.00000000

续表

维度	地区	N	均值	标准差
Zscore（臭氧 1 小时平均）	北京市	60	.6398550	1.26016869
	天津市	89	–.3512839	.87274847
	石家庄市	45	–.3237266	.89781684
	保定市	30	.1094409	.87685297
	廊坊市	24	–.1808319	1.11516646
	邢台市	20	–.4439603	.71347950
	邯郸市	20	–.5180569	.77315966
	沧州市	15	.1011264	.70881560
	承德市	25	.5348481	1.20890087
	张家口市	25	.6622062	.75604756
	衡水市	15	.6469467	.50102113
	唐山市	30	–.3356277	.66440218
	秦皇岛市	25	–.1336350	.33221888
	总数	423	.0000000	1.00000000
Zscore（臭氧 8 小时平均）	北京市	60	.4809134	1.17112254
	天津市	89	–.2654517	.98412523
	石家庄市	45	–.4187583	.87463672
	保定市	30	.1319995	.91486091
	廊坊市	24	–.0826434	1.26933614
	邢台市	20	–.4446745	.73440230
	邯郸市	20	–.6149578	.66761185
	沧州市	15	.4563487	.86262775
	承德市	25	.5126329	1.10785684
	张家口市	25	.6545834	.56919909
	衡水市	15	.4544408	.69733630
	唐山市	30	–.0974299	.76960582
	秦皇岛市	25	–.2835492	.43155502
	总数	423	.0000000	1.00000000

续表

维度	地区	N	均值	标准差
Zscore（二氧化硫）	北京市	60	-.6130684	.34426776
	天津市	89	-.4069664	.54477832
	石家庄市	45	-.3250935	.56870702
	保定市	30	.2842987	.93170027
	廊坊市	24	-.4862665	.55453134
	邢台市	20	.7371625	1.01474352
	邯郸市	20	-.4751191	.48785873
	沧州市	15	.8974066	1.14410467
	承德市	25	.4503952	1.12306771
	张家口市	25	.2564301	.85568227
	衡水市	15	.1338085	.56498273
	唐山市	30	1.9313296	1.25688418
	秦皇岛市	25	-.2217941	.41587673
	总数	423	.0000000	1.00000000

通过表7可以看出，在分析的八项指标中，13个地市的各监测点数据均存在较大差异。

在对京津冀地区各项大气污染指标进行方差分析的基础上，进一步对各地市进行两两比较，分析具体差异。通过比较分析，我们可以发现：北京市与天津市、石家庄市、唐山市、秦皇岛市在AQI指标上存在统计学上的显著性差异（$P<0.001$），北京市与廊坊市、沧州市、张家口市、衡水市在AQI指标上存在统计学上的显著性差异（$P<0.05$），与其他市在AQI指标上不存在统计学上的显著差异；天津市与北京市、保定市、邢台市、邯郸市、承德市、衡水市在AQI指标上存在统计学上的显著性差异（$P<0.001$），与石家庄市、廊坊市、张家口市、秦皇岛市在AQI指标上存在统计学上的显著性差异（$P<0.05$），与其他市在AQI指标上不存在统计学上的显著差异。其他各项指标之间的差异不再一一列举，各项指标之间的差异（仅列举北京、天津、石家庄三个主要地市），见表8。

表8　京津冀地区各项大气污染指标两两比较差异表

大气指标	地市	差异（P<0.001）	差异（P<0.05）	无差异（P>0.05）
空气质量指数	北京市	天津市、石家庄市、唐山市、秦皇岛市	廊坊市、沧州市、张家口市、衡水市	保定市、邢台市、邯郸市、承德市
	天津市	北京市、保定市、邢台市、邯郸市、承德市、衡水市	石家庄市、廊坊市、张家口市、秦皇岛市	沧州市、唐山市
	石家庄市	北京市、衡水市、秦皇岛市	天津市、保定市、邢台市、邯郸市	廊坊市、沧州市、承德市、张家口市、唐山市
细颗粒物	北京市	天津市、石家庄市、张家口市、秦皇岛市	沧州市、承德市、衡水市、唐山市	保定市、廊坊市、邢台市、邯郸市
	天津市	北京市、保定市、邢台市、邯郸市、衡水市	石家庄市、廊坊市、承德市、唐山市	沧州市、张家口市、秦皇岛市
	石家庄市	北京市、邯郸市、衡水市、秦皇岛市	天津市、保定市、邢台市、	廊坊市、沧州市、承德市、张家口市、唐山市
可吸入颗粒物	北京市	衡水市、秦皇岛市	天津市、保定市、邢台市、邯郸市	石家庄市、廊坊市、沧州市、承德市、张家口市、唐山市
	天津市	石家庄市、保定市、邢台市、邯郸市、承德市、张家口市、衡水市、唐山市	北京市、沧州市	廊坊市、秦皇岛市
	石家庄市	天津市、衡水市、秦皇岛市	邢台市	北京市、保定市、廊坊市、邯郸市、沧州市、承德市、张家口市、唐山市
一氧化碳	北京市	唐山市	秦皇岛市	天津市、石家庄市、保定市、廊坊市、邢台市、邯郸市、沧州市、承德市、张家口市、衡水市
	天津市	唐山市	秦皇岛市	北京市、石家庄市、保定市、廊坊市、邢台市、邯郸市、沧州市、承德市、张家口市、衡水市
	石家庄市	唐山市	秦皇岛市	北京市、天津市、保定市、廊坊市、邢台市、邯郸市、沧州市、承德市、张家口市、衡水市

续表

大气指标	地市	差异（P<0.001）	差异（P<0.05）	无差异（P>0.05）
二氧化氮	北京市	唐山市	邢台市、秦皇岛市	天津市、石家庄市、保定市、廊坊市、邯郸市、沧州市、承德市、张家口市、衡水市
	天津市	唐山市	邢台市、秦皇岛市	北京市、石家庄市、保定市、廊坊市、邯郸市、沧州市、承德市、张家口市、衡水市
	石家庄市	邢台市、唐山市	廊坊市	北京市、天津市、石家庄市、保定市、邯郸市、沧州市、承德市、张家口市、衡水市、秦皇岛市
臭氧1小时平均	北京市	天津市、石家庄市、廊坊市、邢台市、邯郸市、唐山市、秦皇岛市	保定市、沧州市	承德市、张家口市、衡水市
	天津市	北京市	保定市、承德市、张家口市、衡水市	石家庄市、廊坊市、邢台市、邯郸市、沧州市、唐山市、秦皇岛市
	石家庄市	北京市、承德市、张家口市、衡水市	保定市	天津市、廊坊市、邢台市、邯郸市、沧州市、唐山市、秦皇岛市
臭氧8小时平均	北京市	天津市、石家庄市、邢台市、邯郸市、秦皇岛市	廊坊市、唐山市	保定市、沧州市、承德市、张家口市、衡水市
	天津市	北京市、承德市、张家口市、	保定市、沧州市、衡水市	石家庄市、廊坊市、邢台市、邯郸市、唐山市、秦皇岛市
	石家庄市	北京市、承德市、张家口市、	保定市、沧州市、衡水市	天津市、廊坊市、邢台市、邯郸市、唐山市、秦皇岛市

续表

大气指标	地市	差异（P<0.001）	差异（P<0.05）	无差异（P>0.05）
二氧化硫	北京市	保定市、邢台市、沧州市、承德市、张家口市、衡水市、唐山市	石家庄市、秦皇岛市	天津市、廊坊市、邯郸市
	天津市	保定市、邢台市、沧州市、承德市、张家口市、唐山市	衡水市	北京市、石家庄市、廊坊市、邯郸市、秦皇岛市
	石家庄市	保定市、邢台市、沧州市、承德市、唐山市	北京市、张家口市、衡水市	天津市、廊坊市、邯郸市、秦皇岛市

（三）地区差异的聚类分析结果

通过对我国京津冀地区的大气污染指标进行聚类分析，运用 k-means 聚类方法，将各地区按指标结果分为三类，具体结果见表 9。

表 9　京津冀地区八项大气污染指标的聚类分析

维度	1	2	3	F	Sig.
Zscore（空气质量指数）	.09156	.98179	−.60636	254.748	.000
Zscore（细颗粒物）	.12619	.99635	−.61987	276.449	.000
Zscore（可吸入颗粒物）	.42945	.87030	−.58480	190.147	.000
Zscore（一氧化碳）	2.17921	.16007	−.39277	185.573	.000
Zscore（二氧化氮）	1.34527	.28414	−.35458	67.060	.000
Zscore（臭氧 1 小时平均）	−.43705	.40650	−.18655	21.414	.000
Zscore（臭氧 8 小时平均）	−.32721	.37059	−.17975	16.982	.000
Zscore（二氧化硫）	2.26195	−.01577	−.29764	172.652	.000

通过分类表可以看出，可按污染程度将各省市大气污染样本分为三类，第一类为环境污染较轻类型，共有 33 个样本；第二类为环境污染较重类型，共有 147 个样本；第三类为环境污染一般类型，有 243 个样本；三个类型之间存在显著差异。

（四）大气复合污染物指标关联规则分析

1. 关联规则建模流程图

在对我国京津冀地区大气污染分析的基础上，根据数据挖掘的原理与算法，使用关联规则中的 Apriori 算法建立大气污染的关联分析模型，生成关联类别的规则集，为进一步分析奠定基础。京津冀地区大气污染关联规则 Apriori 算法流程图，见图 1。

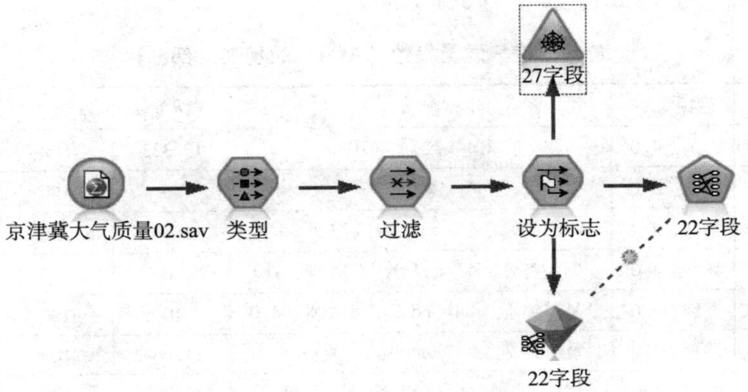

图 1　京津冀大气质量关联分析数据流

2. 京津冀大气质量关联网络图

京津冀大气质量关联分析网络结构，见图 2。

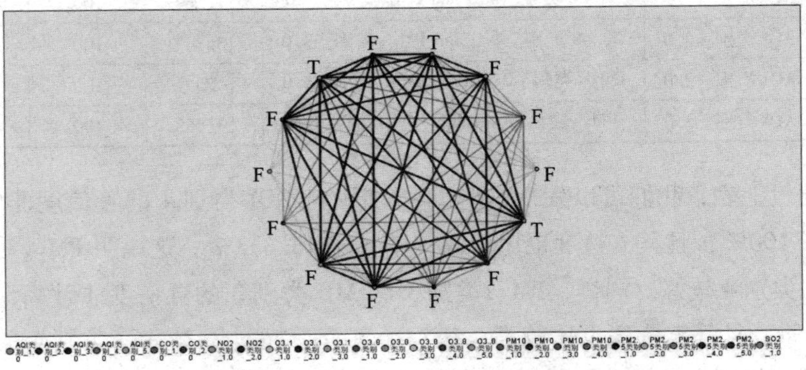

图 2　京津冀大气质量关联分析网络结构图

京津冀大气质量关联分析网络结构图显示，$O_3$1 小时平均、$O_3$8 小时平均、$PM_{2.5}$、AQI 一级、AQI 四级与其他各项指标的关联程度较弱；其他各项指标之间的关联程度较强。

3. 空气质量指数的关联规则

我们将 $PM_{2.5}$、PM_{10}、CO、NO_2、$O_3$1 小时平均、$O_3$8 小时平均、SO_2等指

标的数据作为关联规则的前项，将空气质量指数（AQI）作为关联规则的后项，分析两类指标之间的关联程度。通过建模分析，我们共得到相关规则集255条。这里我们只对部分具有代表性的规则进行简要分析。京津冀地区大气污染情况的部分规则，见表10。

表10 空气质量指数（AQI）的规则（部分）

序号	后项	前项	支持度%	置信度%	提升
1	AQI类别_ 4.0	$PM_{2.5}$类别_ 4.0	13.333	100	7.5
2	AQI类别_ 3.0	$PM_{2.5}$类别_ 3.0	30	100	2.5
3	AQI类别_ 4.0	PM_{10}类别_ 3.0 and $PM_{2.5}$类别_ 4.0	11.667	100	7.5
4	AQI类别_ 4.0	PM_{10}类别_ 3.0 and O_3..8类别_ 4.0	10	100	7.5
5	AQI类别_ 4.0	$PM_{2.5}$类别_ 4.0 and O_3..8类别_ 4.0	10	100	7.5
6	AQI类别_ 4.0	$PM_{2.5}$类别_ 4.0 and O_3..1类别_ 3.0	11.667	100	7.5
7	AQI类别_ 4.0	$PM_{2.5}$类别_ 4.0 and SO_2类别_ 1.0	13.333	100	7.5
8	AQI类别_ 4.0	$PM_{2.5}$类别_ 4.0 and NO_2类别_ 1.0	13.333	100	7.5
9	AQI类别_ 4.0	$PM_{2.5}$类别_ 4.0 and CO类别_ 1.0	13.333	100	7.5
10	AQI类别_ 2.0	O_3..8类别_ 2.0 and $PM_{2.5}$类别_ 2.0	16.667	100	4
11	AQI类别_ 3.0	O_3..8类别_ 4.0 and $PM_{2.5}$类别_ 3.0	10	100	2.5
12	AQI类别_ 3.0	O_3..8类别_ 4.0 and PM_{10}类别_ 2.0	11.667	100	2.5
13	AQI类别_ 3.0	O_3..8类别_ 1.0 and $PM_{2.5}$类别_ 3.0	13.333	100	2.5
14	AQI类别_ 2.0	$PM_{2.5}$类别_ 2.0 and O_3..1类别_ 1.0	25	100	4
15	AQI类别_ 3.0	$PM_{2.5}$类别_ 3.0 and PM_{10}类别_ 1.0	13.333	100	2.5

通过上表，我们可以发现，$PM_{2.5}$类别4对AQI类别4的置信度非常高，达到了100%，且其支持度也比较高，达到了13.333%。这说明$PM_{2.5}$对预测AQI的类别4较好。同样，$PM_{2.5}$类别3对AQI类别3的置信度非常高，达到了100%，且其支持度也比较高，达到了30%，超过了对AQI类别4的支持度。其他规则也可同理解释，不再赘述。

4. $PM_{2.5}$的关联规则

我们将PM_{10}、CO、NO_2、$O_3$1小时平均、$O_3$8小时平均、SO_2等指标的数据作为关联规则的前项，将$PM_{2.5}$作为关联规则的后项，分析两类指标之间的关联程度。通过建模分析，我们共得到相关规则集233条。这里我们只对部分具有代表性的规则进行简要分析。京津冀地区大气污染指数$PM_{2.5}$的规则集（部分），见表11。

表 11　$PM_{2.5}$的规则（部分）

序号	后项	前项	支持度%	置信度%	提升
1	$PM_{2.5}$类别_ 1.0	O_3..1 类别_ 2.0	13.333	100	4.615
2	$PM_{2.5}$类别_ 4.0	AQI 类别_ 4.0	13.333	100	7.5
3	$PM_{2.5}$类别_ 2.0	AQI 类别_ 2.0	25	100	2.857
4	$PM_{2.5}$类别_ 1.0	O_3..1 类别_ 2.0 and O_3..8 类别_ 3.0	13.333	100	4.615
5	$PM_{2.5}$类别_ 1.0	O_3..1 类别_ 2.0 and PM_{10}类别_ 1.0	11.667	100	4.615
6	$PM_{2.5}$类别_ 1.0	O_3..1 类别_ 2.0 and SO_2 类别_ 1.0	13.333	100	4.615
7	$PM_{2.5}$类别_ 1.0	O_3..1 类别_ 2.0 and NO_2 类别_ 1.0	13.333	100	4.615
8	$PM_{2.5}$类别_ 1.0	O_3..1 类别_ 2.0 and CO 类别_ 1.0	13.333	100	4.615
9	$PM_{2.5}$类别_ 4.0	AQI 类别_ 4.0 and PM_{10}类别_ 3.0	11.667	100	7.5
10	$PM_{2.5}$类别_ 4.0	AQI 类别_ 4.0 and O_3..8 类别_ 4.0	10	100	7.5
11	$PM_{2.5}$类别_ 4.0	AQI 类别_ 4.0 and O_3..1 类别_ 3.0	11.667	100	7.5
12	$PM_{2.5}$类别_ 4.0	AQI 类别_ 4.0 and SO_2 类别_ 1.0	13.333	100	7.5
13	$PM_{2.5}$类别_ 4.0	AQI 类别_ 4.0 and NO_2 类别_ 1.0	13.333	100	7.5
14	$PM_{2.5}$类别_ 4.0	AQI 类别_ 4.0 and CO 类别_ 1.0	13.333	100	7.5
15	$PM_{2.5}$类别_ 4.0	PM_{10}类别_ 3.0 and O_3..8 类别_ 4.0	10	100	7.5
16	$PM_{2.5}$类别_ 2.0	O_3..8 类别_ 2.0 and AQI 类别_ 2.0	16.667	100	2.857
17	$PM_{2.5}$类别_ 3.0	O_3..8 类别_ 1.0 and AQI 类别_ 3.0	13.333	100	3.333

通过上表，我们可以发现，$O_3$1 小时平均类别 2 对 $PM_{2.5}$类别 1 的置信度达到了 100%，且其支持度也比较高。$O_3$1 小时平均类别 2 和 $O_3$8 小时平均类别 3 对 $PM_{2.5}$类别 1 的置信度达到了 100%，且其支持度也比较高。其他规则也可同理解释，不再赘述。

5. PM_{10}的关联规则

我们将 $PM_{2.5}$、CO、NO_2、$O_3$1 小时平均、$O_3$8 小时平均、SO_2等指标的数据作为关联规则的前项，将 PM_{10}作为关联规则的后项，分析两类指标之间的关联程度。通过建模分析，我们共得到相关规则 336 条。这里我们只对部分具有代表性的规则进行简要分析。京津冀地区大气污染指数 PM_{10}的规则集（部分），见表 12。

表 12 PM_{10}的规则（部分）

序号	后项	前项	支持度%	置信度%	提升
1	PM_{10}类别_ 2.0	O_3..8 类别_ 2.0	23.333	100	1.935
2	PM_{10}类别_ 3.0	AQI 类别_ 4.0 and O_3..8 类别_ 4.0	10	100	7.5
3	PM_{10}类别_ 3.0	AQI 类别_ 4.0 and O_3..1 类别_ 3.0	11.667	100	7.5
4	PM_{10}类别_ 3.0	$PM_{2.5}$类别_ 4.0 and O_3..8 类别_ 4.0	10	100	7.5
5	PM_{10}类别_ 3.0	$PM_{2.5}$类别_ 4.0 and O_3..1 类别_ 3.0	11.667	100	7.5
6	PM_{10}类别_ 2.0	O_3..8 类别_ 2.0 and AQI 类别_ 2.0	16.667	100	1.935
7	PM_{10}类别_ 2.0	O_3..8 类别_ 2.0 and $PM_{2.5}$类别_ 2.0	16.667	100	1.935
8	PM_{10}类别_ 2.0	O_3..8 类别_ 2.0 and O_3..1 类别_ 1.0	23.333	100	1.935
9	PM_{10}类别_ 2.0	O_3..8 类别_ 2.0 and SO_2 类别_ 1.0	23.333	100	1.935
10	PM_{10}类别_ 2.0	O_3..8 类别_ 2.0 and NO_2 类别_ 1.0	23.333	100	1.935
11	PM_{10}类别_ 2.0	O_3..8 类别_ 2.0 and CO 类别_ 1.0	23.333	100	1.935
12	PM_{10}类别_ 3.0	AQI 类别_ 4.0 and $PM_{2.5}$ 类别_ 4.0 and O_3..8 类别_ 4.0	10	100	7.5
13	PM_{10}类别_ 3.0	AQI 类别_ 4.0 and $PM_{2.5}$ 类别_ 4.0 and O_3..1 类别_ 3.0	11.667	100	7.5
14	PM_{10}类别_ 3.0	AQI 类别_ 4.0 and O_3..8 类别_ 4.0 and O_3..1 类别_ 3.0	10	100	7.5
15	PM_{10}类别_ 3.0	AQI 类别_ 4.0 and O_3..8 类别_ 4.0 and SO_2 类别_ 1.0	10	100	7.5

通过上表，我们可以发现，$O_3$8 小时平均类别 2 对 PM_{10}类别 2 的置信度达到了 100%，且其支持度达到了 23.333% 之多。$PM_{2.5}$类别 4 和 $O_3$1 小时平均类别 3 共同对 PM_{10} 类别 3 的置信度达到了 100%，且其支持度达到了 11.667%。其他规则也可同理解释，不再赘述。

四、结语

本文通过对京津冀地区 13 个城市 85 个监测点的 423 个样本数据进行统计分析并与全国 1835 个样本数据的对比分析发现，利用空气质量数据进行基于关联分析的数据挖掘，可以识别大气复合污染的特征，可以从海量大气复合污染物指标数据中探索出较有意义的研究结果。京津冀地区之间的大气复合污染程度存在明显差异，也与全国的大气质量有所不同，相对来说，京津冀地区的大气复合污染程度更为严重一些，主要污染物仍是 $PM_{2.5}$。我们可以从大气污染各项指标根据挖掘出的关联规则对 AQI、$PM_{2.5}$和 PM_{10}进行预测，且置信度非常高。本研究也存在一些不足之处，比如对京津冀地区各监测点的数据采集时点相对较少、研究结果也有一定局限性。

参考文献

[1] 刘杰. 北京大气污染物时空变化规律及评价预测模型研究 [D]. 北京：北京科技大学，2015.

[2] 贾瑾. 基于空气质量数据解析大气复合污染时空特征及过程序列 [D]. 杭州：浙江大学，2014.

[3] 李丽. 基于数据挖掘的城市环境空气质量决策支持系统设计与实现 [D]. 济南：山东师范大学，2006.

[4] 武鹏程. 基于数据挖掘的城区空气质量影响因素分析及实证研究 [D]. 武汉：中国地质大学，2008.

[5] 甄莎. 包头市城区空气质量评价及影响因素分析 [D]. 呼和浩特：内蒙古科技大学，2012.

[6] 宋晖，张良均. C4.5 决策树法在空气质量评价中的应用 [J]. 科学技术与工程，2011 (7).

[7] 薛薇，陈欢歌. SPSS Modeler 数据挖掘方法及应用 [M]. 北京：电子工业出版社，2014.

关于京津冀协同发展中环境保护的若干思考

侯　国
（河北省石家庄监狱）

京津冀协同发展战略是习近平总书记在北京座谈会提出的，是作为一项国家战略提出的。同时强调要着力扩大环境容量生态空间，加强生态环境保护合作，在已经启动大气污染防治协作机制的基础上，完善防护林建设、水资源保护、水环境治理、清洁能源使用等领域合作机制。2015 年 12 月 30 日，国家发展改革委、生态环境部发布了《京津冀协同发展生态环境保护规划》，明确了未来几年京津冀生态环境保护方面的目标任务、实现路径和体制机制保障。在此背景下，本文仅就京津冀协同发展中面临的环境保护问题提出自己的一些看法和建议。

一、京津冀协同发展的定位及生态环境保护目标

京津冀本来就是一个区域，后来出现分化是因为北京和天津成为直辖市。习近平总书记首次将京津冀协同发展作为一项国家战略提出，其原因是“面向未来打造新的首都经济圈、推进区域发展体制机制创新的需要，是探索完善城市群布局和形态、为优化开发区域发展提供示范和样板的需要，是探索生态文明建设有效路径、促进人口经济资源环境相协调的需要，是实现京津冀优势互补、促进环渤海经济区发展、带动北方腹地发展的需要。”其发展的重点是实现基础设施交通体系的互联互通；城市定位明确，功能互补产业互通；生态环境共保可持续发展；公共服务实现均等化。根据《京津冀协同规划纲要》京津冀整体定位是“以首都为核心的世界级城市群、区域整体协同发展改革引领区、全国创新驱动经济增长新引擎、生态修复环境改善示范区”。根据三省市各自的特色，又将未来京津冀三省市分别定位，北京市：全国政治中心、文化中心、国际交往中心、科技创新中心；天津市：全国先进制造研发基地、北方国际航运核心区、金融创新运营示范区、改革开放先行区；河北省：全国现代商贸物流重要基地、产业转型升级试验区、新型城镇

化与城乡统筹示范区、京津冀生态环境支撑区。

京津冀协同发展虽然意义重大，合作已经提出多年，但合作之路并不顺畅，直到2014年2月26日的座谈会，习近平总书记将这个问题上升到国家战略层面，京津冀协同发展路线图才终于明晰，并将持续推进交通、生态环保、产业三个重点领域率先突破。从生态环境方面看，京津冀协同发展在生态环境保护方面提出："打破行政区域限制，推动能源生产和消费革命，促进绿色循环低碳发展，加强生态环境保护和治理，扩大区域生态空间。重点是联防联控环境污染，建立一体化的环境准入和退出机制，加强环境污染治理，实施清洁水行动，大力发展循环经济，推进生态保护与建设，谋划建设一批环首都国家公园和森林公园，积极应对气候变化。"由此可见，如果没有北京和天津的支持与带动，河北的经济和社会也将面临很大的困难。从这个角度说，京津与河北的这种分工是空间优化的需要，也是符合社会经济发展规律的。

二、京津冀生态环境现状

生态环境是指影响人类生存与发展的水资源、土地资源、生物资源以及气候资源数量与质量的总称，是关系到社会和经济持续发展的复合生态系统。自然环境是人类赖以生存和发展的物质基础，人与自然环境是互相依存、互相影响、对立统一的整体，它们之间建立了生态平衡。改革开放以来，我国经济快速发展，创造了举世瞩目的奇迹，成就辉煌。但发展中所付出的资源环境代价过大，发展很不平衡、很不协调，生态退化，环境污染加重，严重制约了目标的实现。相关环境报告称，中国有1/3的河流、75%的主要湖泊、25%的沿海水域遭到严重污染，触目惊心的生态风险甚至生态危机，需要我们以诚惶诚恐、如履薄冰的心态去努力改善环境。近年来，京津冀生态环境形势也十分严峻，有些地方触目惊心，特别是我们华北地区的雾霾天气给人以更大的警示，总结起来，京津冀地区的环境质量现状主要表现在：

（一）水土流失与河流淤积严重

据资料介绍，我国水土流失面积已达356万平方公里，占国土总面积37%，成为世界上荒漠化最严重的国家之一。京津冀地区整体地势呈西北高、东南低的特征，基本由东南平原区、冀西冀北山地区、坝上高原区组成。西部太行山东坡、北部燕山山地水土流失严重，不仅吞食农田，引发洪涝，而且造成水库大面积淤积。据相关资料介绍，水土流失对官厅和密云两大水库的行洪和供水造成了巨大压力，若再不科学治理将进一步增大供水难度，影响水库的调节能力。

（二）土地沙化与沙尘暴问题突出

北京北部和西部分别是燕山和太行山，主导风向是偏北风和偏西风，2000 年 4 月 6 日华北地区发生了一次规模空前的沙尘暴，造成首都机场关闭，沙尘暴波及朝鲜和日本，这次沙尘暴引起了中国国家领导人的重视。究其原因，主要是因为土地不合理开发和不合理耕作所致，由于管理不到位，人为破坏自然植被，草原过度放牧，大量开垦林地和草原，形成土地大量的裸露、疏松，为沙尘暴的发生提供了大量的沙尘源。同时，森林覆盖率低，每年植树不见树，成活率低，草地严重退化，草地质量连年下降，沙化和水土流失严重，生态系统遭到了严重破坏，也是其原因之一。由此可见，沙尘暴已成了京津两市的切肤之痛，不仅给人们生活、交通带来严重威胁，而且破坏生态，致使大量土地沙化。

（三）水资源短缺和地表水污染

我国人均水资源量仅为世界人均的 1/4，被列为全球最缺水的国家之一，正在经历前所未有的水污染危机，水资源、水环境、水生态和水灾害四大水问题相互作用，彼此叠加，对我国发展带来多重危机，特别是水污染尤为突出。京津冀地区由于区域人口的极速增长、城镇化进程的加速和经济的集聚发展，引发了水的供求矛盾加剧，水资源短缺已成为制约本地区发展的全局性因素。同时，京津冀地区已出现地下水位漏斗，地表水和地下水源都受到不同程度的污染，供水水质恶化，降低了饮用水安全保证程度。现代医学研究证明，人一旦饮用不符合标准的水，将对人的身体带来难以估算的损害。正如中国环境学科研究院专家赵章元说的那样："多年形成的地下水渗漏污染，连同地表水的不断恶化，积累了大量有毒污染物，而且越是经济发达地区，其有毒的种类和数量往往也越多，在目前地下水管理尚未健全阶段，对人体健康的威胁也会越大。"

（四）耕地面积减少和土地污染严重

我国本来面临人多地少的尖锐矛盾，但有限的耕地正在逐年减少。工业化的内在资本要求利益的最大化，农业的化学化程度不断增加，迫使耕地资源面临难以承载的压力，污染严重，一是农药化肥污染，据统计，自 1990 年起，我国农药生产是一直居世界第二位，自 2002 年起化肥施用量居世界之首，呈现立体交叉污染。2013 年 2 月报道的山东潍坊农药"慢性污染"土壤，据测定土壤农药残留 133 种，在样品分析中，有 83% 的农药残留。正如中国人民大学温铁军教授所说，这种以大量化肥、农药、地膜等工业化生产要素和相应技术手段投入替代传统生产要素，追求规模化种养，高投入、高耗能、高收益的“现代化”道路，带来的是难以修复的破坏。二是其他污染，主要指除农药化肥以外的塑料袋、农膜等垃圾污染，大量的垃圾不仅占用耕地，而且一些有害、有毒物质破坏地表植被，造成土壤污染，影响农作物生长，成为人们健康的“隐形杀手”。

（五）空气质量差和大气环境污染严重

大气污染对人的危害人尽皆知，不仅给人们的生活带来很多不便，也给人们的健康带来很不利的影响。京津冀地区是我国空气污染最重的区域，$PM_{2.5}$污染已成为当地人民群众的“心肺之患”，是京津冀地区首要污染物。2013 年 1 月以来，河北省遭遇的雾霾天气强度范围之大、持续时间之长、强雾霾天数之多均为历史同期罕见。在 1 月份，石家庄共出现 11—17 日、21—24 日、27—30 日持续雾霾天气过程，整月仅仅 5 天不是雾霾天，整月雾霾天数是近 10 年同期最多的。1 月份，石家庄气象台共发布 21 期大雾和 15 期霾预警信号。持续的雾霾其实是工业文明对自然损害程度的直观展示，是对人类将承担的污染后果的现身说法。在 1952 年伦敦烟雾事件里 12000 人丧生，二十世纪四五十年代的洛杉矶光化学烟雾事件造成至少 800 人殒命。人们长期生活这样的环境下，急性的危害是人们在接触比较高浓度的污染后，短时间内会出现一些症状或者不适，比如呼吸系统的症状，咳嗽、咳痰、哮喘的发作或者加重、心率变化等；慢性的影响主要是对呼吸系统的影响，包括炎症和肺功能改变，时间长了会造成慢性阻塞性肺病。还有对心血管、神经系统、生殖系统的影响，甚至降低人的免疫力，使人易患上各种各样的病，比如感冒、上呼吸道感染等。由于雾霾空气中含有各种各样的污染物，特别是$PM_{2.5}$携带的污染物进入体后，可以到达血液，使人体产生各种病变。

（六）草原生态形势严峻和海洋生态不容乐观

由于长期以来对草地的不合理利用和开发，坝上地区草地质量逐年下降，草原生态遭到严重破坏。津冀近海岸污染问题十分严重，海洋生态环境呈现衰退趋势，污染程度也日益严重，海水水质下降，海洋生态环境恶化。主要原因是入海排污口超标排放：过度捕捞和人类活动增多；超采沿海地下水：海域油污染、陆源污染增多。

三、京津冀地区污染成因分析

在当今社会，进入环境污染的主要来自人类的生产生活活动，也有少部分来自自然界非人为的活动。京津冀地区快速城镇化、工业化进程带来了区域人口的急速增长，用地的快速扩张和经济的集聚发展也引发了资源紧缺、环境污染、生态退化等一系列生态环境问题。因此，用辩证的观点从社会视觉的角度进行分析，京津冀周围地区环境污染的主要原因有：

（一）环境保护法律制度不健全

《环保法》不是中国的环境基本法，其权威性超越不了《农业法》《林业法》《草原法》《水法》和《大气污染防治法》等专项法律，在某些领域尚存立法空白，缺乏统一的指导原则、方法、措施及手段，还没有制定法律或行政法规，在法律效力等级上，并不高于专项法律，只能起到指导、补充的作用。比如，没有对监管体制做出调整，管理结构存在“碎片化”，没有明确环保部门统一实施监管的方式和措施，林业、水利、土地、海洋等部门在实施过程中，以生态保护适用已有专项法为由持抵触或否定态度而拒绝统一指导和监督，《环保法》的部分规定则将会被逐渐架空，形同虚设。再如，《环境保护法》要求，国家建立跨行政区域的重点区域、流域环境污染和生态破坏联合防治协调机制，实行统一规划、统一标准、统一监测、统一的防治措施。但在大气污染综合治理区域联防联控上没有明确的规定，京津冀三地政府不能有效指导三地空气环境有效的治理。

（二）京津冀三地政府协调机制缺失

京津冀第一次协同是二十世纪八十年代中期，国家开始实施国土整治战略，将京津冀地区作为“四大”试点地区之一，当时在跨区域交通基础设施建设、水资源节约利用、土壤污染等方面取得了一定成效。2004 年，国家发展改革委牵头各地区通过了京津冀合作协议，媒体称之为“廊坊共识”。2006 年，在唐山召开动员大会，但由于行政格局很难打破，又没有明确各城市定位和产业重点，各自利益诉求不同，直到 2010 年京津冀都市圈规划也没有推出来。可以预测，如果早有一个顶层设计，大家就不会产生恶性竞争，生态规划就会引起重视，如今的雾霾也不会这么严重。如 2008 年北京奥运会、2014 年北京举办的 APEC 峰会和 2015 年北京“9. 3”抗战胜利 70 周年阅兵，在这些活动期间，京津冀及周边地区联手采取一些联防联控措施，确保了期间的空气质量良好，但这些做法未能自此形成长效机制。

（三）产业结构失衡，能源结构不合理，经济社会发展差距过大

京津冀的生态环境问题是发展带来的，与发展密不可分。诸多环境问题的原因就在于产业结构和能源结构不尽合理，发展方式较为粗放落后，过于依赖资源能源消耗，忽视了资源环境容量的限制。同时，一些地区的发展水

平相对落后，正是很多淘汰产能和污染企业才有了其生存空间。城市建设飞速发展，开发强度过大，工地的开复工面积很大，扬尘污染严重，路面的硬化致使不透水的地表覆盖面积在逐年大幅提高。比如，沿太行山延伸的北京、保定、石家庄、邢台、邯郸等城市，除北京外，其余城市主要处于工业化中期，并以重化工业为主导产业，是本地区重要的经济增长区域，也是京津冀产业转型升级、优化提升的重点区域。这些产业主要包括钢铁工业、石化工业、装备制造业、纺织服装业、煤炭产业、建材工业、农产品加工业等，受太行山、燕山阻挡的影响，这些城市重化工产业造成的空气污染无法向外扩散，由此，加剧了京津冀地区空气污染程度。

（四）环境监管信息不统一

对京津冀区域而言，由于地区间经济社会发展水平的差异，环境污染监管的标准不统一。比如，同样是治理大气污染，目前各地的侧重点可能还有所不同，机动车尾气污染非常突出，就北京市的机动车保有量已经突破 550 万辆，汽柴油消耗量是一个惊人的数字，因此，北京在车辆购置和出行上进行了严格的限制规定，同时在油品质量上也做出规定，北京市从 2012 年机动车就开始使用京 V 标准的燃油，2013 年全面实施京 V，就第五阶段的机动车新车排放标准，已经和欧盟现阶段的排放标准基本一致。河北和天津在 2013 年底仍然在执行国三和国四的标准，按照计划是到 2015 年才能执行国五的燃油标准，新车和燃油标准存在一个时间差。再如燃煤，这也是空气污染的主要因子，北京市的地方电厂、锅炉在烟尘粉、二氧化硫、氮氧化物的排放限制上严格执行国家标准，但津冀地区有的排放限制只有国家标准的几分之一，这个排放限值上的差距也是比较大的。

总之，京津冀地区的环境污染除上述原因外，还与社会基础、体制基础、科学基础有关。比如社会基础，公众的要求高，但参与度低，也有部分企业对污染治理的政策措施不理解甚至抵触，不愿意主动进行治理。在体制基础方面，存在环境保护职能部门化、碎片化，交叉重叠严重，协调难，也制约着工作成效在科技基础方面，污染底数不清，一些关键技术关键成果转化，技术示范量不足，有些高端技术装备依赖国外，这些情况也都存在。

四、促进京津冀地区环境保护协同发展的建议

京津冀协同发展是国家战略，也是国家转变发展方式过程中一个新的经济增长点，京津冀的发展事关全面建成小康社会和民族复兴的目标。而环境问题可能是影响其发展的最大瓶颈和制约因素，因此，京津冀协同发展当前

最直接的突破口就是生态环境保护问题。

（一）树立法治思维，进一步填补环境法体系空白

所谓法治思维，就是将法治的诸种要求运用于认识、分析、处理问题的思维方式，是一种以法律规范为基准的逻辑化的理性思考方式。市场经济是法治经济。改革开放发展到今天，最好的发展环境已不是特殊政策，而是法治化市场环境。只有在法治化市场环境下，各种生产要素的功能才能得到有效的发挥，只有树立法治思维，才能打造有利于环境保护的法治环境。因此，构建完整的环境法体系是建设法治国家的需要，是建设美丽中国的需要，是当前生态文明建设的需要。因而，必须按照法治的逻辑来观察、分析和解决问题，在《环保法》实践的基础上，尽快填补环境法体系的空白。一是再严的法律，没有强有力的执法都是白搭，因此，努力从主要依靠行政办法保护环境，转变为综合运用法律、经济、技术和必要的行政手段解决环境问题，决不能让监管方与污染制造者形成利益共同体。二是必须着力解决损害群众健康的突出环境问题，如制定有关土壤环境保护的法规。良好的土壤环境是绿色食品生产的基础保障，事关全体民众的食品安全和身体健康，所以，要尽快制定这一法律。三是尽快制定《环境应急管理法》。目前，各种自然灾害和人为活动带来的环境风险隐患突出，突发环境事件呈高发态势，跨界污染、重金属及有毒有害物质污染事件频发，产生了巨大的社会危害。为更好地应对这些环境突发事件，要尽快制定《环境应急管理法》。四是尽快制定机动车污染防治、生物多样性保护等方面的立法。

（二）树立战略思维，进一步加强顶层设计

所谓战略思维，是指思维主体对关乎事物全局的、长远的、根本的重大问题的谋划、分析、综合、判断、预见和决策的思维过程。顶层设计是区域发展的基础和前提，一个战略性、综合性、长远性的规划和蓝图是区域全面协调可持续发展的关键。京津冀协同发展是习近平总书记提出的战略思维，京津冀要在立足各自比较优势、立足现代产业分工要求、立足区域优势互补原则、立足合作共赢理念的基础上，努力实现优势互补、良性互动、共赢发展。但京津冀要完全相互融合、协同发展，未来京津冀的协同发展仍需要加强顶层设计，保障规划的权威性，一旦制定不能随意更改，特别是在环境保护上，要始终坚持“一盘棋”思想，严守生态保护红线、环境质量底线和资源消耗上限，致力于破解制约生态环境质量改善的深层次矛盾和问题，紧紧围绕加快拓展生态空间，强化污染治理，将京津冀区域打造成为生态修复、环境改善示范区的目标，提出生态环境保护的政策措施。因此，必须进一步

强化顶层设计和战略规划的基础性地位，加强规划引领和规范作用，以提高生态承载力和环境质量为核心，以节能降耗、治污减排、生态保护和生态建设为抓手，坚持创新、协调、绿色、开放、共享的发展理念，全面抓好山水林田湖生态修复和综合治理，建设点、线、面相结合的京津冀一体化生态保护体系，逐步实现天蓝、地绿、水清的生产生活环境。

（三）树立创新思维，进一步加大环保政策协同力度

所谓创新思维，是指对事物间的联系进行前所未有的思考，从而创造出新事物的思维方法，是一切具有崭新内容的思维形式的总和。创新思维是一切活动的开始，面对京津冀环境污染和环境问题的复杂性和长期性，我们必须自觉打破自家“一亩三分地”的思维定式，采取科学的应对策略，抱成团朝着顶层设计的目标一起做，着力构建京津冀区域环保共建共治机制。一是建立可实施的统一的法规标准。京津冀区域环境污染严重，建议划定生态保护红线、环境质量底线和资源消耗上线，建立统一的排放标准，标准要比国家限值更严格，时间也要统一执行，同时，制定一部京津冀区域环境保护条例，统一执行提供足够的法律支撑保障。二是建立京津冀区域联防联控机制。加强环境信息共享，建立环保项目的统一规划建设机制、区域统一的环境监测合作机制和监测平台、重污染天气预报统一预警体系，区域大气环境联合执法监管机制、跨区域污染防治协调处理和会商机制等。三是建立生态环境保护综合决策机制。建立环境质量行政领导负责制，加大对资源开发和生态环境保护的执法力度，严格执行环境影响评价制度，从整体上评价环境影响，论证环境可行性，为产业布局优化、工业结构调整、城镇体系构建等重大问题提出战略性、前瞻性和综合性的政策建议，规范资源开发和生态环境管理。四是建立资源环境承载力状况公示制度。建立承载力指数发布制度，让社会公众了解资源环境承载力的现实情况，提高公众的环保意识和监督意识。

（四）树立底线思维，进一步加生态环境的综合治理

底线思维是一种思维技巧，拥有这种技巧的思想者，会认真计算风险，估算可能出现的最坏情况，并接受这种情况。运用底线思维方法，就要善于找到短板，守住底线，防患于未然。从京津冀一体化的区域定位来看，河北应该定位为北京、天津发展过程中的一个重要“腹地”，三地在发展过程中要辩证认识和处理好发展与保护的关系，要补齐生态环境这个突出的短板，相互补充、利益互补，在京津冀城市区的总体规划实施层面统一考虑。一是建立生态补偿机制，改善环境质量的难点、重点在河北，这就需要北京、天津两市在利益分配方面给予河北更多的支持和倾斜，财政资金应着重向重要生态功能区、水系源头地区和自然保护区倾斜。二是实现分区综合治理机制，对生态功能退化区，制定保护规划，采取有效措施，坚决遏制生态环境继续恶化；对自然资源开发区，制定保护办法，加大执法力度，实施强制性保护；对生态良好地区，通过总结经验，试点示范，打造一批经济、社会和环境协调发展的样板。三是完善农业综合治理机制。深入推进农业综合开发治理，在总结农业综合开发经验的基础上，继续坚持因地制宜、突出特色，打好太行山、燕山绿化和坝上生态农业工程，加快建设特色农业产业带、旅游休闲产业带、绿色能源产业带、生态支撑带、美丽乡村示范带；加大植树种草力度，保护水资源。狠抓京津风沙源治理、退耕还林还草还湿、“三北”防护林、太行山绿化、沿海防护林等重点工程，大力实施污水治理及管网建设、污染源整治、地下水源地保护、流域绿化、水质净化等重点项目，推进生态防护林、水源涵养林和特色林果基地建设，保护和修复重要湖泊湿地，高标准实施城镇绿化、村屯绿化、廊道绿化等，构筑风景如画、错落有致的生态景观。

“绿水青山就是金山银山”，从根本上更新了我们关于自然资源无价的传统认识，打破了简单把发展与保护对立起来的思维束缚，只有把发展与保护统一起来，把环境保护真正作为推动经济转型升级的动力，把生态环保培育成新的发展优势，才能实现京津冀协同发展。

京津冀生态环境共建共享法治问题研究

王玉星　李鹏飞[①]

（唐山学院）

摘要：对京津冀协同发展中的生态环境共建共享法治问题进行深入研究，有助于为京津冀区域治理生态环境污染提供参考借鉴。面对京津冀区域生态环境的严峻状况，京津冀生态环境共建共享需要打破“一亩三分地”的思维模式，抱成团充分发挥京津冀地区协同发展作用，推动京津冀加强生态环境保护合作机制。

关键词：生态环境；共建共享；法治问题；京津冀

京津冀协同发展是一个重大国家战略，对京津冀协同发展中的生态环境共建共享法治问题进行深入研究，完善顶层设计，制定统一的法规和治理标准，加强京津冀生态环境执法合作与协同，有助于促进京津冀区域生态环境的好转，有助于为京津冀区域治理生态环境污染提供参考借鉴。京津冀生态环境共建共享需要打破“一亩三分地”的思维模式，抱成团充分发挥京津冀地区协同发展作用，推动京津冀加强生态环境保护合作机制。京津冀两市一省已经相继签署一些框架协议，通过计划联合防控机制共同防控大气污染，同时对水污染也达成了2015年的治理意向。两市一省分别在自己的区域内严格贯彻落实修订后《环境保护法》加强大气和水污染的专业化治理，京津冀生态环境共建共享机制已初见端倪。面对京津冀区域生态环境仍旧处于严峻状态的状况，进一步完善相应的体制机制，确保京津冀生态环境共建共享在法治轨道上稳步推进是京津冀区域生态取得根本性好转的重要条件。

一、京津冀区域生态环境共建共享的必要性和紧迫性

京津冀区域的生态环境问题是近年来比较热门的话题，“浓雾围城”“十

---

① 本文为唐山学院文法系王玉星讲师承担的河北省法学会2015年度法学研究课题《京津冀生态环境共建共享法治问题研究》课题编号HBF〔2015〕D029阶段性成果。

面霾伏”是京津冀地区百姓要经常面临的环境污染问题。从腾讯全国雾霾地图来看，近年来雾霾天气是困扰京津冀区域的典型环境污染问题。雾霾天气严重影响了该区域居民的生活质量。京津冀环境污染是民生之患、民心之痛，作为地理意义上不可分割的一个有机体，京津冀区域生态环境共建共享刻不容缓。

京津冀地区除了面临严重的空气污染问题外，水匮乏水污染非常严重，京津冀区域人均水资源仅286立方米，远低于国际公认的人均500立方米的“极度缺水标准”。河北省目前人均水资源量只有全国平均水平的1/7，远低于极度缺水标准，为了缓解水荒，河北不得不长期超采地下水，结果带来地面沉降、海水倒灌、地陷地裂等多种地质灾害问题。此外，水土流失等环境问题也形势严峻。

由首都经济贸易大学及社科文献出版社发布的京津冀蓝皮书《京津冀发展报告（2015）》指出，与国内外其他地区相比，京津冀水资源严重短缺，沙尘暴、雾霾、土地沙化等生态退化问题都需要生态建设协同创新。京津冀地区可持续发展与脆弱的生态环境之间存在尖锐矛盾，严重制约了区域发展，应从完善制度入手，尽快建立京津冀生态环境共建共享机制。常纪文教授认为，京津冀一体化应该坚持协同化保护，重点保护北京及周边生态环境，打破行政壁垒，建立体制保障；实行总量控制；支持环保产业专业治理污染。天津市法学会课题组在《京津冀环境治理一体化的法律对策》中提出建立京津冀环境一体化法制协调机构的设想。尽快建立京津冀区域生态环境共建共享机制是有效改善京津冀区域生态环境的当务之急，具体来说：统一规划建设区域生态体系，划定资源上限、环境底线和生态红线；共建国家级生态合作示范区；尽快建立碳排放权、排污权的区域交易市场等。

二、加强立法协作，为京津冀生态环境共建共享提供制度支撑

立法是一种利益分配方式。京津冀环境立法协作就是要实现三地环境利益协调。随着京津冀对环境重要性和环境治理必要性的认识不断深化，京津冀环境治理需要三地不断努力并加强协作。应按照“统一规划，严格标准，联合管理改革创新，协同互助”的原则，以资源环境承载力为基础，着力推进环境资源共建共享，努力形成京津冀环境保护与治理目标同向、措施一体、优势互补、互利共赢的协同发展新格局，实现创新合作模式。在环境立法协作中应充分考虑各方利益，同时坚持环境立法的原则，坚持人与自然和谐相处协调可持续发展的原则，建立以利益协调为核心的环境立法协作理念。通

过环境立法协作，尽早实现环境治理成效。

京津冀协同立法的着眼点重在协同，在加强立法沟通协商和成果共享上做好做足文章。

（一）京津冀三地人大常委会、政府定期互相通报环境保护与治理立法规划

京津冀三地人大常委会、政府加强人大常委会、政府立法规划和年度计划的沟通协调，是京津冀协同立法的重要前提和基础。三地人大常委会及政府编制立法规划和年度计划，将总体思路和具体项目互相及时通报。不定期通报由于特殊原因需要临时制定的环境立法。注意吸收彼此意见，照顾彼此关切，充分考虑京津冀协同发展的需要。其次，加强人大常委会、政府立法项目的协商沟通，对年度立法计划中相同主题的立法项目，在工作进度上尽可能同步推进。一方先行启动的，及时向其他省市通报项目进展情况和立法研究成果，并就有关问题征求意见和建议，避免与其他地方现行规定的内容相冲突。三地人大常委会在制定相关法规时，注意区域内权利义务一致性、协调性问题。

（二）通过人大常委会、政府网站平台发布立法信息以及实施情况

三省市通过各自的人大常委会网站和电子政务平台搭建畅通的立法信息交流平台。三省市的人大常委会和政府立法工作机构对有关立法的进展情况、立法中遇到的难题、解决措施、新出台的法规、规章文本通过各种渠道及时交流，相互借鉴。所有法律、法规、规章和作为行政管理依据的规范性文件，都得以及时在政府公报、普遍发行的报刊和政府及其部门的网站上公布。一些地方政府还将政府公报放在机场、车站等公共场所，供群众查阅和免费获取。

（三）通过日常法制工作部门通过京津冀协同发展领导小组办公室组织召开的工作会议解决环境立法的矛盾

在京津冀协同发展的背景下，北京、天津的经济与社会发展明显快于河北，而且占有很多优势资源，区域经济、社会发展的不平衡，是立法中存在矛盾和争议。因此京津冀在环境立法中环境治理和保护水平存在很大差距，解决区域内环境立法争议纠纷，可以由立法机关通过工作部门如人大法工委、政府法制办等部门进行沟通协调，达成一致。尽量减少地方工作部门的设立，充分利用现有机构进行立法协调与协作，减少机构设置，实现精简高效。对于重大争议的立法事项，可以由京津冀领导小组办公室组织召开协调会议或

三省市人大常委会、政府共同召开立法协调会议，予以协商、调解。对于有争议的条款，应当由制定规章的地方人大常委会、政府向其他地方人大常委会、政府做出说明，必要时可以先开展专题论证、实践调研，协商一致后，再制定相应规定。

（四）对突发事件制定立法，立法机构应该临时进行协调沟通

对于区域内某一地区临时出现的环境治理或保护的问题，需要制定相应的法律规定，可以按照立法层级的规定，由立法部门与其他省市立法机构进行沟通，先制定适用于一地的法律规定以应对环境治理或保护出现的临时现状，其他地区可以根据其环境治理或保护情况，待自己地区立法条件成熟后，再由三省市制定统一适用的法律规定或者是直接将法律规定进行符合本地特点的修改后直接适用，以节约立法资源。

目前京津冀三地正在就水污染防治、基础设施建设管理、促进人才和其他市场要素自由流动、重点生态功能区生态补偿机制以及推动地区间建立横向生态补偿等问题进行沟通协作立法，以实现协同发展。

京津冀协同立法可以有效整合立法资源，实现立法成果共享，降低立法成本，提高立法质量与效率。这有利于通过立法破除行政壁垒和地方保护主义，使三地各项法规所调整的社会关系、规范内容、法律责任统一协调，违法成本和处罚幅度大体相当；有利于贯彻优势互补、互利共赢、区域一体原则，最大限度地发挥协同推进优势。

三、以修订后环保法实施为契机，深化行政执法合作，为京津冀生态环境共建共享营造良好的执法环境

新修订的《环境保护法》已于2015年1月1日起施行。修订后的环保法增加了政府、企业各方面责任和处罚力度，注重经济社会发展与环境保护相协调，为信息公开和公众参与设立专章，保障了公民、法人和其他组织依法享有获取环境信息、参与和监督环境保护的权利。修订后的环保法对污染生态环境的违法行为加大惩治力度，被称为“史上最严的环保法”修订后环保法第五十九条规定：“企业事业单位和其他生产经营者违法排放污染物，受到罚款处罚，被责令改正，拒不改正的，依法作出处罚决定的行政机关可以自责令更改之日的次日起，按照原处罚数额按日连续处罚。”修订后环保法还明确：国家在重点生态功能区、生态环境敏感区和脆弱区等区域划定生态保护红线，实行严格保护。在环境公益诉讼方面，新修订的环保法将提起环境公益诉讼的主体扩大到在设区的市级以上人民政府民政部门登记的相关社会组

织。这部法律为应对当前京津冀区域日益严峻的环境问题进一步完善了法律制度保障。

京津冀区域生态环境的改善应坚持共建共享原则，深化环境保护行政执法合作，强化京津冀区域政府和环保部门在环境治理中的组织领导和监督检查责任，重点解决环境保护监管不力、监管缺失等问题。在聚焦问题、统筹推进的基础上，以深化合作为基础，充分发挥各自比较优势，丰富合作内容，拓展合作领域，创新合作形式，积极搭建协同平台，构建长效机制，不断促进区域生态环境保护事业互促共建、改革创新、合作共赢。为促进京津冀生态环境保护的调控与共治，可设立环境保护执法协调机构，在区域内的污染物排放、污染防治、环境监测等方面进行全方位协作。一是建立京津冀三地环境执法机关之间的联席会议制度，对区域内环境执法形势和现状进行通报，实现执法信息的互通共享。二是建立生态保护规划协调机制。共同配合国家有关部门制定京津冀整体生态环境保护规划；研究建立国家有关部门和地方政府共同参与的生态环境保护协调机制；研究由中央财政补助、地方共同出资建立京津冀生态环境保护建设基金。建立京津冀环境空气质量监测数据共享机制，共同推进区域重污染天气预警、会商及应急联动。共同向国家申请相关科研项目，为京津冀环境空气质量改善提供技术支持。三是联防联控治理大气污染。共同实施区域内燃煤电厂、水泥厂及大型燃煤锅炉脱硝治理工程，推进重点石化企业挥发性有机物综合治理。率先统一实施机动车燃油国五标准，加快新能源车推广应用。开展区域联动执法，共同治理重点污染源。① 四是推进水环境改善。共同实施最严格的水资源管理制度，划定水资源开发利用总量、用水效率和水功能区限制纳污“三条红线”。协同治理流域污染，强化各类污染源的治理与监管，尽早实现跨界河流断面水质达到相应功能区标准。建立跨界河流水质监测制度和区域流域水环境管理会商及水污染事故应急联动机制，加强水污染防治技术合作交流。共同争取国家对水环境综合治理项目的政策和资金支持。五是推进清洁能源利用。共同实施压减燃煤措施，进一步加大洁净煤技术、太阳能、风能利用力度，开发利用清洁能源。深化再生资源回收处理合作。共同加强固废物流监管，强化再生资源回收体系建设。②

---

① 环保部．京津冀及周边地区大气污染联防联控今年重点工作已有部署明年京津冀有望供应国五油［DB/OL］．http：//www.zhb.gov.cn/zhxx/hjyw/201406/t20140611_276748.htm，2015－10－24.

② 河北进一步加大洁净煤技术、太阳能、风能利用力度［DB/OL］．http：//forum.home.news.cn/thread/137123247/1.html，2015－11－14.

四、司法联动，为京津冀生态环境共建共享提供法治保障

为保障京津冀地区有一个良好的生态环境，需要京津冀区域司法联动为京津冀生态环境共建共享提供重要法治保障，努力克服司法地方化带来的影响。京津冀地区各级司法机关之间应进一步加强司法协作，扩大司法协作范围，丰富司法协作方式，提高司法协作水平。

（一）加强环境案件立案管辖协调联动，形成真正的司法协同机制；加强环境案件法律适用协调联动，确保京津冀三地法院审理同类环境案件法律适用基本统一、裁判尺度基本相同、处理结果基本一致。

（二）依法联合加强对破坏生态环境犯罪行为的打击力度。作为治标的手段，京津冀司法机关要严格依法加强对破坏生态环境犯罪行为的打击力度，通过履行检察和审判等职能，依法建议有关部门加大对污染环境犯罪行为的财产处罚力度和适用范围。因为大多数环境违法犯罪行为目的都是为追求经济利益而实施的，加重财产处罚力度可以让其在考虑成本和收益后放弃违法犯罪行为，可以有效遏制行为人再次或继续实施破坏环境的行为，铲除其经济利益方面的犯罪动机。

（三）严肃查办环境污染和生态破坏背后职务犯罪。京津冀三地检察机关应充分发挥反渎职能，加大查办环境污染渎职侵权案件力度，一方面，积极配合有关部门处理重大安全事故和环境污染事件；另一方面，严肃查办国家机关工作人员危害土地资源、矿产资源、森林资源、水电资源等能源资源和破坏生态环境的渎职犯罪案件。事实证明，在土地、城建、水源等领域能源资源和生态环境的违法犯罪案件之所以屡禁不止，与一些国家机关工作人员玩忽职守、滥用职权甚至徇私舞弊、钱权交易具有直接的关系。以往查办的案件表明，检察机关查办的危害能源资源和生态环境渎职犯罪案件中，涉及罪名集中在玩忽职守罪和滥用职权罪，重要特点是重特大案件多、行政执法人员占的比例较大、窝案、串案多、绝大多数案件发生在基层监管环节。通过总结经验还可以看出，在办案中检察机关要坚持“预防为主、综合治理”方针，发挥预防犯罪的先期屏障作用，促使生态保护和建设的重点真正从事后治理向事前保护转变，强化从源头防治污染，从源头上扭转生态恶化趋势。

（四）优化资源形成行政执法与司法保护的合力。在这个方面，可以考虑京津冀三地司法机关在联动机制建设方面，形成司法保护与行政保护的无缝对接，避免出现保护脱节。同时，还要重点关注环境司法和行政执法的权力

交叉地带，形成一种良好的协调配合，避免相互推诿。检察机关不能满足于仅仅监督公安机关立案，而且要督促环境行政执法机关及时移送涉嫌环境犯罪案件，使环境犯罪案件顺利进入刑事诉讼程序，防止环境领域以罚代刑、有罪不究。要建立行政执法与刑事司法信息共享平台，实现“网上衔接，信息共享”，增强行政执法和刑事司法整体工作合力，共同打击危害生态环境和能源环境的犯罪。

（五）通过提起环境公益诉讼保护生态环境。2012 年《民事诉讼法》的修订使得我国的环境公益诉讼制度迈出了跨越性的一步，修改后《民事诉讼法》第 55 条规定：“对污染环境、侵害众多消费者合法权益等损害社会公共利益的行为，法律规定的机关和有关组织可以向人民法院提起诉讼。”党的十八届四中全会决定提出，“探索建立检察机关提起公益诉讼制度。”第十二届全国人民代表大会常务委员会第八次会议于 2014 年 4 月 24 日通过了修订后的《中华人民共和国环境保护法》，并于 2015 年 1 月 1 日起施行，其中第五十八条规定：对污染环境、破坏生态，损害社会公共利益的行为，符合下列条件的社会组织可以向人民法院提起诉讼：（一）依法在设区的市级以上人民政府民政部门登记；（二）专门从事环境保护公益活动连续五年以上且无违法记录。符合前款规定的社会组织向人民法院提起诉讼，人民法院应当依法受理。在实践中，检察机关以原告身份提起刑事附带民事环境公益诉讼在司法实践中已有判例，通过诉讼挽回国家或者集体损失的不胜枚举，其中也不乏责令整改和给付内容的判决裁定，对于检察机关如何运用民事检察权加大惩处破坏环境资源类犯罪力度，具有典型指导意义。通过检察机关、通过司法的力量，通过环境公益制度，可以更加有力地保护生态环境，维护社会的公共利益，切实维护人民群众的环境权利。

京津冀协同发展背景下张家口市生态环境现状及可持续发展建议

王建勋　任　亮[①]

（河北北方学院生态建设与产业发展研究中心）

摘要：在京津冀协同发展的国家重大战略背景下，京津冀三地已经明确各自的战略定位，河北在生态环境方面的战略定位为京津冀生态环境支撑区。素有北京“北大门”“后花园”和京郊著名“氧吧”美称的张家口市在京津冀生态环境支撑方面具有重要的区位优势和战略地位。

关键词：京津冀协同发展；张家口市；生态环境；可持续发展

引言

京津冀协同发展是我国在新阶段推出的国家重大战略之一，2014 年 2 月 26 日，习近平总书记在北京主持召开座谈会，专题听取京津冀协同发展工作汇报，深刻阐述了京津冀协同发展的战略意义，并指出了京津冀协同发展的方向，其中提到：“着力扩大环境容量空间，加强生态环境保护合作，完善防护林建设、水资源保护等领域合作机制”。张家口市在国家实施的一系列重大生态工程比如三北防护林、环京津风沙源治理、退耕还林退牧还草工程中具有重要的区位优势和战略地位。在京津冀协同发展战略中，张家口市又被明确定位为首都重要的水源和生态涵养区。随着 2022 年冬奥会的临近，张家口市更加要牢固树立“绿水青山就是金山银山”的基本理念，把握住环京津生态屏障的得天独厚的自然和地理优势，同时要厘清生态环境现状，科学应对

① 基金项目：河北省高等学校人文社会科学重点研究基地项目“生态建设与产业发展研究”（20143101）；河北省教育厅人文社会科学研究重大课题攻关项目“冬奥进程中京津冀生态保护与建设的路径及对策研究”（ZD20160106）；河北省科技计划项目“‘十三五’期间河北省生态承载力与经济协调发展的战略研究”（16457625D）；河北省社会科学基金项目“京津冀生态环境 – 经济 – 新型城镇化协调发展评价及对策研究”（HB16YJ009）；张家口市科技局重大项目“冬奥会背景下张家口生态承载力研究”（1511077I）；张家口市科技局项目“张家口市旅游经济与生态环境协调发展研究”（1411058I – 28）资助。

生态环境保护过程中面临的问题和挑战，实现京津冀生态环境支撑功能可持续发展。

一、张家口市生态环境现状

张家口市作为华北重要的老工业基地之一，曾有各类企业上万家，经济的粗放发展使得这里一度成为全国重度污染区域。尽管作为环京津重要的水源地和生态涵养区，张家口市的生态环境十分脆弱，再加上人们对资源的不合理开发和破坏，到2000年，该地区森林覆盖率仅剩下约20.4%，水源涵养功能持续降低，草地严重退化，风沙肆虐，生态环境呈现严重恶化，给当地人民的生产和生活带来了较大影响。

近年来，张家口市委、市政府及各级管理部门十分重视生态环境的保护和发展，将生态环境视作张家口市持续发展的命根子，下定决心治理生态环境，坚持“一任接着一任干，一张蓝图绘到底”的生态环境治理理念，先后在生态环境保护方面实施了许多重大举措。具体表现为以下几个方面：

1. 切断污染源头，大力开展减排工程

对生态环境造成恶劣影响的传统产业如钢铁、煤炭、水泥、化工产业实施了一些列整顿。在过去5年来，累计投资1324.2亿元进行节能减排改造，全市关停了共约900家涉污类企业和600多家涉煤类企业，累计压减384万吨炼钢产能、366万吨炼铁产能、458.6万吨水泥产能，同时，拒绝招标约100个可能产生高污染的投资项目。仅2014年一年，取缔煤炭经营企业346家、淘汰燃煤锅炉394台、黄标车3.5万辆。

2. 不断改善和提高首都的生态屏障功能

近年来，先后实施了环京津风沙源治理工程、退耕还林退牧还草工程、荒山绿化、清水河治理等一系列生态工程。近5年来，累计治理了467平方公里的水土流失，建设和实施593万亩林业生态建设工程，全市森林面积约1930万亩，森林蓄积量2490万立方米，森林覆盖率已经达到37.05%。空气和环境质量得到不断改善和提高，以2015年为例，张家口市空气质量位于京津冀最好水平，空气质量达标天数301天。以张家口市各个县生态环境建设为例：崇礼县重点实施京津风沙源治理、清水河上游综合治理、退耕还林补植补造、高速公路两侧山地绿化等生态工程建设；张北县已经启动了8.5万亩退化林分改造工程，完成12.3万亩首都新型生态屏障示范工程，森林覆盖率达到26.4%；赤城县作为北京重要的饮用水源地之一，该县境内分布的黑、白、红三条河流均汇入北京的密云和白河堡水库，赤城县共计造林180万亩，

已经完成2150平方公里水土治理面积，使得年均减少160多万吨泥沙排泄。

3. 相继开展和实施了一系列绿色能源和新兴产业工程项目

在5年中，累积实施了重点项目投资约910项，资金高达2885.3亿元。仅2014年，累积实施了约200个重点建设项目，投资额高达596.6亿元，包括：旗帜乳品、蔚县电厂、云计算和中法生态产业园的7个共投资约百亿的项目、从上海和美国硅谷引进的约43个高新技术项目，入园企业达881家，实现销售收入478亿元。成功招商引资亿元以上的项目93项，落地12项，总投资1126.5亿。例如，与法国、荷兰、奥地利等国开展了滑雪装备、畜牧养殖、农业产业种植加工合作；与德国能源署签署了新能源开发利用合作协议；投资2亿美元的辛普劳马铃薯深加工项目正在实施。同时，加快推进了新能源项目建设，截至2015年，张家口市拥有约736万千瓦风电装机容量、695万千瓦并网发电、70万千瓦光电装机并网，新能源产业增加值占规模以上工业增加值的比重达到了10.2%，因此被国务院确定为全国第一个可再生能源示范区。

4. 大力发展生态农业和生态旅游业

以2014年为例，全市蔬菜播种面积162.45万亩，蔬菜总产量723.79万吨，园林水果总产量67.42万吨，各类农业园区达到309个，"张杂谷"市外推广100万亩。借助奥运效应，大力发展冰雪游、草原游、红色游、民族文化游、历史景点游等系列旅游，年接待国内外游客3318万人次，旅游总收入达到237.6亿元。

二、张家口市生态环境保护所面临的问题

张家口市地处农牧交错带中段及其边缘区，该区域大部分地区属于干旱缺水状态，长期以来植被遭到很大破坏，风沙肆虐，水土流失严重，生态系统结构比较单一，破坏后自我调节能力较差。而近年来，日益增加的蔬菜种植面积无疑会对其干旱缺水的生态环境造成较大的负面影响，因蔬菜耗水量较大，加速了地下水的消耗量，未来该地区可能更加干旱；生态环境保护建设方面的资金比较短缺，各级财政支持力度不是很够，资金筹措渠道较少。借着冬奥会效应，旅游项目如火如荼，各区县也在不断引进新的旅游项目，随着游客数量的不断增加，对当地的生态环境造成恶劣影响，生物栖息地受到严重干扰，生物多样性下降，同时加大了水体污染和固体废弃物污染程度。旅游产业仍存在较多问题，比如：交通、景区景点等基础设施不够完善，游客环保意识较差，旅游项目上当地居民的参与度较低等。

三、张家口市生态环境可持续发展建议

1. 加强水资源保护与合理利用

张家口市作为北京重要的水源供养地，做好水资源保护具有十分重大的战略意义。其中洋河、桑干河是北京官厅水库、永定河重要的水源，赤城县境内的黑、白、红三条河流全部输入北京市的白河堡和密云两座水库，约占密云水库来水量的53%，因此，要对洋河、桑干河、赤城县境内的黑、红、白三条河流的水源实施重点保护。本文建议，不断取缔和关停直接汇入这些流域的排污口的相关企业，继续扩大生态涵养林建设工程范围，同时系统监测流域两侧植被变化、土壤污染、水土流失状况，增强退化森林、草原、土壤的恢复治理，合理保护流域内各种资源，采用分区研究，科学高效地推进退化植被恢复工程。增强农业节水意识和观念，大力推进节水型作物的种植比如马铃薯、“张杂谷”、小杂粮等，引进节水、低耗水的蔬菜品种，适当降低水稻、蔬菜等高耗水作物蔬菜种植面积比例，同时，加大高效节水灌溉技术和节水工程的建设力度。

2. 科学规划，统一布局，增强首都“生态屏障”功能

生态环境是人类赖以生存的和发展的基本条件，也是经济、社会可持续发展的基础，保护和建设好张家口市生态环境对首都的生态安全具有重要的战略意义。需要保护和建设并举，张家口市生态环境系统极为脆弱，同时也面临干旱、风沙侵蚀的影响，因此，首先要保护好现有的生态环境和预防生态环境进一步恶化；其次，对已经遭受到破坏的生态系统进行恢复。恢复途径之一是采用自然的恢复，减少甚至取缔外来的干扰，让生态系统得到自然修复，逐渐恢复其原有的生态系统功能；另一方面，进行生态工程的建设，因生态建设工程涉及许多复杂问题，牵扯各级管理部门，需要跨区域、跨部门合作，因此要统筹规划、科学指导，建立领导责任制，避免“眉毛胡子一把抓”，集中精力进行重点工程、重点治理。同时，把握因地制宜原则，根据各县域具体的气候条件、地形条件、土壤条件，宜林则林、宜灌则灌、宜草则草。需要建立生态建设工程效率监测系统，实施一套科学的管理体系，确保生态建设工程行之有效，理想达到预期目标。

3. 多方筹措资金，加大资金投入

政府各级管理部门历来十分重视生态环境保护，近年来先后取得了许多显著成绩。不过环境治理绝非一朝一夕，而是任重道远。目前用于环境保护

治理方面的资金投入还是较少。要以政府财政投资为主体，加强生态建设资金监管力度，提高资金使用效率。同时，争取京津冀协同发展生态补偿专项基金，争取京津和河北省生态建设补贴资金，积极引进国内外公益性的生态建设资金项目，吸引部分企业资金和民间资本。

4. 科学合理发展生态旅游业

坚持可持续发展理念，遵循当地的资源和生态承载力，需要兼顾生态效益和经济效益、短期效益和长远效益、局部效益和整体效益。当地好的生态环境，是吸引游客来观光、旅游的基础，因此，要树立长远的旅游区及周边生态环境可持续发展观念，同时也要加强植被、水域、土壤的生态恢复。需要确保新开发的旅游投资建设项目对已有的生态环境不形成威胁和破坏，同时兼顾当地居民在生态旅游项目上的参与度，提高当地居民的生活水平。要不断推进旅游区相关公共服务配套设施建设，包括道路、供水、电力、住宿、卫生、休闲、体育等基础设施建设。科学评价旅游环境容量，完善旅游法规和环境保护法规，采用旅游环保标志、环保主题馆、环保宣传及广播，增强游客环保意识，减少游客对旅游区生态环境的影响甚至破坏程度。

以上，从京津冀协同发展背景下，探讨了作为首都“生态屏障”的张家口市生态环境现状，生态环境发展中的所面临的问题，同时初步提出一些可供参考的可持续发展建议。京津冀协同发展是国家在新时期提出的重大国家战略之一，张家口市的生态环境问题不仅仅关系到张家口市本身的社会经济持续稳定发展，也关乎首都的生态安全和生态环境可持续发展，因此，在未来的发展过程中要按照创新、协调、绿色、开放、共享的新发展理念，将张家口市生态环境维护和建设到最佳水平，大力提升首都的“生态屏障”功能。

参考文献

[1] 雷汉发．张家口坚持“最佳生态涵养区”理念——筑牢京津冀绿色屏障 [N]. 经济日报，2015－07－13（1）.

[2] 翟天雪，雷汉发．塞外之春——张家口市积极打造京津冀最佳生态涵养区扫描 [N]. 经济日报，2016－05－17（16）.

[3] 张家口市人民政府．张家口年鉴 [M]. 北京：九州出版社，2015：12.

[4] 彭建强，张波．河北省建设京津绿色生态屏障面临问题及对策 [J]. 河北省社会主义学院学报，2015（2）：39－42.

［5］陈亚宁．干旱荒漠区生态系统与可持续管理［M］．北京：科学出版社，2009.

［6］文魁等．京津冀发展报告（2016）：协同发展指数研究［M］．北京：社会科学文献出版社，2016.

［7］张福蕊．促进张家口旅游业加快发展的建议［J］．中国财政，2015（679）：61－62.

张家口生态环境治理失效因素分析

李黎黎　马振刚①
（张家口学院理学系）

摘要：本文从生态治理的相关理论视角出发，结合张家口实际，分析了张家口生态环境治理失效的原因并提出了对策。认为，生态环境脆弱是其客观自然因素；产业结构层次低是其经济因素；环境的外部性和产权不清是体制因素；人民群众需求层次低是其社会因素。生态环境治理需要在加强区域合作的基础上，立足绿色发展，提高人民需求层次，完善生态治理政策。

关键词：张家口；生态治理；理论分析

张家口是“首都经济圈”和“京津冀都市圈”的有机组成，担负着生态保护和水源涵养的重要职能。因其与北京具有空气的上下风向和水系的上下游关系，使两地具有了生态功能一体化特点，尤其以风沙危害、水污染和水资源短缺对北京影响重大。自20世纪70年代以来，张家口实施了系列重大生态工程，生态环境得到了局部的改善，但与政府巨大的生态治理投入相比，环境整体恶化趋势没有得到根本遏制，也没有建立起有效的治理体制，官厅水库水量的持续下降从一个侧面反映了治理失效的事实。

一、张家口生态环境治理失效因素分析

1. 生态环境脆弱是生态治理失效的客观自然因素

生态承载力理论认为，生态系统具有的自我维持、自我调节和自我恢复的能力。人类的任何活动都不应该超越生态系统的承载限值。某一区域的生态系统是在受到区域内的气候、地貌、水文、土壤等作用力下的一种平衡状态，这种平衡状态是在地质历史时期经过“优胜劣汰，适者生存”的过滤后而选中的相对稳定状态。生态承载力的大小与其质量有关，质量可以简化为空间尺度。所以，改变一个小范围尺度的生态系统要比改变大尺度生态系统

① 本文为河北省社会科学基金项目（HB11YJ07）

容易。人类活动作用于生态系统上的外力，与自然界作用于生态系统的力量，形成某种平衡，推动着生态系统偏离自然的轨道运行。这种偏离了自然之手的运动，对人类生存或有利或有害，但要想维持，则需要人类给予持续的外力输入。

张家口地处内蒙古高原向华北平原的过渡区和干旱地区向湿润地区的过渡带上，存在着高度的生态压力和多组分相互作用的激烈张力，形成了系统层次结构简单、自我调节能力差的脆弱生态系统，造成了干旱缺水、土地沙化、风沙危害等主要生态环境问题。同时，张家口地区处在我国农牧交错带及其边缘地区，是首都经济区和环京津贫困带的叠加区，人地关系矛盾尖锐，人类活动已在一定程度上超出了生态阈限。坝上干旱草原本的生态系统和坝下间山盆地的生境，形成的自然环境的“本性难移”，客观上加大了生态治理的难度，造成了生态治理的易于反复。

2. 产业结构层次低是生态治理失效的经济因素

产业结构理论将经济发展阶段划分为农业化社会、工业化社会、后工业化社会三大阶段，在不同阶段经济增长所依赖的资源结构会相应地发生变化。“环境库兹涅茨曲线”理论认为，在经济发展和产业结构演变的过程中，资源与环境问题呈现出先逐步加剧再逐渐减少直至消失的时序变化特征。目前，发达国家或地区的环境污染有下降趋势，但发展中国家的污染仍在上升，这一现象支持了环境污染与经济发展之间呈倒“U”形曲线关系的假定。

张家口是老工业基地，传统产业占主体。2000 年以来，经济结构得到了进一步调整，三次产业结构由 1978 年的“二、一、三”发展到目前的“二、三、一”，但是一产的国内生产总值占全市总的国内生产总值的比重高于 10%，按照产业结构理论，说明张家口市整体上还处于工业化的初级阶段。虽然张家口市区及部分县进入了工业化加速期，但还不足以对全市经济发展阶段产生实质性改变。张家口所处的工业化初期阶段决定了其对资源能源的依赖性，也决定了其不具有依靠自身力量消除生态退化和环境污染的经济基础。

3. 环境的外部性和产权不清是生态治理失效的体制因素

二十世纪二十年代英国著名经济学家庇古提出了外部性是导致环境污染加剧的原因。环境的外部性无法完全依靠市场机制加以消除，因此，必须借助于政府的作用，把外部性问题转换成内部问题。产权理论认为，资源保护和生态建设的权利与义务的不对等，是资源过度利用和生态环境状况恶化的重要原因。因此，把资源与环境的产权界定清楚，被多数经济学家认为是解决环境问题的关键。

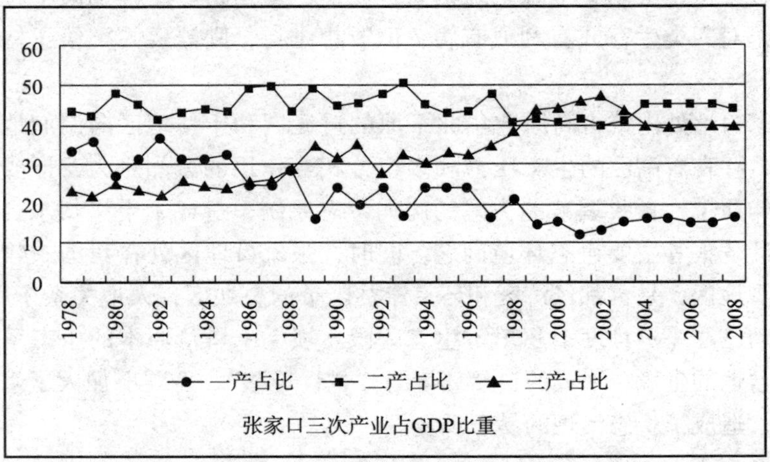

表1　张家口三次产业占GDP比重时序变化

（数据来源：根据2009年张家口经济统计年鉴统计）

张家口是北京的生态屏障和重要水源地。据中国林业科学研究院《张家口市森林与湿地资源价值评估研究》显示，在生态服务价值中，张家口市当地受益和外部区域受益分别占35%和65%，而北京地区又占外部区域比重的81%，占生态服务总价的53%。官厅水库96%的水量是张家口的资源，但对同样是水资源短缺的张家口市并不具有饮用水源的功能与价值；国家将张市公益林的补偿标准定为每亩10元，而北京市公益林每亩40元，生态服务生产者和受益者之间因主体不一致导致的利益失衡，影响了环境治理主体积极性的发挥，而环境的外部性和公共资源的产权不清成为生态治理失效的体制因素。

4. 人民群众需求低是生态治理失效的社会因素

马斯洛需求层次理论把需求从低到高分成生理需求、安全需求、归属与爱的需求、尊重需求和自我实现需求五类，前三种通过外部条件可以满足，属于低层次的需要；后两种需要通过内部因素才能满足，属于高层次的需要。

张家口区域经济发展落后，县域经济不平衡，根据国务院扶贫开发领导小组办公室2012年发布《国家扶贫开发工作重点县名单》，张家口13个县中有11个县（包括涿鹿县赵家蓬区）为贫困县，有贫困人口近40万，这些人口居住区多分布在自然环境恶劣、生态环境脆弱地区。大量贫困人口的存在，导致生态治理与人民群众基本需求的脱节，是生态治理失效的社会因素。

二、张家口生态环境治理对策

1. 加强区域合作，科学保育生态

张家口生态环境治理是京津冀区域可持续发展所需要的，对首都北京意义重大。张家口生态环境治理非其一己之力能够解决，必须纳入到区域一体化合作中。基于生态联系的京张合作由来已久，形成了以水源生态服务与生态经济为主线，以政企互动为特色的合作模式，取得了较好的生态效益和经济效益。在继续深化合作的基础上，应重点借助北京科技人才之力培养本地化的人才队伍，从从属于北京的观念转变到平等分工协作关系上，形成生态治理的长效机制。在生态治理上，要按照流域治理理念，把握官厅水库这个水源治理关键，按照官厅水库—永定河上游—京西北生态经济区的整体性，确定治水要治河，治河要治山，治山要治穷的点—线—面—体的流域治理思路。

2. 立足绿色发展，减少产业污染

根据产业结构理论，处在工业化初期向加速期过渡的张家口，在经济发展过程中不具有绝对禁止或完全避免环境污染或生态恶化的客观基础，所以，环境政策或舆论媒体宣传的导向应该是支持其加快以较低的代价尽快完成库兹涅茨曲线的变化，而不应该脱离区域发展实际，以政策高压使之因噎废食。同时，考虑到张家口特殊的区位，其生态环境保护要求更高，压力更大。兼顾生态保护和经济发 展双核心，以生态建设产业化、产业发展生态化为取向的绿色发展成为其不二选择。张家口需要抓住工业升级改造这一关键，以此带动农业现代化和城镇化，构建循环经济产业链，通过产业结构提升解决环境问题。

3. 强化政府作用，完善生态治理政策

外部性和产权理论告诉我们，在我国资源和土地产权属于国家所有的情况下，完全依靠市场机制消除因产权不清造成的公地悲剧有很大困难，因此必须发挥政府的作用。一是利用张家口特有的生态区位寻求政策支持，进而形成发展优势；二是政府通过采用经济调控手段，使个人生态治理的收益不低于社会收益，调动社会参与环境建设的积极性，强化环境的正外部性；三是采用法律或税收等方式，提高破坏生态环境的个人或企业成本，使其不低于社会成本，从而消除诸如乱砍滥伐、高耗低产等忽略社会成本的行为，降低环境的负外部性。四是虽然目前生态补偿机制存在补偿不到位，补偿受益者与需要补偿者相脱节等问题，但是构建和完善生态环境补偿机制已成为共识，我们需要积极探索，加快形成适合我市实际的各类生态补偿模式。

4. 改善人民生活，提高需求层次

根据马斯洛需求层次理论，生态保护的需要对于不同生活水平的人群而言，是处于不同的层次上的，对于处在环京津贫困带上的张家口地区，人民最基本的需求是生计而非生态。生态建设的首要任务就是要把生态保护这一非基本需要尽量转变为基本需要，也就是说，要把生态保护的措施与满足人们的脱贫的要求有机结合起来，使生态建设在促进环境改善的同时能促进当地的经济发展，只有生态保护成为基本需要的一个组成部分，才能在人民群众中落地生根。

生态环境建设是一件系统工程，要避免“头痛医头，脚痛医脚”“小尺度改善，大尺度失调”“自然系统碧水青山，社会系统百孔千疮”的现象，要充分考虑“自然条件提供的可能性，经济条件提供的可行性，政策条件提供的可溶性和人民群众提供的可选性”，只有在这四个方面进行全面思考，统筹协调，才能设计出持续可行的、良性循环的生态治理工程和民心工程。

参考文献

[1] 陈广庭．近50年北京的沙尘天气及治理对策［J］．中国沙漠，2001（4）：402－407.

[2] 王宝钧，宋翠娥，傅桦．张家口区域生态环境治理失效因素分析［J］．云南地理环境研究，2007（5）：98－100.

[3] 王宝钧，宋翠娥，傅桦．京张区域生态和环境问题及问题分析［J］．干旱区研究，2008（4）：538－542.

[4] 李周．环境与生态经济学研究的进展［J］．浙江社会科学，2002（1）：27－44.

[5] 向昀，任健．西方经济学界外部性理论介评［J］．经济评论，2002（3）：58－62.

[6] 吴云．论行为科学的基本理由对环境管理的启示［J］．环境保护科学，2009（4）：111－113.

张家口生态经济区的空间结构和建设机理

马振刚　李黎黎
（张家口学院理学系）

摘要：张家口是京津冀协同发展的重要组成部分，建设以张家口地域为主体的生态经济区是实现区域生态协同发展的内在要求。张家口生态经济区的建设存在自然可能性、经济可行性和政策可容性，其中，区域生态环境脆弱且环境外溢显著是其自然驱动因素，处在重要区域经济圈内但经济发展滞后是其经济驱动因素，区域规划与政策导向是其政策驱动因素。根据空间依赖性和居民地临近性等原则，利用 GIS 分析手段，将张家口生态经济区划分为以“坝上坝下，两山两河”为主体的自然空间结构，以生态农业、生态工业和生态旅游业为主的产业结构，以“一轴两翼一区”为内容的功能分区结构。张家口生态经济区建设要立足绿色发展，坚持产业发展生态化和生态发展产业化，经济建设要以城镇化建设为引擎，加快城市点轴模式的开发，生态建设要构建以自然尺度为单元的由面状草原、带状农田和块状森林组成的综合生态系统，同时，建议张家口实施首都经济圈和外长城经济圈协同发展战略和建设国家级生态经济示范区战略。

关键词：生态经济区；区域发展；空间结构；建设机理；张家口

首都圈是以首都为核心形成的都市圈，是首都功能发挥时所波及的空间影响范围，是支撑首都职能发挥的区域基础，张家口地区是首都圈的重要组成部分。关于张家口在首都圈中的功能定位，有的学者强调其经济职能，有的则强调其生态功能，更多的学者兼顾了经济、生态两方面的功能。河北省发展改革委宏观经济研究所课题组（2004）等认为，张家口应明确生态优先的原则，确立生态功能的主导地位，强化生态屏障、水源保证、绿色食品供应、食物安全保证和社会稳定五大区域社会功能，建成首都生态型经济特区。李现科等（2005）在分析了京张区域、资源、产业、功能等联系后，提出张家口是北京的发展腹地和生态屏障，水源、能源、劳动力和农副产品供应基地以及旅游基地。在吴良镛院士（2006）提出的京津冀地区“一轴三带”的空间发展格局中，张家口市位于山区生态文化带上，他认为张家口是“畿辅”的重要组成部分，是“京师”的生态保障和确保首都安全的战略要地，同时，该地区存在的大量国家级贫困县也佐证着“发达的中心城市，落后的腹地”的论点。河北经贸大学张云教授（2010）提出了环首都生态经济区发展构想，认为其建设既可以强化为京津阻沙源、蓄水源的作用，也可以承接首都部分功能转移，疏解北京市区产业和人口，提升河北省城镇化发展速度。张贵祥（2010）基于官厅水库水资源保护的视角提出了首都跨界水源生态经济特区的概念，其主体界定在张家口生态经济特殊示范区。2011 年起，河北省将环首都绿色经济圈的构建作为重大发展战略提出，其范围包括环北京的河北省四市的 13 个县。

一、建设张家口生态经济区的驱动力分析

张家口市地处北京的西北部，位于东经 113°50′～116°30′，北纬 39°30′～42°10′，总面积 3.68 万平方公里，总人口 460 万，辖 4 区 13 县。2011 年人均 GDP 为 25649 元，县域经济发展不均衡。以张家口地区为主体建设张家口生态经济区具有自然可能性、经济可行性和政策可容性。

1. 生态环境脆弱且环境外溢显著是其自然驱动因素

张家口地区处于我国农牧交错带及其边缘地区，是内蒙古高原向华北平原过渡区，湿润向干旱的过渡带，西部落后地区和东部地区的承接带，在系统学上是大尺度的混沌边缘，是典型的环境脆弱带。存在着高度的生态压力和多组分相互作用的激烈张力。该区域特有的自然地理环境，形成了系统层次结构简单，生物多样性少，自我调节能力差的脆弱生态系统。同时，这里也是各种自然要素和人文要素的突变区域，也是农业和牧业两个系统主体行为和结构发生“突发转换”的空间域。主要生态环境问题包括干旱缺水、土地沙化、水土流失、风沙危害等。区域农业利用处于临界状态，区域内梯度巨大，经济发展与生态保护矛盾十分突出，人类活动已在一定程度上超出了生态阈限。

张家口与北京是生态功能一体化区域。空气的上下风向和水系的上下游关系是生态功能一体化形成的基础。该区域盛行风向是西北风和东南风，侵袭北京的风沙是冬春季来自西北方向的大风造成的，研究证明对北京地区造成重大影响的沙尘主要发源于内蒙古中西部和河北西北部。所以，张家口地区是风沙经内蒙古侵袭北京的主要通道，也是影响北京的主要沙源地之一。潮白河水系及永定河水系从北向南、从东向西贯通全域，将京张区域连为一

体，构建了京张生态联系的又一重要基础。密云水库、官厅水库是北京市的两大重要水源，而官厅水库96%的水量是张家口的资源，密云水库46%的水量由张家口区域提供，两大水库流域面积的40%均在张家口境内，张家口是北京的重要水源涵养区，其生态环境好坏直接关系到北京两大水源的生态安全。特殊的区位使张家口地区对发展生态经济有着更为迫切的要求。

图1　北京张家口区域空间概况

2. *处在重要区域经济圈内但经济发展滞后是其经济驱动因素*

张家口临近京津，是京津冀都市圈和首都经济圈的固有组成部分。国家“十二五”规划把推进京津冀一体化、打造首都经济圈、加快滨海新区开发建设、推进河北沿海地区发展都提升到了国家战略层面，这给包括张家口在内的京津冀地区带来重大战略机遇，同时由于张家口经济基础薄弱，河北“两环”发展战略中突出向东面海，给张家口提出了巨大挑战。

张家口与北京之间存在巨大经济断层。2011年张家口市人均GDP仅为25649元，北京人均GDP为81658元，北京已进入后工业化时期，而张家口处在工业化中前期。两地县域经济发展悬殊，本文以2009年北京、张家口县域数据为源，制作了县域生产总值四级分布图，由此可比较出京张两地的经济差异。根据国务院扶贫开发领导小组办公室2012年发布《国家扶贫开发工作重点县名单》，张家口有11个县（包括涿鹿县赵家蓬区）为贫困县，仅有2个县不在其中。

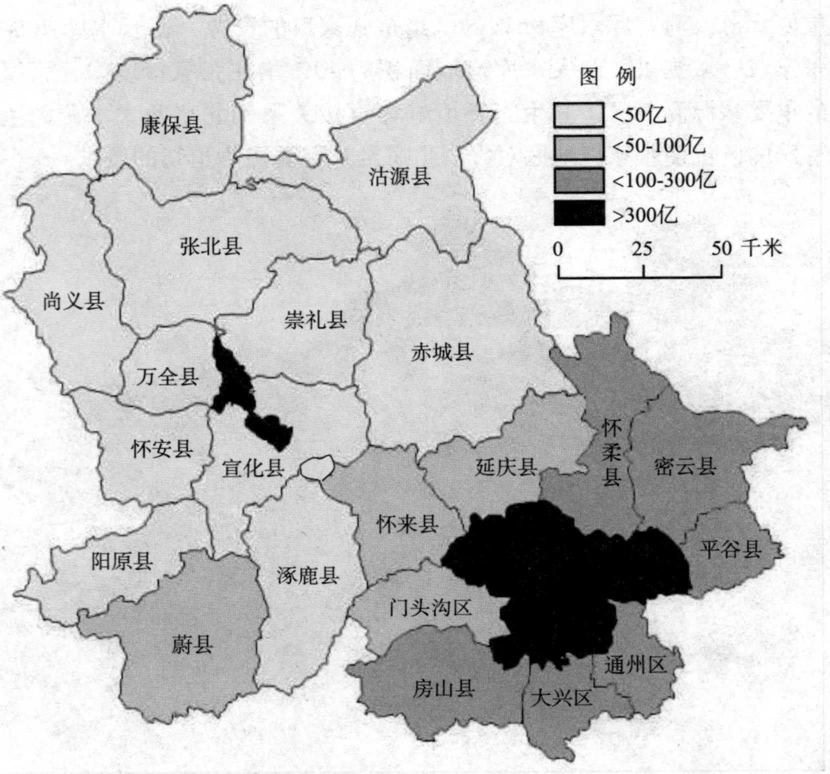

图 2　北京张家口县域 2009 年地区生产总值图

京张之间巨大的经济落差，导致一系列代沟的出现。首先，产业对接难度加大。虽然近年来张家口与北京合作步伐不断加快，在生态环境建设、水资源保护、农业、能源等方面都有合作，但区域间发展的梯度差还在继续扩大，京张区域尚未形成区域分工与合作体系，产业关联度小，产业结构融合度低，区域产业布局与合作多停留于形式。其次，生态需求不一致。由于两地人民处在不同的生活水平上，生态建设对于北京来说是安全需要和发展需要，而对于张家口大量贫困人口来说，最基本的需求是生计而非生态，高端的生态保护与低端的生活水平相脱节。再次，京张众多临近乡村之间，因行政的割裂产生了巨大的公共服务差别和贫富悬殊差距，造成民众心理失衡，成为社会稳定的重大隐患。消除京张区域经济的巨大差距，已成为首都圈一体化建设中的共识，为张家口深入参与区域经济合作，建设生态经济区提供了平台。

3. 区域规划与政策导向是其政策驱动因素

在全国生态功能区划中，张家口地区是京津水源地水源涵养区。在国家主体功能区划中，坝上的张北、康保、沽源、尚义四县划入了浑善达克沙漠化防治生态功能区。张家口在承担生态功能区的同时，受到国家和相关省市严格的环保政策及产业布局的限制，从而缩小了地区的产业选择，限制了产业发展机会和资本进入，削弱了地区的竞争力。随着河北省环首都经济圈规划的实施，及京张交通体系特别是京张城际的开工，张家口将融入北京一小时生活圈，京张“同城效应”越发明显，京张合作即将迎来最佳机遇期，这为张家口生态经济区建设提供了良好的战略契机和发展空间。近年来，在京津冀三方高层签订的“合作备忘录”“会谈纪要”等文件中，都把水资源和生态环境保护合作列在首位，北京还主动实施了“稻改旱”、水资源环境治理、环首都水源涵养林工程建设等区域扶持项目。张家口将生态经济作为经济战略性调整的基本方向，其与北京之间的政绩竞争关系在某种程度上将让步于生态合作关系，这样，京张之间的利益冲突或可逐步消弭，并可走上区域和谐发展之路。

二、张家口生态经济区区划分析

生态经济区划是从区域生态的、社会经济的功能分析入手，剖析自然生态地域结构和社会经济地域结构，科学总结自然、经济功能的地域分异规律，划分融合生态和经济要素的地域单元。张家口生态经济区是以张家口区域为主体，以“坝上坝下，两山两河”为空间骨架，以“一轴两翼一区”为功能分区，以生态型产业基地（生态农业、生态工业和生态旅游业）为内容，以生态—经济—社会协调发展为目标的生态经济综合体。

1. 自然空间结构

张家口生态经济区境内有两区（坝上、坝下）两山（大马群山、小五台山）两河（洋河、桑干河），构成了其自然空间骨架。坝上高原区包括：尚义县套里庄、张北县狼窝沟、赤城县独石口一线以北的沽源、康保、尚义和张北四县的广阔区域，属内蒙古高原的南缘，占张家口总面积的三分之一，海拔一般在 1400 米左右。冈梁、湖淖、滩地相间分布，呈现典型的波状高原景观。坝下分为山区、丘陵区、河川区。其北部为燕山余脉大马群山山地，主要河流有黑河、白河，均系潮白河上游。其南部为小五台山地，其中小五台山主峰海拔 2882 米，为全市最高峰；桑干河、洋河横贯全市东西，汇入官厅水库，沿河两岸分布着一系列串珠状间山盆地，其中较大的有怀安—万全盆

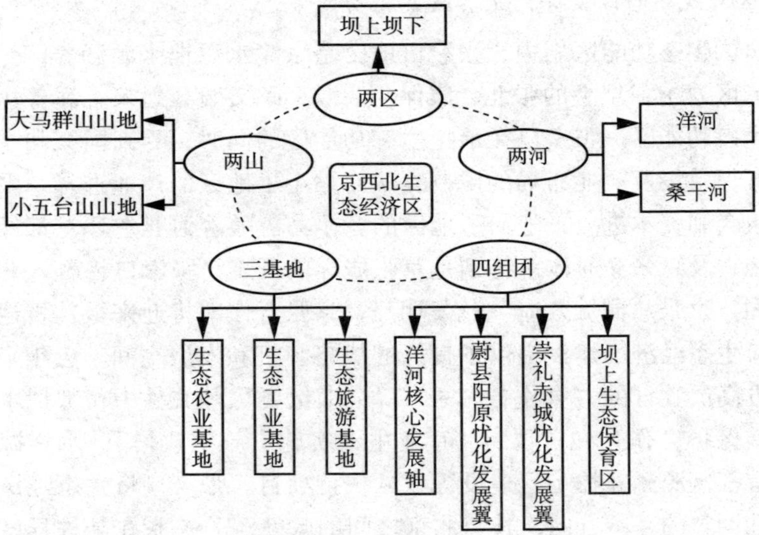

图 3　张家口生态经济区组织结构框架

地、张家口市区—宣化盆地、蔚县—阳原盆地、涿鹿—怀来盆地。

2. 产业空间结构

产业是区域经济发展的核心，张家口生态经济区必须立足生态，因地制宜地建设一批生态型产业基地。根据各县资源禀赋和产业基础，形成了以生态农业、生态工业和生态旅游业为主的三大产业基础，如表 1（根据张家口 2009 年经济年鉴整理）。

表 1　张家口生态经济区县域产业概况

区县	生态农业	生态工业	生态旅游
市区	蔬菜、瓜果	钢铁、机械、电力、烟草、制药、化工	图 5
宣化县	畜牧、蔬菜、扁杏	矿产品开发、煤化工、机械制造	
怀来县	葡萄、蔬菜、果品、奶牛	酿造、玻璃生产、电子信息	
万全县	玉米、燕麦、瓜菜、林果	机械制造、农药化工、食品加工、煤炭物梳	
怀安县	蔬菜、马铃薯、林果、畜牧	电力、化工、建材、矿产	
涿鹿县	葡萄、杏扁	煤炭、化工、建材、矿产、酿酒	
张北县	畜牧、蔬菜、马铃薯、甜菜、燕麦	风电、矿产、农产品加工	

续表

区县	生态农业	生态工业	生态旅游
尚义县	蔬菜、养殖	风电	图 5
沽源县	蔬菜、畜牧、马铃薯、食用菌、特色养殖	风电、太阳能、矿产加工	
康保县	畜牧、蔬菜、口蘑	风电、煤炭、非煤矿、畜牧加工	
赤城县	蔬菜、养殖	铁矿开发、风能	
崇礼县	蔬菜、养殖	风电、矿业	
阳原县	玉米、谷子、马铃薯	皮毛加工、矿业开发、煤炭物梳	
蔚县	扁杏、烟草、中药材、蔬菜	煤矿开发	

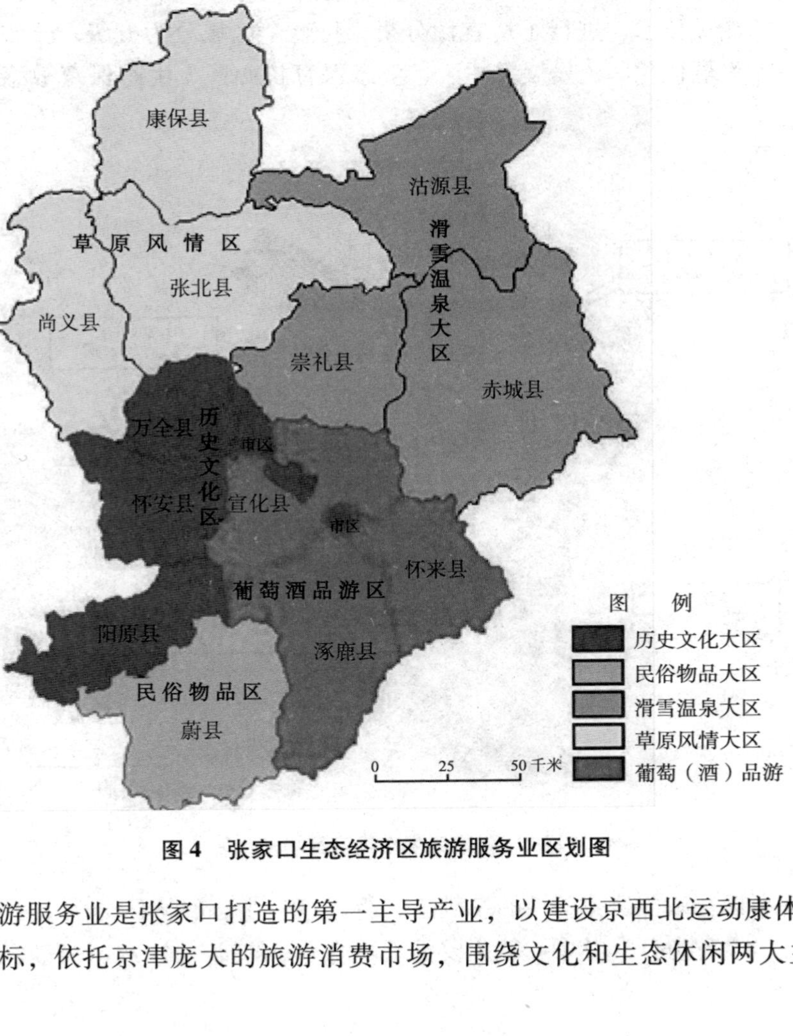

图 4　张家口生态经济区旅游服务业区划图

旅游服务业是张家口打造的第一主导产业，以建设京西北运动康体休闲区为目标，依托京津庞大的旅游消费市场，围绕文化和生态休闲两大主题，着力打造“中华民族摇篮，生态休闲之都”的旅游总体形象，构建了以主城区休闲中心以及坝上草原、崇礼滑雪、桑洋河谷、历史文化四大旅游区为主的总体空间战略格局和动态拓展板块。

3. 功能分区结构

区域功能包括生态功能和经济功能，生态经济功能分区是兼顾二者的基础上形成的功能一致的区域单元。生态经济单元在更高层次的区域发展格局中，承担和发挥着能够推动整个区域可持续发展的生态和经济功能。国内外有众多学者专家在研究生态经济区划时，是主要围绕自然、经济、社会三方面进行的，具体指标根据研究区域的不同各有特点。对于张家口地区，其自然环境的最主要影响因素是地势地貌格局，其经济社会发展水平与现有乡镇分布有密切相关，为此本文以张家口高程数据和张家口乡镇分布密度为基础，运用 GIS 相关技术，进行了适宜性分析，将整个区域分为五级，分布为发展核心区、发展优化区、发展缓冲区、生态保育核心区、生态保育敏感区（如图 5）。

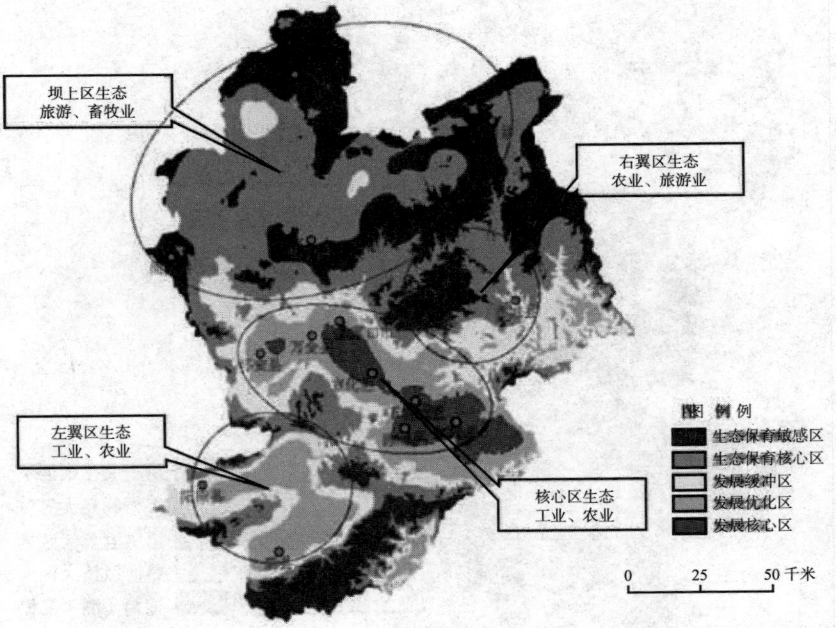

图 5　张家口生态经济区功能分区

在考虑行政单位完整性的基础上，将张家口生态经济区分为“一轴两翼一区”的功能分区，其中一轴主要是以洋河为轴的发展核心区和发展优化区，包括张家口主城区、万全、怀安、宣化、怀来县和涿鹿县的部分地区，重点发展生态工业和生态农业；两翼之一是指处在发展轴西南侧的蔚县和阳原县，为发展优化区，重点发展生态工业和生态农业；另一翼是指处在发展轴东北侧的赤城县和崇礼县，为发展缓冲区和生态保护区，重点发展生态农业和生态旅游业；一区是指坝上生态保育区，包括张北县、尚义县、康保县和沽源县，以发展生态旅游和畜牧业为主。

三、张家口生态经济区的建设机理

1. *以核心轴区城市化建设为引擎，提振经济发展*

资本的逐利性是城市空间生产的内在驱动力。张家口因城而市，以市促城。建城源于明朝防御残元势力袭扰的军事需要，以上堡和下堡为基点；市起于以张库大道为代表的长城内外资本的融通，发展于中国人建设的第一条铁路京张铁路的开通，京张铁路带来了一个桥东区。交通的发展成为张家口攻城略地的排头兵。当前，应加快推进京张城际铁路及张家口洋河新区的建设，使张家口融入北京一小时生活圈。这将极大地推动京张区域间人流、物流、资金流和信息流的融通，使张家口主城区、宣化区、宣化县、万全县及怀安县加快融合，下花园区、怀来县和涿鹿县组团发展，进而形成以洋河为轴的点—轴式城市发展模式，为张家口打造京冀晋蒙交界区域中心城市奠定

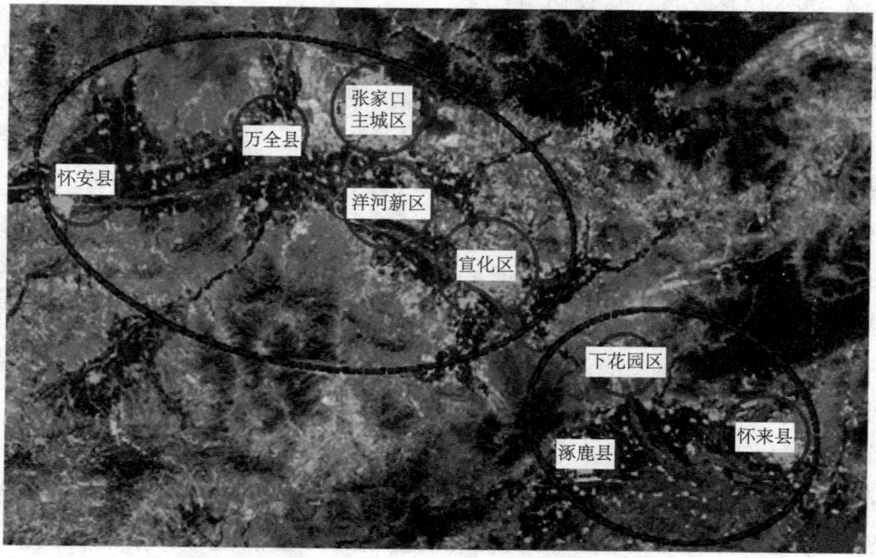

图6　张家口城市点—轴式发展模式

坚实的基础。

2. 以面为体以带为廊，因地制宜，科学保育生态

张家口地处坝上坝下、长城内外，各区县的地质地貌、气候资源和基础条件差异较大，因此，在生态经济区建设过程中，要树立“因地制宜，分类指导”的思想，要根据各自的条件和特点，找准优势，选择一个正确的发展道路，来加快发展，避免在区域布局和工作指导上的“一刀切”。比方说，张家口坝上本来就是草原，草食畜牧业，退耕还草，种草固沙，以草养畜、养牛，这些都是坝上的特色。“天苍苍，野茫茫，风吹草低见牛羊。”如果不顾及这些特点，非要掀了草皮种麦子，拔了草来种树，那是行不通的。因为在这里种树，即使三十年也长不粗。你想种麦子，开了荒种地，白毛风一刮，养分就少一层，越刮土地越薄，沙子越来越多，麦子同样种不好，这是特定的生态环境造成的，自然规律是不能违背的。根据张家口“坝上坝下，两山两河”的自然空间结构及气候特点，坝上应恢复以草原为基底的草原生态环境，两山及邻近低山丘陵区应以乔灌木森林生态系统为主，洋河和桑干河区域应形成林网保护下的农田生态系统。通过构建以自然尺度为单元的生态系统，形成以面状草原为主体，以带状农田为廊道，以块状森林为镶嵌的综合生态系统。

3. 立足绿色发展，建设两型社会

张家口地域是首都北京的生态腹地，同时处在环首都贫困带上，经济发展与生态建设矛盾突出。在“北京要生态，地方要财政，人民要吃饭”的三方诉求点上，“生计”优先于“生态”，发展仍是第一要务。在选择什么样的发展路径上，在综合考虑张家口地区脆弱的生态环境、薄弱的经济基础、严格的产业限制、高强的行政压力等多个因素下，绿色发展成为其实现持续发展的不二选择。绿色发展是解决张家口生态治理与区域发展矛盾的唯一途径，是张家口在外部生态压力下融入区域经济圈实现自身经济发展的入场券。绿色发展就要坚持产业发展生态化和生态发展产业化，要充分发挥政府主导、企业主体、市场配置的作用。张家口产业发展要培养壮大战略性新兴产业，如新兴能源业，电子信息产业；要围绕优势产业，发挥产业集聚和生态效应，重点构建冶金、化工、煤炭、电力、建材等产业内部和产业间的循环经济产业链，推动资源综合开发。在生态发展上要遵循自然规律，紧靠科技推动，深化京张生态合作领域，特别是要搭建京张两地科技教育人员传帮带平台，变外部输血为内部造血，为建设资源节约型、环境友好型社会奠定基础。

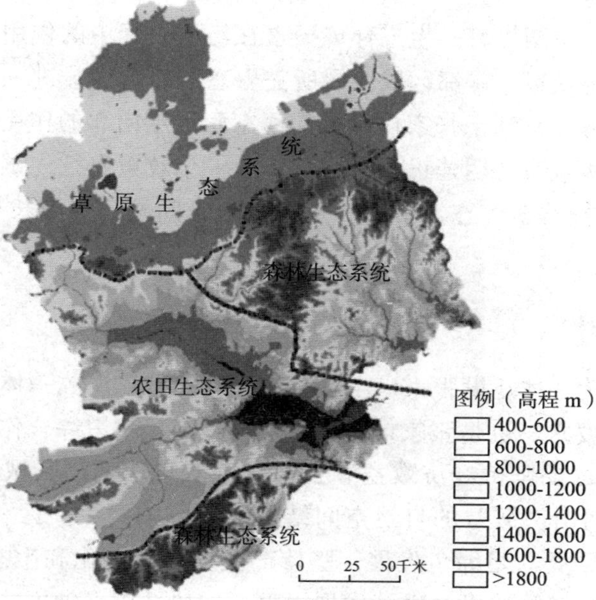

图 7　张家口生态经济区生态区划

4. 实施两圈（首都经济圈与外长城经济圈）协同发展战略

张家口是处在过渡带地区的城市，张家口的发展过程始终与首都经济圈与外长城经济圈政治经济环境紧密相连，两大区域相互作用内容的变化，规定着张家口城市的功能定位及发展程度。早期的军事驻防需要催生了城的建设，和平时期的商品交换需求催化了市的发展，交通运输条件的改善加快了各类资本要素的聚集，而政治环境的稳定与否直接影响着人口的数量变化。如今生态环境对区域发展的制约性作用愈加强烈，过渡带地区脆弱的生态环境越来越多地要面对大城市敏感神经的考验，发挥好生态媒介功能已成为过渡带城市融入区域一体化中的功能定位。作为张家口，既要做好首都经济圈中的生态保育功能，对接京津，更要衔接好华北平原与内蒙古高原两地地区。同时，由张家口区位所决定的贯穿东西、承接南北的功能的发挥，取决于两圈经济社会发展的程度和张家口融入的广度深度。

5. 实施国家级生态经济区建设示范战略

在张家口建立国家级生态经济建设示范区，有以下有利条件：第一，经过近十余年的发展，在学术界达成了共识，进而能够推动社会共识和领导决策共识；第二，符合张家口在首都经济圈和京津冀一体化中的定位，有利于整合各方力量进行顶级设计，科学实施，典型示范；第三，随着北京建设世界城市和首都经济圈提升，生态环境要素在经济发展中的作用愈加凸显，破解生态瓶颈尤为紧迫，首都区域发展所需生态腹地范围会进一步扩大到内蒙古、山西等省份，有利于张家口发挥沟通东西贯穿南北的作用；第四，在张家口设立国家级生态文明建设试验区，作为一个政策先行先试地区，整体解决试验区内的扶贫、生态、移民、公共服务等问题，实施长期的生态扶持政策。

四、结论

以张家口为主体建设张家口生态经济区，既是京津冀一体化和首都圈中各区域分工的要求，也是张家口地区自然、经济、政策综合作用的结果。张家口生态经济区要坚持经济效益和生态效益双重取向，区域规划要立足于“坝上坝下，两山两河”的自然空间结构和“一轴两翼一区”的功能结构。在建设机理上，要立足绿色发展，坚持产业发展生态化和生态发展产业化；要以核心轴区城镇化建设为经济发展引擎，加快城市点轴模式开发，助推生产要素集聚发展；生态环境建设上，要以自然尺度为单元，因地制宜，建设以坝上为主体的面状草原生态系统，以洋河桑干河阶地为主体的带状农田生态系统，以山梁丘陵为主体的块状森林生态系统。通过自然和经济的分类指导，产业和生态的有机结合，来实现生态—经济—社会的良性循环和可持续发展。

参考文献

［1］吴庆玲，齐子翔．开启京津冀区域经济一体化新篇章——2011 年首都圈发展高层论坛综述［J］．首都经济贸易大学学报，2012（3）：126－128.

［2］王宝钧．基于生态联系的京张区域整合研究［D］．北京：首都师范大学，2006.

［3］陈建华，魏百刚，苏大学．农牧交错带可持续发展战略与对策［M］．北京：化学工业出版社，2004.

［4］李黎黎，马振刚，王宝钧．张家口生态环境治理失效因素及应对思路［J］．环境保护，2014（1）：67－68.

［5］陈广庭．近 50 年北京的沙尘天气及治理对策［J］．中国沙漠，2001（4）：402－407.

［6］谭成文，杨开忠，谭遂．中国首都圈的概念和划分［J］．地理学与

国土研究，2000（4）：1 –7.

［7］张云．环首都生态经济区发展构想［J］．石家庄学院学报，2010（2）：5 –11.

［8］肖燕，钱乐祥．生态经济综合区划研究回顾与展望．中国农业资源与区划［J］．2006（6）：64 –68.

［9］张家口市农业区划办公室．张家口市农业资源区划［M］．北京：中国农业科学技术出版社，2009.

［10］张家口市人民政府．张家口 60 年经济年鉴 2009（M）．北京：中国统计出版社，2010.

［11］何英彬，陈佑启，常欣，等．基于 GIS 的自然生态与社会经济综合区划——以黄土高原延河流域为例［J］．中国农业资源与区划，2004（4）：39 –43.

［12］刘春腊，张义丰．首都生态经济区的空间结构及建设机理［J］．经济地理，2010（7）：1068 –1075.

［13］王亭亭，朱忠旗．河北省“一线两厢”战略暨“北厢”区域发展研讨会论文集［M］．石家庄：河北人民出版社，2006.

基于生态资产视角的京津冀生态补偿机制研究

任　亮　孔　伟[①]
（河北北方学院生态建设与产业发展研究中心）

摘要：生态补偿是保护生态环境、优化资源配置、协调区域发展的有效手段。京津冀属京畿重地，战略地位重要，完善京津冀生态补偿机制，现实意义重大。基于生态资产的视角，通过分析生态补偿利益相关者，然后建立适合京津冀发展实际的生态补偿价值核算模型，并提出成立专门协调组织机构、拓宽生态补偿融资渠道、完善生态补偿法律法规、建立多维生态补偿途径和开展区域间合作与协作，建立和完善京津冀生态补偿机制。

关键词：生态补偿；生态资产；协同发展；京津冀

引言

生态补偿是以保护和可持续利用生态系统服务为目的，以经济手段为主调节相关者利益关系的制度安排，是保护生态环境、优化资源配置、协调区域发展的有效手段。近年来，国内外学者对生态补偿问题进行广泛关注，并取得了丰富的研究成果和实践探索。2005 年，我国首次提出“谁开发谁保护，谁受益谁补偿”的生态补偿机制，以后每年都将生态补偿机制建设作为年度工作的重要内容；党的十八届四中全会提出要用严格的法律制度来保护生态环境，并制定和完善生态补偿的法律法规。由此可见，建立和完善生态补偿机制是对我国政策的具体落实，是加快建设生态文明、促进人与自然和谐发展的重要制度保障。

---

① 基金项目：河北省高等学校人文社会科学重点研究基地项目“生态建设与产业发展研究”（20143101）；河北省教育厅人文社会科学研究重大课题攻关项目“冬奥进程中京津冀生态保护与建设的路径及对策研究”（ZD20160106）；河北省科技计划项目“‘十三五’期间河北省生态承载力与经济协调发展的战略研究”（16457625D）；河北省社会科学基金项目“京津冀生态环境－经济－新型城镇化协调发展评价及对策研究”（HB16YJ009）；张家口市科技局重大项目“冬奥会背景下张家口生态承载力研究”　（1511077I）；张家口市科技局项目“张家口市旅游经济与生态环境协调发展研究”（1411058I－28）资助。

从总体上看，我国关于生态补偿问题的研究，主要是从生态环境保护的角度，在森林、草原、湿地、流域和水资源、矿产资源开发、海洋以及重点生态功能区等领域，积极探索生态补偿机制建设，而少有从生态资产的角度进行生态补偿机制的研究。生态资产是指具有物质及环境生产能力并能为人类提供服务和福利的生物或生物衍化实体，其价值主要表现为自然资源价值、生态系统服务价值以及生态经济产品价值。因此，为促进京津冀协同发展的同时保证区域的公平性，本文运用生态资产理论，在分析了生态补偿利益相关者的基础上，研究建立适合京津冀发展实际的生态补偿价值核算模型，并提出完善京津冀生态补偿机制的建议，供决策参考。

一、京津冀生态补偿现状分析

京津冀地区属京畿重地，是我国北方经济规模最大、最具活力的地区，战略地位十分重要。但随着经济社会的发展，人类生产生活对生态空间的占用不断增加，京津冀生态环境恶化日益严重。为面向未来打造新的首都经济圈、推进区域发展体制机制创新，探索完善城市群布局和形态、为优化开发区域发展提供示范和样板，探索生态文明建设有效路径、促进人口经济资源环境相协调，以实现京津冀优势互补、促进环渤海经济区发展、带动北方腹地发展，习近平总书记于2014年2月26日提出了“京津冀协同发展”这一重大国家战略。同时，京津冀为应对生态环境危机，积极响应国家号召，广泛开展了包括生态补偿在内的生态环境保护和建设工作。早在1998年，北京、天津就启动实施了京津风沙源治理重大生态建设工程；2007年，北京市安排专门资金，支持密云水库上游河北省张家口市、承德市实施“稻改旱”工程，并在周边有关市（县）实施100万亩水源林建设工程；2012年，北京市对生态公益林每亩每年补助40元，并建立了护林员补助制度，每人每月补助480元；2010年，天津市安排专项资金，用于在河北省境内实施引滦水源保护工程；2013年，天津市安排专项资金，对古海岸与湿地国家级自然保护区内集体或个人长期委托管理的土地进行经济补偿；2013年，天津市开展海洋生态补偿试点工程；2014年，河北省财政厅、省环保厅联合印发了《河北省生态补偿金管理办法》，以规范生态补偿金收缴与管理，提高资金使用效益。尽管三地都采取了一系列生态补偿政策和措施，生态建设和环境保护有所起色，但仍暴露出诸多问题，如补偿取决于决策者意愿以及当年财政预算，没有统一法律和政策；以政府决策为主，忽略利益相关者的利益诉求；强调区域内管制，忽略区域间协调、可持续发展的作用。

二、生态资产视角下生态补偿利益相关者分析

1. 补偿客体

补偿客体之一是生态保护的贡献者。主要包括处于资产状态的自然资源客体和进行生态投资的居民或企业（如植树造林、招商引资等）。二是生态破坏的受损者。在发展过程中对生态环境造成的破坏，只有对当地受损者进行补偿（属于生态环境价值的损失补偿），才能激发受损者恢复生态的主观能动性。三是生态治理的受害者。在生态治理过程中，受害者（居民或企业）为了保护和恢复生态进行搬迁、停产等，需要对居民的健康损失和直接财产损失、企业丧失的发展机会成本进行补偿。

2. 补偿主体

补偿主体之一是政府。生态环境和生态经济产品具有公共性，通常由政府进行统一调控和治理，一旦生态环境受到破坏，很大程度上要归因于政府的调控失误，并且政府代表着人民群众和社会利益，有责任和义务对资源损失和产品输出区的生态环境进行补偿。二是资源输入区的受益者。资源输入区是资源和生态经济产品转移的直接、主要的受益主体，按照“谁受益，谁补偿”的原则，资源输入区的受益者应当履行一定的生态补偿义务。三是社会补偿机构。当受益者对资源输出区进行补偿的过程中，有时会受到地域、空间、时间的限制，这就需要相关补偿机构（如环保组织、社会团体、民间组织等）对资源输出区的生态补偿提供资助或援助。

3. 生态补偿主体与客体间的利益博弈

生态补偿机制即为均衡因生态保护和资源开发引发的社会利益，调节相应的社会矛盾，但在生态补偿的主体与客体、生态保护地区与受益地区之间存在着广泛、普遍、多样和难以协调的博弈关系。补偿客体及地区认为，由于自身在生态保护、资源开发方面做出的贡献和受到的损害，应由生态受益地区来承担全部或部分责任，应由生态补偿主体方给予其所期待的全部利益。但生态受益地区则倾向于认为，收益来源于公共资源或开发经营所带来的收益，即使同意给予补偿，也难以在补偿标准上达成协调和共识，于是，生态补偿和区域内生态保护陷入非合作博弈的“囚徒困境”。政府作为生态补偿主体中的强势方，利益诉求为最大限度推动地方社会经济的发展；资源输入区的受益企业则追求其经济效益的最大化；补偿客体及地区处于经济、信息和政治上的弱势地位，一旦补偿机制流产，短期内补偿客体得不到相应补偿，

长期则会影响补偿客体的生态保护行为，进而影响到整体的生态保护效果及补偿主体的收益，最终陷入俱损困境。博弈的焦点集中于补偿范围和标准的确定，故明确有效合理的生态补偿标准及价值核算体系意义重大。

三、基于生态资产的生态补偿价值核算

生态补偿价值核算是生态补偿研究的核心问题，国内外运用的方法主要有生态系统服务价值法、机会成本法、意愿调查法、市场法、经济计量方法等，按照以上方法制定的生态补偿标准和措施，并没有完全解决生态效益问题，更未解决生态与经济效益的双赢问题。因此，要以生态资产为依据，构建生态补偿价值核算体系，并按照资源本身价值进行合理的价值核算，以使补偿能确实反映出生态环境保护的价值。

以生态资产转移为出发点，以资源或产品输入区为补偿主体，按照输入量比例，输入区对输出区进行补偿，针对生态资产类型和输出区产业类型，根据按需补偿、统筹协调、补偿明确的原则，确定具体的补偿方式。考虑到资源或产品输出的特殊性以及核算的准确性，本文运用生态足迹和成本分析相结合的方法来进行生态补偿价值的核算。生态补偿核算模型如下：

$$V = \sum_{i=1}^{n} \sum_{j=1}^{m} O_i W_{ij} \times C_{ij}$$

$$O_i = \frac{E_{f出}}{E_{f产}} \times 100\%$$

$$E_f = \sum_{i=1}^{n} \frac{c_i}{p_i}$$

其中，V 为资源输出区生态补偿总价值；O_i 为第 i 种资源或产品足迹输出率；W_{ij}为第 i 种资源或产品第 j 种成本（一般包括生产成本、生态修复及环境治理成本、机会成本等）权重系数；C_{ij}为第 i 种资源或产品第 j 种成本；$E_{f出}$为总输出生态足迹（hm^2）；$E_{f产}$为总生产生态足迹（hm^2）；c_i 为第 i 种资源或产品的消费量；p_i 为第 i 种资源或产品的平均生产能力。运用此模型，根据京津冀三地的实际情况来确定各自的生态补偿标准。

四、完善京津冀生态补偿机制的建议

1. 成立专门协调组织机构

目前，京津冀三地关于生态补偿的认识尚不统一，要建立良好的生态补偿机制还不是很容易。因此，要打破京津冀现有行政格局的局限，转变行政

理念，做好顶层设计，形成长效机制，建议成立专门的协调组织机构，协调、组织和领导京津冀生态补偿建设工作。机构由三地政府出面组织成立，对环保、土地、农业、水利、规划、财政等部门进行组织协调，杜绝出现相互推诿的现象。为保证机构工作的顺利进行，应该引入激励政策，鼓励和推动京津冀三地政府间生态补偿机制的建立。对于农田、湿地、水源地、生态公益林等生态环境特殊区域，应改变过去将经济指标作为地区成功关键的考核模式，转而关注其改善生态环境做出贡献的大小。可采取绿色 GDP 考核政策，在对政府 GDP 进行考核时，考虑加入生态补偿金支出数额、补偿效果量化考核指标、出境断面水质达标率等；采取税收返还政策，根据地区对补偿区域的补偿支出和补偿效果按比例返还，以激励地区对补偿区域的持续补偿。

2. 拓宽生态补偿融资渠道

生态补偿资金筹集是生态补偿的核心问题。目前，京津冀生态补偿资金主要依靠中央财政转移支付，但就当前国情而言，财政支付能力有限，不能够完全实现补偿的要求和标准，因此，需要拓宽生态补偿的融资渠道，如设立生态补偿的环保基金，充分调动社会各界力量，支持鼓励社会资金参与生态建设、环境污染整治的投资，形成多渠道、多层次、多形式的资金投入机制；搭建生态补偿市场交易平台，充分调动生态补偿市场主体的积极性，积极开展碳排放权、水权交易、排污权等领域试点，尝试政府绿色采购、生态彩票和生态补偿债券、生态建设配额交易、生态标志制度等市场筹资手段；借鉴国外生态补偿的成功经验，可以考虑增收资源税、环境税等，按照开发者开发利用自然资源的程度或破坏、污染环境的程度来征收，用于区域性的生态环境保护及受损者的补偿，通过这种手段把资源开发利用和生态环境保护挂钩，提高资源的开发利用效率。

3. 完善生态补偿法律法规

完善生态补偿法律法规，是建立生态补偿机制的根本保证。我国《森林法》《水污染防治法》《水土保持法》有对生态补偿原则性的规定，目前尚没有保障生态补偿机制全面建设与实施的法律法规，无法在各个环节上实现有法可依。因此，建议国家尽快出台相关法律法规，规范生态补偿管理制度，以法律的形式明确生态补偿的基本原则、任务要求、补偿客体和主体、补偿内容、权利和义务、测算方法、补偿标准（因各地经济环境状况不同，不能规定统一补偿标准，可因地制宜分别制定）补偿范围、补偿程序、补偿方式、保障措施等，如有违反生态补偿法律法规的行为，将按照有关规定进行处罚。必要时，可建立生态补偿的救济制度，保障生态补偿相关利益主体的权利得以有效地实现，并积极引导公众依法参与生态环境保护，从根本上调动广大人民群众利用法律手段来保障自身合法环境权益的积极性。

4. 建立多维生态补偿途径

结合京津冀三地实际，生态受益区通过政策补偿、经济补偿、技术补偿、教育补偿等方面向资源输出区进行扶持与援助，建立多维生态补偿途径，形成直接补偿与间接补偿互补、连续补偿与一次性补偿相结合的可持续补偿体系。在政策补偿层面，利用政府的政策与杠杆力量，从税收、贷款、资金补贴、优惠政策等方面给予补偿客体和地区优惠措施；在技术补偿层面，提供技术援助、高新技术引入、生态技术试点、生态产业示范区等措施，以科技与知识的注入提高补偿客体和地区的产业结构调整、新型生态产业发展和生态经济的蓬勃；在教育补偿层面，以政府转移支付提升补偿地区基础教育的质量，免费进行农民和社区失业居民再就业素质教育培训，加大生态高新技术人才引入，促进高校生态相关学科的人才培育与科技研发，形成源源不竭的生态发展储备力量。构建积极的多维生态补偿途径，才能提升补偿地区的自主发展能力，实现其经济和社会的可持续发展，最终实现大区域的双赢。

5. 开展区域间合作与协作

保护生态环境需要不同地域之间的合作与协作。北京、天津、河北从自然流域上看，同属海河流域，是一个完整的自然生态系统。因此，在制定和完善京津冀生态补偿机制时，不能关起门来“单干”，可以三地共同协商、开展合作，在对京津冀整体环境科学调研之后，充分考虑各自的经济发展水平、居民人均收入水平等因素，共同制定相对完善、合理的补偿方案。北京市水资源严重缺乏，而河北张承地区是京津冀重要的水源涵养地，共同实施水源保护林等合作项目，打造京津冀重要生态屏障，对改善区域环境意义重大。疏解非首都核心功能，加快京津冀产业结构调整、推动区域间产业对接合作是京津冀协同发展的重要内容，如传统农业向生态农业转变、污染工业向清洁生产工业转变、重点发展旅游服务业等第三产业，共同搭建京津冀产业合作对接平台。

参考文献

[1] 李文华，刘某承. 关于中国生态补偿机制建设的几点思考 [J]. 资源科学，2010，32 (5)：791 -796.

[2] 赵翠薇，王世杰. 生态补偿效益、标准——国际经验及对我国的启示 [J]. 地理研究，2010，29 (4)：597 -606.

［3］刘春腊，刘卫东，陆大道．1987—2012 年中国生态补偿研究进展及趋势［J］．地理科学进展，2013，32（12）：1780 - 1792.

［4］国务院关于生态补偿机制建设工作情况的报告．［EB/OL］．http：//www. npc. gov. cn/npc/xinwen/2013 - 04/26/content_ 1793568. htm.

［5］中共中央关于全面推进依法治国若干重大问题的决定．［EB/OL］．http：//www. ce. cn/xwzx/gnsz/gdxw/201410/28/t20141028_ 3795791. shtml.

［6］打破“一亩三分地”习近平就京津冀协同发展提七点要求［EB/OL］．http：//news. xinhuanet. com/politics/2014 - 02/27/c_ 119538131. htm.

［7］肖建红，陈绍金，于庆东，等．基于生态足迹思想的皂市水利枢纽工程生态补偿标准研究［J］．生态学报，2011，31（22）：6696 - 6707.

［8］高吉喜等．区域生态资产评估——理论、方法与应用［M］．北京：科学出版社，2013.

京张生态建设协同发展水平评价及提升对策研究

孔　伟　任　亮　刘一凡

摘要： 生态文明建设与绿色发展是实现经济社会和生态环境协调、可持续发展的必然选择。基于构建的京张生态建设协同发展评价指标体系，引入耦合度模型，测算了 2005 ~2014 年间北京和张家口的生态建设协同发展指数及京张生态建设耦合协同发展度。结果表明：①北京生态建设协同发展总体水平高于张家口，张家口生态建设协同发展水平有待提高。②北京生态建设协同发展指数中经济社会发展所占比重最大，生态质量次之，环境质量最小；张家口生态建设协同发展指数中生态质量所占比重最大，环境质量次之，经济社会发展最小。③研究期间，北京和张家口生态建设协同发展始终处于高度耦合状态，协同发展度稳步上升，从最初的初级协同发展阶段到如今的中级协同发展阶段。最后，提出未来京张生态建设协同发展的对策建议。

关键词： 生态建设；协同发展；耦合度模型；京张

一、引言

生态文明建设与绿色发展是当前我国经济社会发展的重头戏。2014 年 2 月 26 日，习近平总书记在京主持座谈会，强调京津冀协同发展的重大意义并首次将其提升为国家战略。此后，京津冀三地各界都对这一战略给予前所未有的厚望，并积极投身其中。但在实践中，在促进一系列相关协议达成和多方效益取得的同时，也存在着生态建设方面的矛盾和问题，如可持续发展与脆弱生态环境的矛盾、生态建设与资源利用本底不足的矛盾、生态协同发展相关体制机制尚未完善等。如何更好同时更有效地实现京津冀协同发展，已成为国内许多专家学者密切关注的焦点，主要涉及非首都功能疏解、产业结构优化、交通网络、生态涵养区建设、基本公共服务、城市群协同发展、城市体系空间结构、区域吸收能力、金融发展与技术创新、机制创新与区域政策、新型城镇化、土地承载力、生态补偿核算、污染物减排、环境协同治理、法治环境建设、人口调控、人才、教育等方面，并取得了丰硕的研究成果。

但在研究尺度与研究对象上，成果多以京津冀三地间研究为主，对省（或直辖市）级与地市级直接的研究较少，尤其是北京与张家口协同发展方面的研究更加薄弱。张家口是京津冀生态腹地和水源涵养区，生态地位非常重要。目前，京张两地正面临不同程度的生态环境问题，大力加强生态建设与环境保护，营造良好生态环境，是其实现经济社会和生态环境协调、可持续发展的必然选择。本文通过构建京张生态建设协同发展的评价指标体系，引入耦合度模型，测算并分析2005～2014年北京、张家口的生态建设协同发展指数及京张生态建设耦合协同发展度，提出未来京张生态建设协同发展的对策建议，为努力推进京张协同合作，提升环境保护和生态建设水平，为加快建设国际一流和谐宜居之都和经济强省美丽河北提供参考依据。

二、京张生态建设协同发展指标体系构建

基于北京和张家口生态建设互动的相关性、系统性及实际情况，统计已有研究成果中相关指标的使用频度和效度，并征求有关专家意见，最终构建京张生态建设协同发展评价指标体系。该指标体系由3个指标层构成，其中生态建设协同发展指数为一级指标，包括经济社会发展、生态质量和环境质量3个二级指标，经济社会发展由人均GDP、工业增加值、社会消费品零售总额增长率、失业率和第三产业比重5个三级指标构成，生态质量由人均公园绿地面积、环境污染治理投资占GDP比重、森林覆盖率、人均水资源量和人均耕地面积5个三级指标构成，环境质量由环境质量指数、人均工业废水排放量、人均城市生活垃圾清运量、全年空气优良天数和人均工业二氧化硫排放量5个三级指标构成（表1）。为客观反映指标的相对重要程度，在获得初始数据后，运用熵权法确定指标权重。

表1　京张生态建设协同发展指数评价指标体系

一级指标	二级指标	三级指标	单位	指标性质
生态建设协同发展指数	经济社会发展	人均GDP	元	正
		工业增加值	元	正
		社会消费品零售总额增长率	%	正
		失业率	%	负
		第三产业比重	%	正

续表

一级指标	二级指标	三级指标	单位	指标性质
生态建设协同发展指数	生态质量	人均公园绿地面积	平方米	正
		环境污染治理投资占 GDP 比重	%	正
		森林覆盖率	%	正
		人均水资源量	立方米	正
		人均耕地面积	亩	正
	环境质量	环境质量指数	%	正
		人均工业废水排放量	吨	负
		人均城市生活垃圾清运量	吨	负
		全年空气优良天数	天	正
		人均工业二氧化硫排放量	吨	负

三、数据来源与研究方法

（一）数据来源及处理

本文初始数据主要从 2006～2015 年的《北京统计年鉴》《张家口年鉴》《中国统计年鉴》获取，部分数据由北京及张家口国民经济和社会发展统计公报、环境状况公报进行补充。为消除数据间量纲、量级不同而造成的无可比性，使用极差标准化方法对初始数据进行标准化处理。

（二）研究方法

1. 综合评价模型

本研究运用多目标加权求和模型对北京和张家口的生态建设协同发展指数进行综合评价，计算公式如下：

$$f_{京} = \sum_{j=1}^{n} w_{京j} \cdot v_{京j}$$

$$f_{张} = \sum_{j=1}^{n} w_{张j} \cdot v_{张j}$$

式中：$f_{京}$ 为北京生态建设协同发展指数综合评价函数，$f_{张}$ 为张家口生态建设协同发展指数综合评价函数；$w_{京j}$、$w_{张j}$分别为北京生态建设协同发展指数和张家口生态建设协同发展指数指标权重；$v_{京j}$、$v_{张j}$分别为北京生态建设协同发展指数和张家口生态建设协同发展指数指标标准化值。

2. 京张生态建设协同发展耦合模型

耦合，源于物理学概念，指两个或者两个以上系统间相互影响与作用的现象。耦合度是对数据间关联程度的度量，耦合的强度取决于数据的复杂性、选取数据的方式以及数据传递信息的多少。高度耦合系统中各要素紧密依存，互相促进，从而扩大该系统的功能；低度耦合系统中各要素依存度低，相互干扰，从而缩小该系统的功能。北京和张家口的生态建设协同发展之间也存在着耦合关系，故构建京张生态建设协同发展的耦合度模型。其计算公式为：

$$C=\left\{\frac{f_{京}\cdot f_{张}}{\left[\frac{f_{京}+f_{张}}{2}\right]^2}\right\}^{1/2}$$

式中：C 为耦合度，且 $0\leqslant C\leqslant 1$。C 值越大，$f_{京}$、$f_{张}$ 之间离散度越小，耦合度越高；C 值越小，$f_{京}$、$f_{张}$ 之间离散度越大，耦合度越低。

3. 京张生态建设耦合协同发展度模型

北京与张家口生态建设协同发展耦合模型中的 C 无法反映两者间协同发展水平的高低，未考虑利弊，只是说明系统间离散程度的大小、耦合程度的强弱。

因此，需要借助协同发展度模型更加深入全面地分析研究两地间的生态建设协同发展度（D）。其计算公式为：

$$D=\sqrt{C\cdot T}$$

$$T=\alpha\cdot f_{京}+\beta\cdot f_{张}$$

式中：T 为北京和张家口生态建设协同发展综合评价指数；α、β 为待定系数，且 $\alpha+\beta=1$，本文认为北京与张家口的生态建设发展同等重要，故取 $\alpha=\beta=0.5$。

基于上述分析，参照已有研究成果，将生态建设耦合协同发展度划分为3大类和10个亚类（表2）。

表2 耦合协同发展度分类体系及等级划分标准

协同发展类型		协同发展度 D
大类	亚类	
协同发展类	优质协同发展类	$0.9\leqslant D\leqslant 1.0$
	良好协同发展类	$0.8\leqslant D<0.9$
	中级协同发展类	$0.7\leqslant D<0.8$
	初级协同发展类	$0.6\leqslant D<0.7$
过渡发展类	勉强协同发展类	$0.5\leqslant D<0.6$
	濒临失调衰退类	$0.4\leqslant D<0.5$

续表

协同发展类型		协同发展度 D
大类	亚类	
失调衰退类	轻度失调衰退类	$0.3 \leqslant D < 0.4$
	中度失调衰退类	$0.2 \leqslant D < 0.3$
	严重失调衰退类	$0.1 \leqslant D < 0.2$
	极度失调衰退类	$0.0 \leqslant D < 0.1$

四、评价结果与分析

（一）北京生态建设协同发展指数

由图1可以看出，经济社会发展在北京生态建设协同发展指数中所占比重最大，生态质量次之，环境质量最小。经济社会发展指数维持在0.2～0.5，经济社会发展水平波动上升，且经济发展速度逐渐变缓；生态质量指数维持在0.1～0.2，有下降趋势；环境质量指数维持在0～0.2，先增长后下降，伴随经济的发展，环境质量呈逐年下降趋势。十年间，北京生态建设协同发展指数维持在0.4～0.7，总体上升但有下降趋势。其中，2005～2012年，北京生态建设协同发展指数稳步上升，但从2012年起，北京生态建设协同发展指数开始缓慢降低，生态建设协同发展水平下降，环境质量和生态质量都有小幅度的下降，主要是因为经济社会发展过快而忽视了生态建设，造成生态环境响应较弱。由此可以看出，应该提高环保意识，认真贯彻落实绿色发展理念。

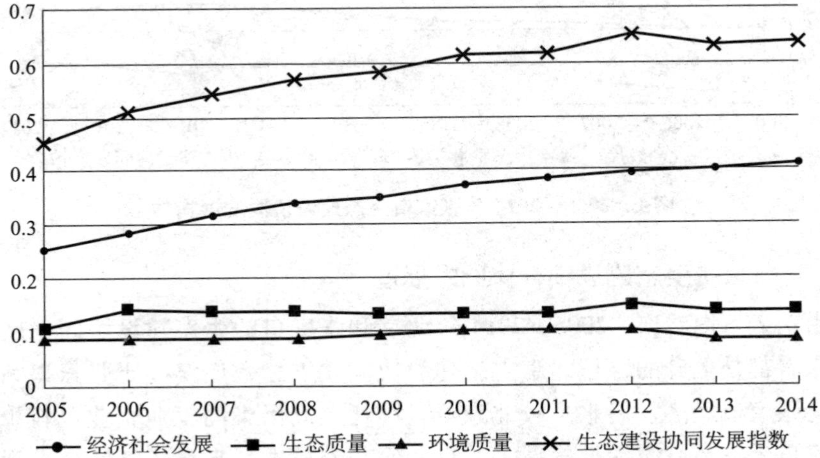

图1　2005～2014年北京生态建设协同发展指数

（二）张家口生态建设协同发展指数

由图2可以看出，张家口生态建设协同发展指数与北京有所不同，生态质量在张家口生态建设协同发展指数中所占比重最大，环境质量次之，经济社会发展最小。其中，生态质量指数维持在0.15～0.3，先下降后增长，目前呈稳步上升趋势，生态质量较高；环境质量指数维持在0.5～1.5，环境质量优于北京；经济社会发展指数维持在0～0.1，由于先天自然条件较差且经济增长动力不足等原因，使得张家口经济社会发展水平远低于北京，增长速度缓慢，但仍呈上升趋势，经济社会发展水平不断提高。十年间，张家口生态建设协同发展指数维持在0.3～0.5，呈快速上升趋势。其中，2005～2010年，张家口生态建设协同发展指数平稳上升，但从2010年起，张家口生态建设协同发展指数上升速度较快，经济社会发展水平、生态质量以及环境质量都有所提高，主要是因为近年来张家口把生态作为发展红线，秉承绿色崛起理念，坚持生态立市，实施生态修复工程，并加强与北京在生态建设领域的合作，推动了生态环境好转。

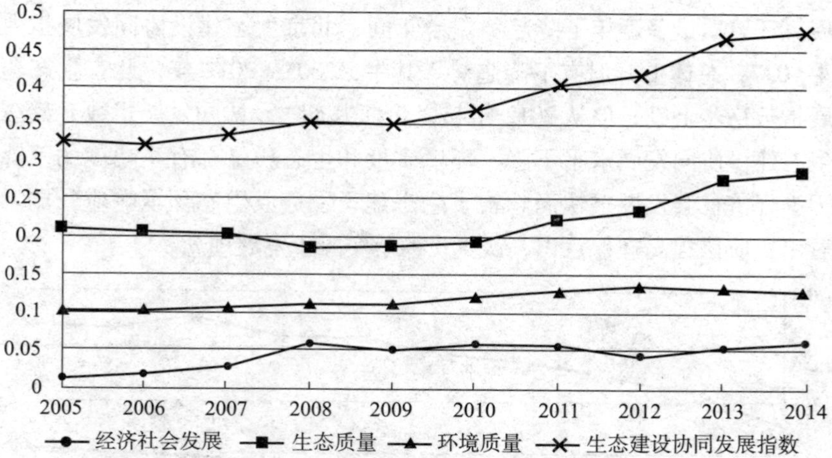

图2 2005～2014年张家口生态建设协同发展指数

（三）京张生态建设耦合协同发展度

由图3可以看出，2005～2014年北京和张家口的生态建设协同发展指数总体来看都是上升的，且北京生态建设协同发展指数始终高于张家口，主要是因为张家口经济发展水平较北京低，高耗能高污染的工业企业也较少，使得张家口生态环境质量虽然高于北京，但其差异主要来自经济社会发展水平的制约。由表3可以看出，北京与张家口的生态建设协同发展耦合度在0.967

~0.989 稳定波动，北京与张家口的生态建设协同发展一直处于高度耦合状态，两地间紧密依存，并随着时间推移越加紧密。2005~2014 年，北京和张家口的生态建设耦合协同发展度呈持续上升趋势，从 0.621 上升到 0.741，从初级协同发展到当前的中级协同发展阶段，但协同度始终低于 0.8，协同发展类型尚未达到良好协同发展阶段。总体来看，北京和张家口的生态建设协同发展耦合度及协同度均维持在较高水平，具有较强的生态关联度，但协同度还有待提高，有较大的上升空间。

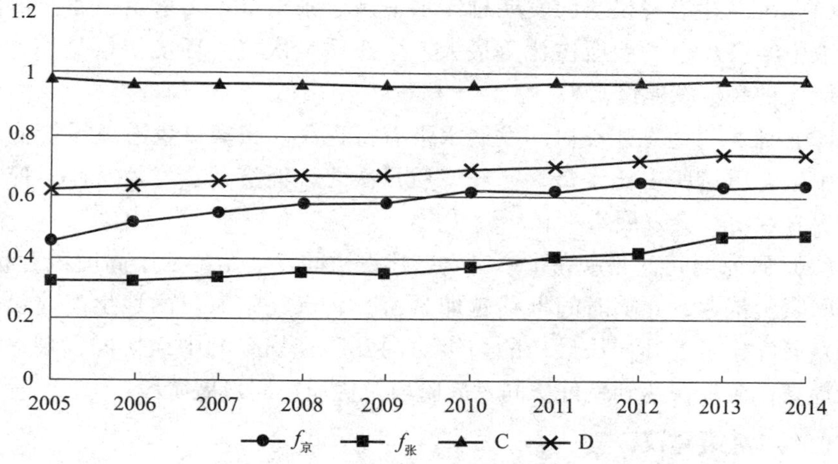

图 3　2005~2014 年京张生态建设协同发展的变化趋势

表 3　京张生态建设协同发展指数及协同发展度

年份	$f_{京}$	$f_{张}$	C	D	协同发展类型
2005	0.457	0.325	0.986	0.621	初级协同发展类
2006	0.516	0.324	0.974	0.639	初级协同发展类
2007	0.544	0.337	0.972	0.654	初级协同发展类
2008	0.572	0.354	0.972	0.671	初级协同发展类
2009	0.583	0.351	0.969	0.673	初级协同发展类
2010	0.615	0.369	0.968	0.690	初级协同发展类
2011	0.620	0.406	0.978	0.708	中级协同发展类
2012	0.653	0.416	0.975	0.722	中级协同发展类
2013	0.632	0.466	0.988	0.737	中级协同发展类
2014	0.638	0.473	0.989	0.741	中级协同发展类

五、主要结论与对策建议

（一）主要结论

本文通过构建京张生态建设协同发展指数评价指标体系，引入耦合度模型和协同发展度模型，测算了 2005～2014 年间北京和张家口的生态建设协同发展指数、京张生态建设协同发展耦合度及协同发展度，并对测算结果进行分析。结果表明：

（1）北京生态建设协同发展总体水平高于张家口。北京生态建设协同发展指数中经济社会发展所占比重最大，生态质量次之，环境质量最小，需提升环境保护和生态建设水平。

（2）张家口生态建设协同发展水平有待提高。张家口生态建设协同发展指数中生态质量所占比重最大，环境质量次之，经济社会发展最小，应加大力度提高经济社会发展水平和环境质量。

（3）研究期间，北京和张家口生态建设协同发展始终处于高度耦合状态，两地间紧密依存，并随时间推移越加紧密。北京和张家口两地生态建设耦合协同发展度稳步上升，从最初的初级协同发展到如今的中级协同发展，但仍有待提高，应尽快达到良好协同发展阶段及优质协同发展阶段。

（二）对策建议

（1）把握创新理念，加快转型升级，京张各自发挥作用。创新是一个城市或地区发展的不竭动力，也是其发挥引领、辐射、带动等作用的根本努力方向。在推进京津冀协同发展、疏解非首都功能进程中，北京应加快产业升级和经济转型发展，加快由要素驱动向创新驱动的转变，引领和支撑全国经济社会发展。对于张家口及河北省其他城市，应加快转型升级和城镇化步伐，着力改善民生环境，进一步提升集聚效应。

（2）提高首都对周边地区的辐射效应，发挥北京经济的引领带动作用。北京作为全国的政治经济中心，拥有全国最优秀的人才、最丰富的资金、最高端的技术，产业结构优化升级速度快。北京应积极主动拉动张家口经济发展，优化张家口的产业结构，推动其更快地进行优化升级，加快张家口资源优化配置进度，从而提高张家口生态建设协同发展指数，以更好地加快并且促进京张生态建设的均衡发展。

（3）稳妥缓解北京的非核心功能。北京存在着相当大部分高耗能高污染的企业及制造业，其中有较大部分大型传统批发市场集中在中心城区，占据北京较大的空间和面积，对北京的环境和交通造成较大的负面影响，使得北京的生态功能效率低下，首都核心功能不能充分发挥。因此，需要加快解决北京的污染治理、交通运输效率低下等压力。

（4）加快推进京张两地的合作进程。在经济社会发展、生态质量和环境质量三个方面，两地都应加强合作。在经济社会发展方面，张家口应借鉴北京的科技和资源利用方式，加大对高科技产业的投入力度。在生态环境方面，实施有利于环保的环境管理措施，重点抓好工业污染防治，完善预防性的环境管理保障机制，建立绿色 GDP 政绩考核体系，尽快进入良性循环轨道。同时，张家口也应加快建设重点水源生态功能区，提高两地生态建设协同发展度，共同探索生态、环境和经济社会协调发展的新模式。

（5）拓宽资金渠道，探索多元化生态补偿机制，建立监测机制。生态产品作为公共产品，不具有商品性和竞争性。政府作为生态主体，应建立生态补偿机制，通过政府的财政转移支付、优惠贷款、高碳能源使用税等手段来实现。地方财政和社会也应积极参与进来，让生态文明建设成为社会发展新常态，不断提高生态建设协同发展水平，以推动北京和张家口生态建设的耦合协同发展。

（6）落实绿色发展理念，提升区域承载能力，建设国际一流和谐宜居之都和经济强省美丽河北。十八届五中全会提出的绿色发展理念，是生态理论中国化的最新成果。应认真落实生态节能和绿色低碳发展理念，摒弃先发展后治理的老路，给子孙后代留下天蓝、地绿、水清的和谐家园。积极自觉主动提升自身素质，在全社会营造顺应自然、尊重自然、保护自然的良好氛围，把绿色发展理念贯穿于京张发展的全过程，提升区域承载能力，建设国际一流和谐宜居之都和经济强省美丽河北。

参考文献

［1］孔伟，任亮，王淑佳，等．河北省生态环境与经济协调发展的时空演变［J］．应用生态学报，2016，27（9）：2941－2949.

［2］新华社．优势互补互利共赢扎实推进努力实现京津冀一体化发展［N］，人民日报，2014－02－28：01.

［3］王殿茹，邓思远．京津冀协同发展中非首都功能疏解路径及机制［J］．河北大学学报（哲学社会科学版），2015（6）：86－91.

［4］皮建才，薛海玉，殷军．京津冀协同发展中的功能疏解和产业转移研究［J］．中国经济问题，2016（6）：37－49.

［5］丁小燕，王福军，白洁，等．基于市场潜力模型的京津冀区域空间

格局优化及产业转移研究［J］. 地理与地理信息科学，2015，31（4）：89－93.

［6］李春生. 京津冀协同发展中的产业结构调整研究［J］. 企业经济，2015（8）：141－145.

［7］王中和. 以交通一体化推进京津冀协同发展［J］. 宏观经济管理，2015（7）：44－47.

［8］祝尔娟，鲁继通. 以协同创新促京津冀协同发展——在交通、产业、生态三大领域率先突破［J］. 河北学刊，2016（2）：155－159.

［9］牛伟，肖立新，李佳欣. 复合生态系统视域下生态涵养区建设对策研究——以冀西北地区为例［J］. 中国农业资源与区划，2016，37（4）：87－92.

［10］陈丽莎，孙伊凡. 构建京津冀协同发展中有效衔接的公共服务供求关系［J］. 河北大学学报（哲学社会科学版），2016，41（4）：101－105.

［11］方创琳. 京津冀城市群协同发展的理论基础与规律性分析［J］. 地理科学进展，2017，36（1）：15－24.

［12］祝尔娟，何皛彦. 京津冀协同发展指数研究［J］. 河北大学学报（哲学社会科学版），2016，41（3）：49－59.

［13］刘玉，刘彦随，陈玉福，等. 京津冀都市圈城乡复合型农业发展战略［J］. 中国农业资源与区划，2010，31（4）：1－6.

［14］吕雪. 京津冀协同发展视角下城市体系空间结构研究［J］. 商业经济研究，2016（12）：208－210.

［15］周密，孙哲. 京津冀区域吸收能力的测算和空间协同研究［J］. 经济地理，2016，36（8）：31－39.

［16］张玉柯，胡继成. 京津冀协同视域下金融发展与技术创新的融合效率［J］. 河北大学学报（哲学社会科学版），2016，41（6）：41－48.

［17］毛汉英. 京津冀协同发展的机制创新与区域政策研究［J］. 地理科学进展，2017，36（1）：2－14.

［18］夏玉森，韩立红. 新型城镇化发展路在何方——京津冀协同发展背景下河北新型城镇化方略研究［J］. 中国统计，2016（9）：19－21.

［19］李强，刘剑锋，李小波，等. 京津冀土地承载力空间分异特征及协同提升机制研究［J］. 地理与地理信息科学，2016，32（1）：105－111.

［20］张贵，齐晓梦. 京津冀协同发展中的生态补偿核算与机制设计［J］. 河北大学学报（哲学社会科学版），2016，41（1）：56－65.

[21] 赵桂慎，李彩恋，彭澎，等．生态敏感区有机板栗生态补偿标准及其估算——以北京市密云水库库区为例 [J]．中国农业资源与区划，2016，37 (6)：50－56.

[22] 赵立祥，张辛．京津冀协同发展下民用汽车污染物减排研究 [J]．北京社会科学，2016 (11)：21－32.

[23] 魏娜，赵成根．跨区域大气污染协同治理研究——以京津冀地区为例 [J]．河北学刊，2016 (1)：144－149.

[24] 丁梅，张贵，陈鸿雁．京津冀协同发展与区域治理研究 [J]．中共天津市委党校学报，2015 (3)：102－106.

[25] 马章民，骆晓一．京津冀协同发展背景下河北法治环境建设机制研究 [J]．河北法学，2016，34 (3)：58－64.

[26] 何海岩．京津冀协同发展下北京人口调控的问题与对策 [J]．宏观经济管理，2016 (4)：64－67.

[27] 臧铁楠．京津冀协同发展要下好人才棋 [J]．人民论坛，2016 (31)：106－107.

[28] 薛二勇，刘爱玲．京津冀教育协同发展政策的构建 [J]．教育研究，2016 (11)：33－38.

[29] 雷勋平，邱广华．基于熵权 TOPSIS 模型的区域资源环境承载力评价实证研究 [J]．环境科学学报，2016，36 (1)：314－323.

[30] 王毅，丁正山，余茂军，等．基于耦合模型的现代服务业与城市化协调关系量化分析——以江苏省常熟市为例 [J]．地理研究，2015，34 (1)：97－108.

[31] 李裕瑞，王婧，刘彦随，等．中国"四化"协调发展的区域格局及其影响因素 [J]．地理学报，2014，69 (2)：199－212.

[32] 廖重斌．环境与经济协调发展的定量评判及其分类体系——以珠江三角洲城市群为例 [J]．热带地理，1999，19 (2)：171－177.

[33] 车冰清，朱传耿，孟召宜，等．江苏经济社会协调发展过程、格局及机制 [J]．地理研究，2012，31 (5)：909－921.

[34] 关伟，刘勇凤．辽宁沿海经济带经济与环境协调发展度的时空演变 [J]．地理研究，2012，31 (11)：2044－2054.

京津冀区域生态补偿模式及制度框架研究

刘　娟　范　泳[①]

（河北北方学院经济管理学院）

摘要：在京津冀区域发展一体化的管理模式下，不同地区之间生态效益的“外部作用”日益明显，“空间管制”成为理性政府的主要作为，要求其同时创新区域生态补偿的管理模式和制度框架。由于府际关系协调不畅、利益集团的寻租行为和生态补偿法律制度的缺失，使得京津冀经济梯度的不合理、产业结构趋同，最终导致区域生态系统的脆弱性，亟待从革新政府治理方式、完善生态产业合作体系、规范区域生态法律制度等方面入手，构建京津冀生态补偿新的制度模式。

关键词：生态补偿；制度模式；京津冀

京津冀地区是我国三个“增长极”之一所在区域，引领北方甚至全国社会经济发展。该区域的国土面积为21.5万平方公里，约占全国国土面积的2.27%。2012年常住人口为10770万人，占我国大陆总人口的7.95%，地区生产总值为57261亿元，占全国国内生产总值的11.03%。长期以来，京津冀的发展模式以高耗能、高污染为主，在当前以新能源、低碳环保为核心的经济转型中，亟待出台区域性的生态治理补偿政策。由于京津冀隶属于不同的行政区划、分属不同财政级次，要建立三地生态补偿的合作机制就需要从主体、制度、标准、模式等多方进行研究。文章将从府际关系协调、产业结构调整、集团利益整合及科学技术创新等方面构建京津冀生态合作的制度框架与补偿模式。

一、京津冀现有的生态整合与补偿实践

（一）生态功能区逐步取代传统行政区划

京津冀地区是一个由冀北坝上生态屏障、燕山、太行山水源涵养地，下

---

① 本文为河北北方学院校级青年课题基金（编号：SQ201409）

游九河末梢湿地，北京湾平原以及滩涂海湾组成的完整流域生态系统和大气污染物敛散生态单元，由此形成的生态经济圈包括：水资源循环系统、能源循环系统、生态产业循环系统、交通循环系统、环境循环系统和信息循环系统六大部分。其中河北北部的张承地区是京津冀的天然生态屏障，一直为京津及下游大多城市提供优质水源、地下水、生物多样性等多种生态服务，属于京津冀的生态涵养区。而北京地处华北平原西北部，近年来面临大气污染、水资源稀缺等生态问题。天津市位于华北平原东北部、海河流域下游，环渤海中心地带，素有“九河下梢”之称，水资源较为丰沛。

近年来，京津冀生态污染问题频发，要求区域内不同行政主体协同治理生态环境。目前三地正在采取空间生态约束和生态协调手段，对不同类型区域，如城市功能拓展区、城市发展新区、城市生态涵养区等采取“生态准入”和“生态限制”措施，意图构建有序生态空间结构，形成不同行政区划下统一管理的生态功能区划。如河北省张家口市作为京津的上风口和上水源，在2008年就被生态环境部和中国科学院共同发布的《全国生态功能区划》列为“极重要生态功能区域”；北京市在《城市总体规划（2004—2020）》中也将全市从总体上划分为首都功能核心区、城市功能拓展区、城市发展新区和生态涵养发展区四类区域。由此，京津冀传统的行政区划将逐步被生态功能区所取代，生态功能区域或将成为行政学区域研究的核心内容和组织管理信息的新形式。

（二）京津冀已有的生态补偿实践

京津冀地处中纬度欧亚大陆东岸，属暖温带季风气候。近年来此区域内生态危机事件频繁发生，直接威胁城市供水安全和大气环境质量的改善。为此，北京、天津与河北多个城市在生态补偿方面陆续做了一些有益尝试。例如在中央政府的推动下，河北张家口市从2000年开始陆续实施了京津风沙源治理工程、塞北林场工程、退耕还林、退耕还草、21世纪首都水资源保护等生态工程项目；张家口市还实施了赤城县黑河流域3.2万亩“稻改旱”和官厅流域节水灌溉工程；并在自身水库储水不足的情况下，2004—2009年连续六年为北京无偿调水1.64亿立方米。然而，京张、京承已有的生态补偿主要通过中央财政纵向转移支付实现，缺乏府际横向转移支付制度；补偿费用少、补偿机制不合理。以2008年北京补偿密云、官厅水库农民“稻改旱”为例，补偿标准仅为550元/亩，与合理的补偿标准差距甚远。京津作为生态利益的受益方，对被补偿地的索取大于投入，而且这些工程的惠益群体还包括不特定的社会主体。受益主体的无法确定，使得具有公法义务的行政主体难以通过财政转移支付对受损者进行有效补偿。

二、京津冀生态补偿的必要性与可行性分析

生态补偿是一种将环境外部效应内部化的经济手段，由生态服务价值付费和破坏生态行为的恢复性补偿费共同构成。区域生态补偿的目的就是通过制度创新实现府际生态公平，促进区域内生态资本的保值增值。目前已有不少学者开始应用生态学方法对京津冀的生态补偿进行耦合研究，包括基于区域系统协调发展和耗散结构理论对京津冀的系统功能结构、空间结构的剖析（曾珍香，2008）；利用径向基函数网络，计算京津冀2001—2009年区域内生态系统服务价值变化，以定义生态系统服务脆弱性的格局和走向（刘金龙，2013）；采用生态足迹法核算2007—2011年京津冀的土地承载力状况，指明该区域的生态平衡需要依赖外部的资源供给（刘澄，2013）；利用相关分析法和主成分回归法分析京津冀近十年的空气污染指数与各气象要素的关系，探讨未来各气象要素的可能变化及对京津冀地区空气质量的潜在影响（周兆媛，2014）；研究京津冀地区水资源供需平衡及其承载力（封志明，2006）等。纵观已有研究，均是针对某一具体生态领域的治理对策，缺乏符合区域政治经济规律、实践上具有可操作性地制度性宏观规划。本文将从政府治理与府际合作的全局角度分析京津冀生态补偿的必要性，从生态补偿战略、生态补偿规划与具体实施细节入手，探讨府际生态合作及补偿的制度问题。

（一）区位的特殊性与生态系统的脆弱性

京津冀的生态补偿与小区域的生态循环相互交织与联系，为此，应将京津冀作为整体构建，探讨整个区域的资源利用效率和生态经济互补性。京津二市由于地域狭小、人口密度大，自产资源有限，多种资源均需要从河北省输入补充。同时京津的能源结构以煤为主，加之近年城市机动车尾气污染和不断开的工建设项目，使得雾霾天气频发，城市环境污染日益加重。京津两地水资源短缺，地区分布也不均衡，河流入境量日渐减少，地下水位下降导致的漏斗范围还在逐年扩展。恶劣的城市生态环境倒逼京津冀发展模式的转变，亟待在区域生态补偿和生态保护方面开展府际合作，使三地在资源禀赋、产业结构和社会进步方面保持均衡和可持续发展。

（二）生态功能的一体性与府际关系的合作性

城市学研究证明，城市发展分为四个阶段：即城市独立发展、单中心城市群、多中心城市群和成熟大城市群。单中心城市规模在300万人口左右时综合效益最佳，而人口超过300万以上则综合效益下降，凸显大城市病。目

前，京津冀已处于城市发展的第三个阶段，即多中心城市群阶段。京津由于其独有的政治、文化和科技资源优势，对城市生态问题更为关注；而河北省还面临着大部分县区的脱贫致富与经济转型难题。要想顺利过渡到成熟的大城市群，就要按照区域经济发展规律，加强多中心城市合作以实现区域全面一体化发展。

这一过程又可分为四个阶段：即独立的地方中心阶段、单一强中心阶段、强中心与少数次中心并存阶段以及功能相互依存的城市一体化阶段。目前京津冀正处于单一强中心阶段，在城市群的空间关系中，北京和天津吸纳资源的“黑洞”效应大于经济辐射效应。致使这两个超级城市在大规模聚集各种资源的同时，并没有发挥增长极的作用以带动整个区域经济的发展，导致城市体系的“双核极化”效应，这与京津冀乃至环渤海的未来发展趋势不相符合。因此，京津城市生态危机的化解必须与河北省的产业对接和脱贫致富相结合，才能从根本上巩固生态环境治理的成果。生态补偿将成为河北与京津关系中最重要的纽带和实现基础。

三、京津冀生态补偿治理失效的因素分析

（一）经济梯度不合理与产业结构趋同

梯度经济转移理论认为，生产活动会随着时间推移及生命周期拓展向多层次城市区域扩展，逐渐从经济结构完善的高梯度地区转向低梯度地区，从而实现整个区域经济的共同发展。就京津冀的经济现状而言，北京和天津对于河北的资源扩散效应远小于其自身对资源的吸纳效应，这是由于各地都想在规划功能分工上获取最大利益，却忽视了现有的功能定位以及制约“瓶颈”。突出表现为中心城市的虹吸效应，导致地区间经济梯度落差过大，使得京津地区的产业链无法向河北延伸，河北各县市也无法对京津形成良好的生态反作用支撑。

经济梯度不合理同时导致了京津冀产业结构趋同。长久以来，京津冀以资本密集型的重工业作为其经济发展基础。据相关统计，以钢铁工业为代表的黑色金属冶炼及压延加工业的优势最为显著，此外石化工业也具有集聚优势。在目前经济总产值排名靠前的行业里，京津冀共同分布在金属冶炼、化工制造、机械制造、交通运输、电力电子、化学电子等高耗能、高污染的产业，这不但使京津工业发展形成了恶性“路径依赖”，还导致产业结构与城市功能的错位。对资源供给和城市生态环境带来负面效应，阻碍了京津冀正常的产业梯度转移和区域生态保护。

（二）利益集团的寻租行为分割生态资源

寻租是指“为竞取人为制造的财富转移而采取的资源浪费活动，”即一人所得就是他人所失。生态寻租就是在社会范围内重新分配生态资源而导致的社会总福利的减少。京津冀生态问题的产生源于不同利益相关者及其进行的寻租活动。利益相关者是指那些能够影响组织目标或被组织目标实现所影响的个人或群体。京津冀生态补偿过程中所涉及的各利益相关者均是理性人，又具体分为补偿主体、受偿主体和第三方，他们均可以通过自身的生态利益与经济利益选择能够实现自身利益最大化的行为。不同利益集团在争取已有生态资源时，其行为本身是理性的，但当每个利益集团都参与生态资源再分配的竞争时，就会出现个人利益与集体利益的冲突，集团搭便车现象会导致集体行动的困境和影响地区整体生态环境的维护。

京津冀政府的利益需求是在财政预算内实现当地社会福利的最大化。由于三地不同利益集团面临不同的生态收益与产出，必然会试图影响政府行为，借助政府干预将所应承担的生态补偿成本转嫁给异地政府和社会，寻租的过程正是这种生态成本外部化的过程。利益集团生态寻租的直接后果是生态财富的转移，但其间接后果则是导致政府行为激励的扭曲，无法实现生态与经济资源的有效配置，产生区域整体利益的低效率。

（三）府际生态补偿关系协调不畅

在中国当前的体制转轨过程中，突破行政区划的生态补偿要求亟待出台新的府际合作制度。跨区域的生态资源配置不仅突破了原有的府际关系，同时也导致了与事权相联系的财政变化。生态法治的推行与法制完善也推动人们去思考生态补偿法律关系主体的界定及权利义务将如何配置。在京津冀都市圈，处理好两个省级行政主体与七个市级主体所辖区域的府际关系，是实现生态补偿合作的重要内容。然而，三地却存在对生态公共产品过度竞争的态势：一方面是大型生态公共设施由谁供给；另一方面是跨域生态资源如何利用。

长期以来，北京借助权力中心的特权从河北集聚了大量生态要素，北京市政府的过于强势和地方政府的弱势形成明显势差。河北各地方政府的生态资源话语权式微，只能作为京津发展腹地配合辅助其发展。环渤海经济圈合作至今，也尚未出台促进和保障府际生态合作的法律法规，这不仅造成府际生态合作无法可依和无序可依的状态，而且不能在全国范围内形成区域生态补偿的合作典范。

（四）区域生态补偿法律制度的缺失

按照法学原理，环境法是构成整个环境法律体系的基础，对该领域的具体法律规范具有指导和整合功能，一般由该部门法中居于基本法地位的法律加以规定。2007 年 9 月，国家环保总局最早公布了《关于开展生态补偿试点工作的指导意见》；2014 年 4 月 24 日，十二届全国人大常委会第八次会议又表决通过了修订后的《环境保护法》。新法建立了环境污染公共检测预警机制，并将建立跨行政区域的重点区域、流域环境和生态破坏联合防治的协调机制，将以强制性的法律法规来解决跨区域间的环境治理事务。但我国目前仍缺乏特定区域内的生态补偿单行立法或地方立法，法律制度缺失的状况依旧存在。因此，无论从京津冀生态补偿的现实需要还是制度构造本身所要求的规范性方面，都要求构建科学有效的区域生态补偿法律制度，以实现符合环境承载能力的绿色发展模式。

四、京津冀生态补偿模式的制度建构

通过以上讨论，低碳城市建设将成为引领京津冀发展的新趋势。要实现区域经济的可持续发展和现有产业结构升级，就需要从革新政府治理方式、完善生态产业合作体系、规范区域生态法律制度等方面入手，尝试构建京津冀生态补偿的新模式。这不仅对于该区域发展定位及转型具有重要的理论及现实意义，同时也为国内其他经济区的科学发展提供路径参考。

（一）政府治理方式的革新与府际合作制度的建立

区域生态补偿的一体化进程本质上是一个生态要素市场化的进程，这不仅要求生态资源的合理配置，而且要使生态要素在更大范围内自由流动。布坎南等公共选择理论家认为，利益集团寻租的根源在于政府职能的扩张，社会既可以通过市场无形之手配置生态资源，也可以通过政府有形之手配置资源。政府应当在生态要素的市场化进程中起“助推器”作用，而不是依赖其行政权力人为设置障碍。由此，政府治理革新是区域生态补偿合作的必然选择。

在京津冀生态补偿制度的构建过程中，首先是建立能够突破地方行政辖区限制、跨省补偿的财政转移支付制度。可以由中央政府代表负责牵头三地的谈判、协商，并对达成生态补偿意向的转移支付资金进行监督，将省际横向转移支付制度纳入到现有的纵向转移支付体系之中。其次，可以根据京津冀三地的人口规模、财力状况、GDP 总值、生态效益外溢程度等，由生态环境受益区和提供区政府共同缴纳生态转移支付基金，并按一定比例及时补充，用于京津冀区域内的饮用水源、天然林、天然湿地的保护和环境污染治理等。在这方面已有的实践包括：2006 至 2013 年，北京市与河北省先后签署的《加强经济与社会发展合作备忘录》（2006）、《深化经济发展合作签署会谈纪要》（2008）、《合作框架协议》（2010）、《北京市—河北省 2013 至 2020 年合作框架协议》（2013），均成为京冀两地开展经济与生态合作的范本。府际生态合作将突出生态资源的公共服务性和跨区域性，最终实现生态效益的利益分享与责任共担机制。

（二）跨域生态产业合作机制的构建

产业结构会影响一个地区的能源总耗和能耗强度，由此京津冀实现生态补偿的关键就在于能否创新生态产业合作发展机制。传统的产业发展规划偏重于产业基地和产业区的建设，忽视区域内的生态价值联系和产业链条的生态协作网络。通过建立跨省生态产业链、成立生态战略联盟，就可以依靠网络竞争优势强化区域内生态治理的协同效应。这就要求三地政府优化资源配置，通过市场机制形成利益差别，诱导市场经济主体把资源配置到生态产业及产品，进而提高生态要素的市场价格，使生态产品能够反映价值规律、供求关系和京津冀的资源稀缺程度。

在未来一段时间内，京津冀政府应协同推动生态产业从低附加值向高附加值升级，从低技术低智力含量向高科技高智力含量发展。这实际上是京津冀产业结构调整与互补以及产业替代及其产业融合的过程。目前，北京、天津、河北正积极探索新能源科技的产业导向，完善低碳政策标准体系，逐步形成产业创新的低碳生态补偿模式。今后，三地政府应统筹协商，避免地方利益倾向所导致的重复建设和引资大战等内耗问题。河北省可作为北京天津的水资源供给基地、生态屏障与农副产品供应基地和清洁能源供给基地，借助京津高科技产业带和现代化交通体系实现区域生态补偿共赢。

（三）区域生态补偿法律制度的规范

根据博弈论中的“囚徒困境”理论，制度基于参与者之间的策略互动而内生。参与者要想形成最终的合作制度，就必须针对彼此利益，在自愿、平等、协商的基础上形成规范的利益分配制度。京津冀生态补偿与合作的法律制度，是为了调整不同政府间独特的利益诉求和利益偏好、实现城市群内多方政府的双赢甚至多赢、通过博弈产生的最优策略合作。它由生态补偿的一系列法律规范组成，对区域内不同政府间的生态补偿起基本规制作用。京津冀三地政府的利益具有双重性：既有区域利益的根本一致性，又有相对独立性，因此，各地政府将最大限度地谋求本辖区的生态利益。区域生态补偿法律制度的实质是“调节不同地区的生态利益失衡”，这是区域整体与局部、当前与长远利益冲突的反映，需要建立一套行之有效的制度框架与协调结构。

鉴于已有的京津冀生态补偿的制度模式和生态治理的地方机会主义，有必要导入“信息共享—科层合作—利益协调”的制度框架。这一制度框架的提出和应用将试图解决京津冀生态补偿中的“碎片化”现象，实现区域整体式生态补偿。首先是化解京津冀生态环境信息不对称问题。之前，由于未实现信息共享，三地政府对辖区内微观主体造成的生态破坏行为极易采取机会主义的保护行为，导致区域生态环境的恶化及官员个人私益的增进。因此，生态信息的公开和披露将最大限度地破解地方政府的保护主义行为，成为区域生态补偿治理的前提。其次，在京津冀生态补偿治理过程中，调整三地政府内部各组织之间、人员之间、行政运行环节之间的科层关系，可以将生态治理中分散、冲突、矛盾的行为整合为集体合作行为，从而使生态补偿有序化和高效化。这种科层生态协作机制的实现，要求建立平行的生态监管系统、一体化生态区域的行政区划和绿色 GDP 政府绩效考核制度等。最后，是京津冀三方政府的利益协调。对于任何一方政府而言，生态破坏造成的成本具有外部性，可以转嫁给另外两方；同时，生态治理的收益也具有外部性，可能让其他地区“搭便车”。因此，在生态补偿中，需要协调和平衡京津冀三方政府之间的利益冲突，解决和控制三方之间的矛盾，保证其建立合作关系，逐步实现“区域补偿”的制度化，完善生态补偿的行政问责制度，进一步健全生态补偿机制。

五、结语

近年来，首都经济圈、天津滨海新区、河北沿海发展与内陆申办冬奥会热点不断，生态战略已经上升为国家战略。在包容、互补、开放、创新的理念推进地区经济发展和社会进步的同时，“命令机制”“利益机制”和“协商机制”的有效整合也将同步推进；其间还需要“压力集团”，即营利组织、非营利组织、志愿组织等非政府组织的有效介入。他们在一定程度上可促进政府更多更好地满足公共需求。这种关系治理机制不仅可以保证府际长期重复合作，而且也支持有限次的重复合作。其区域生态补偿引发的产业结构升级与社会治理同步发展必将成为中国北方新的引擎动力。针对水资源、新能源与环境领域开展战略合作，将大力提升生态文化氛围、生态产业集聚、生态政策环境等要素共同构成的软实力。这都将会对我国区域生态关系的格局和结构以及区域间生态环境和经济利益机制带来深刻变革，同时也对区域生态补偿研究赋予新的时代特征。

参考文献

[1] 黄荣清. 中国区域人口城镇化讨论 [J]. 人口与经济，2014（1）.

[2] 全国生态功能区划发布冀6市极重要区域 [N]. 河北日报. 2008-09-06.

[3] 李文洁. 主动融入京津，力促合作共赢——张家口市推动京津冀一体化发展的调查 [J]. 综合与调研，2010（3）：23.

[4] 张家口市水务局统计信息 [Z]. 张家口市水务局，2010.

[5] 王宝钧，宋翠娥，傅桦. 张家口区域生态环境治理失效因素分析 [J]. 云南地理环境研究，2007（5）.

[6] 杨连云. 京津冀都市圈——正在崛起的中国经济增长第三极 [J]. 河北学刊，2005（7）.

[7] Friedmann J. Regional Policy：A case study of Venezuela [M]. Cambridge：MIT Press，1996.

[8] 周立群，江霈. 京津冀与长三角产业同构成因及特点分析 [J]. 江海学刊. 2009（1）.

[9] Tollison R D. Rent Seeking：A Survey [J]. Kyklos，1982（35）：577.

第二篇

生态环境立法研究

我国农村固体废物污染防治立法问题研究

张玉霞　胡　敬
（河北科技师范学院文法学院）

摘要：在我国，农村固体废物污染主要有生活垃圾污染、养殖业和种植业固体废物污染，我国的农村固体废物污染防治法律以《固体废物污染防治法》《农业法》为基础，配套以单行法规，对农村固体废物的污染防治有一定的规范作用，但仍然存在一定问题，没有形成法律体系，完善立法是解决我国农村环境污染的关键所在，要确立环境公平的基本立法理念，同时完善具体原则和制度。

关键词：农村固体废物；环境公平；分类管理制度；公众参与制度

固体废物是一种不可忽视的污染源，随着我国农村经济的飞速发展和农民生活水平的提高，农村固体废物的种类和数量都在显著增长，但与城市相比，农村固体废物处理方式落后，固体废物的大量堆积和随意弃置，给农村环境和农村居民健康带来了严重威胁，是当前“推进农村生态文明，建设美丽乡村”亟须解决的问题。

一、我国农村固体废物的污染现状

在农村，固体废物主要有以下类型：

1. 农村生活垃圾

农村生活垃圾，指农村居民在日常生活中产生的固体废物，其成分主要有废旧衣物、废旧家电、废旧生活用品、塑料制品等。而一些废旧电池、废旧家电甚至是危险废物。在农村经济相对落后的阶段，垃圾产出量较少，垃圾本身也可以参与到自然循环中，甚至成为农作物生产的肥料。随着农村经济的发展，农村生活垃圾在数量和种类上比过去都有很大增长，致使生活垃圾成为污染农村环境的主要来源，而且持续增长。这些生活垃圾往往随意丢弃于沟渠、路旁，甚至倾倒于河流，不仅占用土地，而且渗透液会改变堆积处土壤的性质，导致土壤退化；由于往河流中倾倒了大量固体废物，远远超出水体自身的净化能力，使水体产生大量有害细菌及微生物，而大部分农村居民饮用水直接来自自家浅水井，居民用水安全受到严重影响。

2. 养殖业固体废物

农村养殖业近年来规模不断扩大，养殖业所产生的畜禽粪便、羽毛、废饲料也急剧增加，而另一方面，随着种植业的现代化，传统的还田方式进入自然循环的粪便数量微乎其微，畜禽养殖业已经成为农村面源污染的主要因素。农村养殖业常和居民生活区混同，大量的畜禽粪便没有经过无害化处理即随意堆放，“畜禽粪尿分解会产生硫化氢等恶臭气体，这些气体会刺激人的呼吸道、眼、黏膜，降低黏膜抗病力。另外，畜禽粪尿中还含有大量的病原微生物、寄生虫及卵，这些都可以在土壤中生存和繁殖，扩大传染源”，对农村环境和农民健康造成极大威胁。

3. 种植业固体废物

种植业固体废物主要是农用地膜和农作物秸秆。据农业农村部组织的地膜残留污染调查结果显示，我国残膜率高达42%，农膜在老化、破碎之后形成残膜，其主要成分是聚乙烯，在自然环境中很难完全降解。大量难以降解的地膜废物，会降低土壤的渗透性，减少土壤水分含量，削弱土地抗旱能力，影响土壤孔隙率和透气性，导致水分无法正常传输，影响种植物的生长，导致作物减产。目前，我国农作物秸秆年产近7亿吨，综合利用水平比较低，大都局限在作为燃料和饲料等传统方式上，而随着液化气、煤、电的广泛应用，传统方式对秸秆的消化能力越来越弱，每年约20%（约1.2亿吨）未被利用。

总之，随着农村经济的发展，农村固体废物呈爆发式增长，种类日益复杂化，农村固体废物的随意弃置，成为重要的污染源，使土壤结构遭受破坏，严重污染农村水体和空气，影响农村居民，其有害成分在物理作用下，通过环境介质——大气、地表、地下水等直接或间接传至人体，严重危及农村居民的身体健康。

二、我国防治农村固体废物污染环境的立法现状及不足

《环境保护法》是我国环境法律体系中的基本法，第20条明确了各级政府对农业环境的保护义务，农村固体废物污染防治作为农业环境保护的一项重要内容，也在该条的调整范围之内。《固体废物污染防治法》是我国专门为固体废物污染防治颁布的法律，该法第20条对畜禽粪便、秸秆焚烧做了规定。第71条对违反规定收集、贮存、处置畜禽粪便，造成环境污染的法律责任做了规定；另外，《农业法》第58条、第65条、第66条，《清洁生产促进

法》第22条对地膜及农作物秸秆污染防治也做了规定。《畜禽养殖污染防治管理办法》《秸秆焚烧和综合利用管理办法》是生态环境部针对农村固体废物颁布的行政规章，针对农村固体费用的两种重要来源即畜禽养殖废渣和农作物秸秆进行了较为细化的规定。

我国的农村固体废物污染防治以《固体废物污染防治法》《农业法》为基础，配套以单行法规，对农村固体废物的污染防治有一定的规范作用，但仍然存在一定问题：

1. 立法指导原则上，重城市轻农村

一直以来，我国都将环境污染防治重点放在城市，我国城市已初步形成相对完善的固体废物污染防治规范体系，从整个法律指导思想来看，对农村环境没有给予足够重视，如《固体废物污染防治法》，虽然该法将农村固体废物污染防治纳入其调整范围，但该法以城市固体废物污染防治为重点，仅有几个条文涉及农村固体废物，明显违背了环境公平理论。这一立法指导思想的偏差，是导致长期以来城乡环境利益失衡的重要原因，使我国目前农村与城市在环境污染治理资源分配上存在明显不公平，超过一半的环保投资用于城市和工业的环境污染防治，农村地区和农业污染防治投资相当微小。有专家指出，我国城市的环境，从某种程度上说，是以牺牲农村的环境为代价的。城乡环保基础设施上，农村也远远落后于城市，与城市完善的生活垃圾处理系统、生活污水排放管网相比，农村的公共卫生设置极端缺乏，落后的基础设施与日益增大的生态负荷之间的矛盾日益突出。

2. 从立法体系上看，农村固体废物污染防治立法零散，综合性立法缺失

我国农村固体废物污染防治立法比较散乱，尚没有建立起一个系统协调的法律体系，缺少一部专门的法律规范来全面系统地规定农村固体废物污染防治。农村环保法大都穿插在其他法律之中，各个法律都分别根据各自的立法目的和宗旨规定相应的保护措施，相互之间缺乏有效的协调，同时，由于这些法律立足于城市环境污染防治，少量与农村环保相关内容的设计没有真正把握农村环境保护的特点，对于农村环境污染防治有一定的滞后性和不适应性。

3. 在立法内容上，可操作性，法律责任不明确

在已有的法律中，关于农村固体废物污染防治，大都比较偏向于原则性、指导性的法律规定，而强制性、惩罚性措施较少。对违反法律规定的行为，虽然做出了处罚规定，但都不太明确。根据《固体废物污染防治法》第49条

的规定，农村生活垃圾污染环境防治的具体办法，由地方性法规规定，而时至今日，只有个别省市将农村固体废物纳入防治体系，大多数省市未能涉及。我国关于农村固体废物污染防治的规定要么责任缺失，要么过于简单地规定为有关责任者应当依法赔偿，虽然部门规章中有畜禽废渣污染、焚烧秸秆污染等方面的责任，但责任形式局限于罚款，责任单一，处罚力度小。

三、完善我国农村固体废物污染防治法律的建议

1. 确立环境公平的基本立法理念

不同的立法理念决定着不同的法律目的，对具体法律制度的创设和运作影响深远，正如正义是法学的基本理念一样，维护和追求环境正义，也是环境资源法学的基本理念。在当前，要使我国农村环境污染防治取得重大突破，必须从立法理念入手，强调环境公平，将环境公平确立为农村环境污染防治的基本理念。

环境公平理论是随着美国民权运动的发展而发展起来的，其早期主要是解决不同种族之间所承担的环境风险和负担方面的差异问题，后来，其范围不断扩大。所谓环境公平，是指人们平等地享有环境资源，并且公平地承担环境破坏所带来的不利后果。其内容包括权利公平、机会公平、分配公平、城乡公平、责任承担公平等多个方面。从农村固体废物污染防治来讲，要特别强调城乡间的环境污染治理公平，实现城乡环境污染治理资源分配、组织保障、责任承担的公平。从公平理念层面上，对污染环境的法律进行体系构建和程序规范，使农村居民和城市居民受到法律的同等关注，摆脱原有立法的城市中心主义，这样才能制定出充分体现农村环境特点的环保法律，解决农村日益严重的环境污染问题。

2. 完善我国农村固体废物污染防治法律体系

从世界范围来看，日本由于国土面积小，一直比较重视固体废物污染防治，日本循环经济立法体系完善，层次分明，既有防止污染的综合性法律，又有大量专业法律法规，关于固体废物防治的各个方面如家电、食品、汽车等均进行了分别立法，我国可以借鉴这种立法体系。目前，我国正在进行《环境保护法》的修订工作，可设专章对农村环境保护进行规范。同时，鉴于农村环境污染治理形势日趋严峻，应根据农村环境的特点制定一部农村环境保护综合性规范作为农村环保基本法，统领农村环保工作，针对农村固体废物污染防治，设专章予以规定。同时，出台相应的专门法规，针对农村生活垃圾，可效仿《城市生活垃圾管理办法》，制定《农村生活垃圾管理办法》。

在很多地方的探索中，已有一些成功经验可以吸收借鉴，完善《畜禽养殖污染防治管理办法》。在治理措施上，这一管理办法基本上都是对污染发生后的事后处罚规则，对养殖业所产生的污染的事前防范措施规定的很少，责任规定得过于概括。

3. 完善农村固体废物污染环境防治法律的具体内容

从法律原则的角度，要确立“三化”原则作为我国农村固体废物污染防治法的基本原则，实行“减少固体废物的产生量和危害性，充分合理利用固体废物和无害化处置固体废物”的“减量化、资源化、无害化”原则。该原则强调，农村固体废物污染防治不应局限在对污染的治理上，还要从源头上减少污染的产生，这是循环经济理念在农村固体废物立法中的体现。

从具体制度设计上，首先，要实行分类管理制度。固体废物分类管理是发达国家治理固体废物的普遍做法，也是我国工业固体废物管理的成功经验。在农村固体废物分类管理的基础上，实行有针对性的分类处理，将为其循环利用、分别治理提供便利。其次，农村居民人数众多，居住分散，因此，在农村环境污染治理中，公众参与对保护和治理农村环境的意义重大。农村居民既是污染物的最大产生者，也是环境污染的最大受害者，他们有参与环境污染防治的强烈愿望，公众参与会促使他们形成良好的生活习惯和生产模式，同时，为了维护自身的环境利益和环境权利，对污染环境的行为会积极进行监督。在农村环保法中要明确该制度，这样，农村居民才能更好地维护自己的环境权益，激发农民参与环境保护的积极性，提高农村环境污染治理的效率。

4. 完善环境公益诉讼有关规定，提升诉讼在固体废物污染治理中的作用

2013 年生效的新《民事诉讼法》第五十五条中，第一次明确写入了有关环境公益诉讼的规定，赋予法律规定的机关和有关组织向人民法院提起诉讼的权利。这是我国立法中首次确立环境公益诉讼的合法地位，也可以看作是立法对我国严重环境污染现状的一种积极回应。然而，对照我国农村固体废物污染现状，这一条款规定过于简单，需要进一步详尽的解释和规定。

一方面，扩大赔偿范围，充分保障环境污染受害人获得经济赔偿的权利。固体废物污染有其特殊之处——污染扩散较为缓慢，很多损害后果不会马上出现。如果以现存损害为赔偿标准，则意味着很多潜在损害无法得到充分有效的赔偿，一方面不利于受害者权益的充分保护，另一方面也使得诉讼的再次发生在所难免，浪费国家司法资源。在这一点上，美国的环境诉讼规定值得我们借鉴：不仅支持对认定的损害进行救济的申请，对于可能存在的损害

还支持对被告先提起测定研究的救济申请。同时，该种申请的证明责任仍然应当倒置，由被告而非原告来承担。

另一方面，解决环境公益诉讼的费用问题。农村固体废物污染影响范围大、人群多，同时，具有取证难度大、审理周期长的特点，无论是个人还是有关组织提起诉讼，都面临着诉讼费、律师费、调查取证费的大额支出。很多农民正是因为无法负担这些费用而放弃了通过诉讼保障自身合法权益的想法，因此，我国立法应明确规定减免环境公益诉讼的诉讼费，同时确立环境污染诉讼中律师费由败诉方承担的原则，以保障诉讼规定落到实处。对于贫困农村地区的环境污染问题，地方法律援助组织亦有义务积极介入，推动问题得到合理解决。

新环境是社会主义新农村建设的内容之一，当前，在建设美丽乡村活动中，政府加大了对农村环境污染的治理和投资力度，给乡村建设了垃圾点，配备了垃圾清扫车，保持了农村街道的干净整洁。但是，立法的完善才是治理农村环境污染的根本措施。有了完善的立法，有了政府的投入，有了公众的参与，风景如画的乡村面貌必将重现。

参考文献

[1] 商彦蕊，高国威．美国减轻农业旱灾的系统控制及其对我国的启示［J］．农业系统科学与综合研究，2005（2）．

[2] 杨晓涛．农膜污染的防治对策［J］．农业环境与发展，2000（1）．

[3] 刘颖杰．我国农村固体废物污染环境防治的法律问题研究［D］．北京：北京交通大学，2011.

[4] 彭小燕．环境公平视野下农村环境污染治理的基本构想［D］．杭州：浙江农林大学，2011.

[5] 常纪文．我国环境公益诉讼立法存在的问题及其对策——美国判例法的新近发展及其经验借鉴［J］．现代法学，2007（9）．

生态补偿相关法律问题研究

曹洪涛
（河北省高级人民法院）

摘要：生态补偿制度、生态惩戒制度的乏力，导致许多市场主体出于利益驱动对生态资源进行“掠夺性”开采利用，在获取巨大经济利益的同时，不履行保护生态的义务，极大地挫伤了其他社会公众保护生态、改善生态的积极性。我国应健全生态补偿法律体系，清晰界定生态环境资源提供者的各种权利，规范生态补偿的救济方法、程序和责任方式，确保生态补偿相关法律规定得到执行，使生态环境资源的受害者、供给者能通过司法途径切实维护自身合法权益。

关键词：生态补偿；立法问题；立法原则

一、生态补偿的概念及理论基础

自然资源学家 E. F. Cook（1979 年）提出自然资源价值的概念，指出自然资源的开发是有限的、不可逆的，对自然资源的使用必须以一定的经济代价作为补偿，这是国际社会第一次提出用补偿的思想解决自然资源价值问题①。我国对生态补偿的定义通常存在三个不同的理论维度。《环境科学大辞典》从生态学维度将其定义为：“生物有机体、种群、群落或生态系统受到干扰时，所表现出来的缓和干扰、调节自身状态使生存得以维持的能力，或者可以看作生态负荷的还原能力”②。从经济学角度，生态补偿是指通过制度设计实现对生态产品提供者所付出的生态产品服务、生态保护、发展机会等成本，通过财政、税费等手段将生态保护外部性内部化。从法律意义上，生态补偿指国家或社会主体之间约定对损害资源环境的行为向资源环境开发利用主体进

---

① 中国 21 世纪议程管理中心可持续发展战略研究组．生态补偿——国际经验与中国实践［M］．北京：社会科学文献出版社，2006.

② 环境科学大辞典编委会．环境科学大辞典［M］．北京：中国环境科学出版社，1991.

行收费或向保护资源环境的主体提供补偿性措施，并将所征收的费用或补偿性措施的惠益通过约定的某种形式转达到因资源环境开发利用或保护资源环境而自身利益受到损害的主体以达到保护资源目的的过程。[①]

从上述定义可以看出，我国对生态补偿相关问题的研究，基本上没有脱开国外生态环境价值论、外部性理论和公共物品理论的基本范畴。

（一）生态环境价值论[②]

“生态环境价值”一词实际上有三种意义：一是指特定的环境对人的生存、发展所具有的意义、功利、好处。二是指环境作为“主体”所具有的独立（不容被人剥夺并应得到人尊重）的权力、地位等价值。三是指事物和人的行为对人正常的环境生活所具有的意义和价值，即在满足人的环境本性和需求方面所具有的意义和价值。环境经济核算理论中主要对环境污染和生态破坏的价值核算进行了研究。对于生态环境特征与价值的科学界定，则是实施生态补偿的理论依据。

（二）外部性理论

萨缪尔森指出，经济学上的外部性是指那些生产或消费对其他团体强征了不可补偿的成本或给予了无须补偿的收益的情形。也就是某个经济主体对另一个经济主体产生一种外部影响，而这种外部影响又不能通过市场价格进行买卖。外部性理论也是生态经济学和环境经济学的基础理论之一。环境资源的生产和消费过程中产生的外部性，主要反映在资源开发造成生态环境破坏所形成的外部成本和生态环境保护所产生的外部效益。由于这些成本或效益没有在生产或经营活动中得到很好的体现，从而导致了破坏生态环境没有得到应有的惩罚，保护生态环境产生的生态效益被他人无偿享用，使得生态环境保护领域难以达到帕累托最优。

（三）公共物品理论

自然生态系统及其所提供的生态服务具有公共物品属性。纯粹的公共物品具有非排他性和消费上的非竞争性两个本质特征。公共物品并不等同于公共所有的资源。共有资源是有竞争性但无排他性的物品。在消费上具有竞争性，但是却无法有效地排他，如公共渔场、牧场等，则容易产生“公地悲剧”问题。即如果一种资源无法有效地排他，那么，就会导致这种资源的过度使用，最终导致全体成员的利益受损。

---

① 杜群．生态补偿的法律关系及其发展现状和问题［J］．现代法学，2005.

② 张彦英．生态文明时代的资源环境价值理论[J]．中国国土资源报，2012－03－05.

生态环境由于其整体性、区域性和外部性等特征，很难改变公共物品的基本属性，需要从公共服务的角度进行有效的管理，重要的是强调主体责任、公平的管理原则和公共支出的支持。从生态环境保护方面，基于公平性的原则，区域之间、人与人之间应该享有平等的公共服务，享有平等的生态环境福利，这是制定区域生态补偿政策必须考虑的问题。

二、生态补偿立法现状及问题

随着现代化进程的不断推进，繁荣的工商业活动在给我国国民经济带来巨大利益、显著改善人民生活质量的同时，也随之带来了不容忽视的生态环境问题，生态系统严重退化、生态环境严重污染，人类赖以生存的环境遭受大肆掠夺性破坏。鉴于此，国家提出“推进绿色发展、循环发展、低碳发展”，生态补偿的重要性也就日益凸显。

我国在《环境保护法》《森林法》《水土保持法》《水污染防治法》等相关法律中对生态补偿制度作了相应规定。《环境保护法》第31条规定：“国家建立、健全生态保护补偿制度”。《森林法》第8条规定：“国家建立森林生态效益补偿基金，用于提供森林生态效益的防护林和特种用途林的森林资源、林木的营造、抚育、保护和管理。”《水土保持法》规定，国家鼓励单位和个人按照水土保持规划参与水土流失治理，并在资金、技术、税收等方面予以扶持；《水污染防治法》要求国家通过财政转移支付等方式，建立健全对位于饮用水水源保护区区域和江河、湖泊、水库上游地区的水环境生态保护补偿机制。此外，国家的一些政策也和生态补偿制度相关。国家基于对社会公共事业进行管理的需要，通过制定方针政策的方式保障其投入能够满足生态环境保护的需要，主要是通过中央财政转移支付，保障对大型公益环境工程的投入，建立自然生态保护区，对生态建设者以财政补贴、税收优惠等政策使其获益。对于不同区域间的生态利益，国家需要进行调整，实现资源薄弱和丰富地区之间、流域的上游和下游之间、中西部地区和沿海地区之间的生态利益平衡。

从生态补偿制度现状来看，相关的法律规定是零散的，更多的是依靠国家政策。生态补偿法律制度无法适应当前生态保护的现实需要，制度建设落后于实践的发展。从生态补偿的实践运行看，首先是对生态保护者合理补偿不到位。重点生态区的人民群众为保护生态环境做出很大贡献，但由于多种原因，还存在着保护成本较高、补偿偏低的现象。除了标准偏低和有的地方未及时足额拨付补偿资金外，一些地方还没有把生态区域、生态保护者的底数摸清楚，不能有效实施生态补偿全覆盖，也是影响保护者积极性的原因之一。其次，生态保护者的责任不到位。补偿资金与保护责任挂钩不紧密，尽管投入了补偿资金，但有的地方仍然存在生态保护效果不佳的状况，甚至在个别地方还存在着“一边享受生态补偿、一边破坏生态”的现象。再次，生态受益者履行补偿义务的意识不强。生态产品作为公共产品，生态受益者普遍存在着免费消费心理，缺乏补偿意识，需要加强宣传和引导。最后，开发者生态保护义务履行不到位，例如，还有部分矿产资源开发企业没有缴纳矿山环境恢复治理保证金。①

因为生态补偿制度、生态惩戒制度的乏力，导致许多市场主体出于利益驱动对生态资源进行“掠夺性”的开采利用，在获取巨大经济利益的同时，不履行保护生态的义务，极大地挫伤了其他社会公众保护生态、改善生态的积极性。

目前，立法现状存在的主要问题有：①法律内容不够详尽和完善，完整统一的生态补偿法律体系尚未形成。对于生态补偿的内容、程序、标准、权利义务等问题没能做出细致规定；某些规定过于原则化，缺乏下位法的具体实施指导，在实际执行中难以落实。②各资源法相关条款相互不协调和不完善，配套法规不健全，部分环境单行法律并未涵盖生态补偿问题，特别在涉及生态补偿资金的筹集、补偿主体、补偿标准、补偿对象等方面没有明确界定，概念模糊，范围过于宽泛，操作性不强。③对于单一自然资源补偿多，而对相互关联自然资源的综合补偿少，如水土保持、天然林保护、退耕还林等工程作用相互关联，既有保护土壤、森林、草场等资源的作用，也有水源涵养和水资源保护的作用，应该进行综合生态补偿。④补偿资金来源单一，目前主要依靠国家或者地方财政转移支付，但转移支付的力度较小，对利益平衡的作用未能充分有效发挥。财政投入不足，资金缺口较大，严重阻碍了生态补偿法律制度的建设。⑤目前生态补偿的方式单一，重政府财政补偿，轻市场补偿；重货币或者实物（项目）补偿，轻政策和智力补偿；注重一次性补偿，忽视持续性的补偿；多强调政府对人的补偿，较少强调人对人（受益者对受损者）的补偿等。②

---

① 国务院关于生态补偿机制建设工作情况的报告（2013 年 4 月 23 日）

② 陈进．建立水生态补偿机制推进水生态文明建设［N］．中国水利报，2014－10－23.

三、生态补偿立法的基本原则

（一）尊重自然生态规律

地球生物圈内的物种是平等的，它们享有生存的权利，具有自身的内在价值，人类只是地球生物圈大家族中的普通成员，而非生物圈的主人，人类应当尊重其他生物生存、存在的权利。从保护自然生态环境的角度看，生态环境立法必须遵循自然生态规律。作为生态环境法律组成部分的生态补偿立法，同样应当遵循这一原则。

（二）坚持可持续发展

在处理经济增长与生态保护关系问题上，必须确立生态保护优先的法律地位，作为指导调整生态社会关系的法律准则。在生态环境未遭到损害之前，采取科学合理的预防措施，防止环境损害的发生和恶化；而对于已经发生的环境损害，则应当采取综合措施，积极治理，从而做到预防和治理的手段相互结合，以保护环境，实现可持续发展的目的。

（三）权利义务一致原则

即“污染者负责、受益者补偿、养护者受益”，让那些对生态环境产生污染的主体负责提供资金予以补偿或者直接做好生态恢复工作，让那些从生态环境资源中受益的人付出一定成本予以补偿其他主体，让那些对恢复生态环境做出努力和成效的人能够获得收益，实现市场上各类主体在生态利益上的平衡，促进生态公平、社会公平。生态破坏者、污染者负责原则，也就是对环境造成污染的个人和单位，要按照生态补偿法律制度的规定，通过相应的举措对受到污染的环境进行治理，或者提供资金由其他专业机构进行治理，补偿由此给他人造成的损害。受益者补偿原则，也就是从生态环境中受益的主体，需要为生态恢复与治理提供资金和人力。养护者受益原则，也就是让保护生态环境的主体受益。

四、生态补偿立法需要厘清的几个问题

（一）政府主导与市场行为

生态环境利益具有十分显著的公共产品属性。因此，一般认为应该由政府代表社会大众作为生态环境的受益者，由政府作为生态补偿的主体。以此为基础所构建起来的生态补偿法律制度，要体现和强调政府的补偿主体责任。这种以政府为主导的生态补偿，是我国目前开展生态补偿试点实践中采用的

主要途径。

由于政府作为公共产品提供者的局限性，尤其是在生态补偿方面存在的天然局限，加之生态补偿所需资金庞大，政府仅能解决其中一部分。因此，完全依靠政府主导来推动生态补偿，并非最佳选择。生态补偿制度建立在“谁破坏谁治理，谁受益谁补偿，谁保护谁有偿”的基本原则基础之上，在一定意义上是一种市场经济行为。

（二）生态补偿与环境侵权

我国《环境保护法》第64条规定：“因污染环境和破坏生态造成损害的，应当依照《中华人民共和国侵权责任法》的有关规定承担侵权责任。”确定环境侵权行为，可以借鉴日本民法的判例和学说。日本的四大公害判决及民法理论上以忍受限度论作为判别行为违法性的标准，并在司法实践中确立了以下几项规则：①遵守排放标准，这只限于不受行政法的制裁，它并不能成为私法上免除责任的理由；②污染环境行为的公共性、场所的常规性、先住关系等也不能作为被告的免责事由；③即使被告采取了“最妥善的防治措施”，也不能成为私法上的免责事由。上述三项规则在四日市烟害案件中被日本法院所确认，现已成为许多国家在认定污染环境是否违法时广泛采用的一种方法。在我国，按照学者公认观点，即使一些环境侵害是符合国家相关环境质量标准的行为，但是只要造成环境污染损害，也不能排除其民事违法性。因此，相关立法要注意做好衔接。

（三）生态补偿与环境侵权民事赔偿

生态补偿是促进生态保护和环境污染外部成本内部化的经济政策工具，可以协调环境权与发展权的关系，促进经济社会可持续发展。环境侵权民事赔偿是由平等民事主体之间由环境侵权行为引起的民事赔偿责任。因此，一旦发生环境侵权事件，受害人必须先向侵权人主张民事赔偿。在民事赔偿之后仍无法得到全面救济时，才可以申请国家生态补偿。对于环境侵权，可以申请的生态补偿种类包括：①超过现有民事诉讼时效的最长保护期20年以后才发生的环境侵权，以及在较长时期后才出现的新技术环境侵权；②混合性环境侵权，侵权责任人无法确定，而适用责任集中或共同诉讼，又不符合条件的；③大规模的环境侵权，适用普通民事赔偿救济使加害人无法承担或受害人得到的赔偿不足的；④单个达标排污所引起的共同累积性环境侵权；⑤按照现有法律规定申请国家赔偿救济不符合条件的，如行政机关违法审批间接造成环境侵权损害发生的情形。①

没有救济的权利就不是真正的权利。当前，我国应健全生态补偿法律体系，清晰界定生态环境资源提供者的各种权利，规范生态补偿的救济方法、程序和责任方式，确保生态补偿相关法律规定得到执行，使生态环境资源的受害者、供给者能通过司法途径切实维护自身合法权益。

① 骆源远．何以让环境侵权赔偿不再难［EB/OL］．新浪财经，2012-06-05.

经济法视角下的排污权交易制度

冯子洇

（河北地质大学）

摘要：排污权交易制度是一项效率型的环境经济法律制度，是人类由环境问题的觉醒和反思中升华而成的。科斯定理在解决排污权交易中发挥了不可替代的作用。在全球环境日益恶化的大前提下，排污权交易制度在国际范围内，无论是在学术理论研究还是在防治环境污染的相关实践中，都发挥了显著的作用。

关键字：排污权交易；经济法律制度；科斯定理

一、排污权交易制度与科斯定理

（一）排污权交易概述

排污权交易这一概念是由美国的经济学家戴尔斯于二十世纪六十年代在其发表的《污染、财富和价格》一书中最先提出。之后应用在美国、日本等国家的实践中，都收到了比较理想的成果。

但是，学界对排污权交易制度的概念仍持有争议。排污权最初不是法学界的概念，而是来源于经济学。如今，这一概念已经得到了法学界的普遍认可，但对此概念的具体定义仍有不同的看法：观点一：排污权是指排污者在环境保护监督管理部门分配的额度内，并在确保该权利的形式不会损害其他公众环境权益的前提下，依法享有的向环境排放污染物的权利。这种观点比较侧重于将排污权视为有关部门即环境保护监督管理部门所授予的一种行政许可。观点二：排污权即排放污染物的权利，它是派生于环境权的一种权利，是指权利主体按照自己所拥有的排污指标向环境排放污染物的权利。此种观点更为突出的强调的是排污权是一种以相关权利主体为核心的权利。

但是，排污权是指在法律规定的范围内，相关权利人在已申请获得排污许可的条件下，由环境保护监督管理部门进行监管，排放环境污染物的权利，即合法进行的对污染物的排放权。这个观点是义务本位的体现。

因此，排污权交易制度，也称排污指标交易制度，是指在法律规定的范围内，排污者在已申请获得排污许可的条件下，由环境保护监督管理部门进行监管，有效地利用市场机制，自愿、平等、有偿地转让排放环境污染物后剩余的指标、优化排污行为和保障环境质量的一种制度。

（二）科斯定理与排污权交易制度

1. “公地悲剧”理论

1968 年，美国学者哈定在《科学》杂志上发表了一篇题为《公地的悲剧》的文章。英国曾经有这样一种土地制度——封建主在自己的领地中划出一片尚未耕种的土地作为牧场（称为“公地”），无偿向牧民开放。这本来是一件造福于民的事，但由于是无偿放牧，每个牧民都养尽可能多的牛羊。随着牛羊数量无节制的增加，公地牧场最终因“超载”而成为不毛之地，牧民的牛羊最终被全部饿死。

非正常的管理方法：从这样的观点出发，哈丁转向寻求非科技或非资源管理的方法。

正面：牧羊人可以从增加的羊只上获得所有的利益；负面：牧场的承载力因为额外增加的羊只有所耗损。然而，牧场理论的关键性在于这两者的代价并非平等：牧羊人获得所有的利益，但是资源的亏损却是转嫁到所有牧羊人的身上。因此，就理性观点考量，每一位牧羊人势必会衡量如此的效用，进而增加一头头的羊只。但是，当所有的牧羊人皆做出如此的结论并且无限制地放牧时，牧场负载力的耗损将是必然的后果。于是，每一个个体依照理性反应所做出的决定将会相同，毕竟，他们获得的利益将永远大于利益的耗损。而无限制的放牧所导致的损失便是外部性的一个例子。

英国经济学家科斯认为：当产权没有清晰界定时，市场动力就消失了。因此，公共物品及外部性问题，与其说是市场失灵，不如说是市场发挥作用的基础——产权明晰——不存在。

2. 外部性理论

外部性是指由于市场活动而给无辜第三方造成的成本。经济的外部性是经济主体的经济活动对他人和社会造成的非市场化的影响，分为正外部性和负外部性。正外部性是某个经济行为个体的活动使他人或社会受益，而受益者则无须花费代价，负外部性是某个经济行为个体活动使他人或社会受损，而造成外部不经济的人却没有为此承担成本。

生产中的负外部性：工厂在生产中所排放的污染物就是一种负外部性。

它所造成的社会成本包括政府治理污染的花费，自然资源的减少以及污染物对人类健康造成的危害。生产中的正外部性：教育是一种正外部性，完善的教育系统培育出得人才，会对社会建设做出贡献，这对所有人都是有益的。

外部性的存在造成社会脱离最有效的生产状态，使市场经济体制不能很好地实现其优化资源配置的基本功能。

外部性内部化：通过制度安排经济活动所产生的社会收益或成本，转为私人收益或私人成本，是技术上的外部性转为金钱上的外部性，在某种程度上强制实现原来并不存在的货币转化。

3. 外部性的解决方案——科斯定理

科斯定理是由罗纳德·科斯提出的一种观点，该观点认为，在某些条件下，经济的外部性或曰非效率可以通过当事人的谈判而得到纠正，从而达到社会效益最大化。科斯本人从未将定理写成文字，而其他人如果试图将科斯定理写成文字，则无法避免表达偏差。关于科斯定理，比较流行的说法是：只要财产权是明确的，并且交易成本为零或者很小，那么，无论在开始时将财产权赋予谁，市场均衡的最终结果都是有效率的，并可以实现资源配置的帕雷托最优。

科斯定理的内容：

（一）在交易费用为零的情况下，不管权利如何进行初始配置，当事人之间的谈判都会导致资源配置的帕雷托最优；

（二）在交易费用不为零的情况下，不同的权利配置界定会带来不同的资源配置；

（三）因为交易费用的存在，不同的权利界定和分配会带来不同效益的资源配置，所以，产权制度的设置是优化资源配置的基础（达到帕雷托最优）。

当然，在现实世界中，科斯定理所要求的前提往往是不存在的，财产权的明确是很困难的，交易成本也不可能为零，有时甚至是比较大的。因此，依靠市场机制矫正外部性（指某个人或某个企业的经济活动对其他人或者其他企业造成了影响，但却没有为此付出代价或得到收益）是有一定困难的。但是，科斯定理毕竟提供了一种通过市场机制解决外部性问题的一种新思路和新方法。在这种理论的影响下，美国和一些国家先后实现了污染物排放权或排放指标的交易。

科斯定理的精华在于，它发现了交易费用及其与产权安排的关系，提出了交易费用对制度安排的影响，为人们在经济生活中作出关于产权安排的决策提供了有效的方法。根据交易费用理论的观点，市场机制的运行是有成本的，制度的使用是有成本的，制度安排是有成本的，制度安排的变更也是有成本的，一切制度安排的产生及其变更都离不开交易费用的影响。交易费用理论不仅是研究经济学的有效工具，也可以用来解释其他领域的很多经济现象，甚至解释人们日常生活中的许多现象。比如当人们处理一件事情时，如果交易中需要付出的代价（不一定是货币性的）太多，人们可能要考虑采用交易费用较低的替代方法甚至是放弃原有的想法；而当一件事情的结果大致相同或既定时，人们一定会选择付出较小的一种方式。

科斯定理的两个前提条件：明确产权和交易成本。钢铁厂生产钢，自己付出的代价是铁矿石、煤炭、劳动等，但这些只是“私人成本”；在生产过程中排放的污水、废气、废渣，则是社会付出的代价。如果仅计算私人成本，生产钢铁也许是合算的，但如果从社会的角度看，可能就不合算了。于是，经济学家提出要通过征税解决这个问题，即政府出面干预，赋税使得成本提高，生产量自然会小些。但是，恰当地规定税率和有效地征税，也要花费许多成本。于是，科斯提出：政府只要明确产权就可以了。如果把产权“判给”河边居民，钢铁厂不给居民们赔偿费就别想在此设厂开工；若付出了赔偿费，成本高了，产量就会减少。如果把产权界定到钢铁厂，如果居民认为付给钢铁厂一些“赎金”可以使其减少污染，由此换来健康上的好处大于那些赎金的价值，他们就会用“收买”的办法“利诱”厂方减少生产从而减少污染。当厂家多生产钢铁的赢利与少生产钢铁但接受“赎买”的收益相等时，它就会减少生产。从理论上说，无论是厂方赔偿还是居民赎买，最后达成交易时的钢产量和污染排放量会是相同的。但是，产权归属不同，在收入分配上当然是不同的：谁得到了产权，谁可以从中获益，而另一方则必须支付费用来“收买”对方。总之，无论财富分配如何不同且公平与否，只要划分得清楚，资源的利用和配置是相同的——都会生产那么多钢铁、排放那么多污染，而用不着政府从中“插一杠子”。

科斯定理表明，市场的真谛不是价格，而是产权。只要有了产权，人们自然会“议出”合理的价格来。但是，明确产权只是通过市场交易实现资源最优配置的一个必要条件，却不是充分条件。另一个必要条件就是“不存在交易成本”。交易成本，简单地说，是为达成一项交易、做成一笔买卖所要付出的时间、精力和产品之外的金钱，如市场调查、情报搜集、质量检验、条件谈判、讨价还价、起草合同、聘请律师、请客吃饭，直到最后执行合同、完成一笔交易，都是费时费力的。就河水污染这个问题而论，居民有权索偿，但可能会漫天要价，把污染造成的“肠炎”说成“胃癌”；在钢铁厂有权索要“赎买金”的情况下，它可能把减少生产的损失1元说成10元。无论哪种情况，对方都要进行调查研究。所以说，科斯定理的“逆反”形式是：如果存在交易成本，即使产权明确，私人间的交易也不能实现资源的最优配置。

科斯定理的两个前提条件各有所指，但并不是完全独立、没有联系。最根本的是要明确产权对减少交易成本的决定性作用。产权不明确，后果就是扯皮永远扯不清楚，意味着交易成本无穷大，任何交易都做不成；而产权界定得清楚，即使存在交易成本，人们在一方面可以通过交易来解决各种问题，另一方面还可以有效地选择最有利的交易方式，使交易成本最小化。

4. 排污权交易与科斯定理

科斯指出，庇古税在解决外部性问题上存在一定的弊端，通过惩罚的方式并不能实现社会资源效用的最大化。

在产权明晰且交易成本很低的情况下，私人之间达成的契约或通过市场交易的方式照样可以实现外部性内部化，实现资源的合理配置。他认为，如果交易费用为零，无论权利如何界定，都可以通过市场交易和自愿协商达到资源的优化配置；如果交易费用不为零，就要做好产权制度的安排与选择。

科斯认为，通过对环境资源产权的清晰界定以及合理的制度安排，通过产权分配、拍卖等方式为没有市场的环境资源建立起市场，让价格机制来调节环境资源的供需，这是实现环境污染外部性内在化的最有效方式，其中，产权的清晰界定是推进环境资源市场化的关键。

排污权交易的经济学基础是：①环境是一种公共资源；②排污需要付出成本；③污染物总量控制是基于环境自我净化能力的有限性；④各企业减排成本是不同的。

排污权交易制度的基本思想是：在污染物排放总量控制指标确定的条件下，利用市场机制，建立合法的污染物排放权利即排污权，并允许这种权利像产品那样被买入和卖出，以此来进行污染物排放控制，从而达到减少排放量、保护环境的目的。

排污权交易的一般做法是：由政府部门确定出一定区域的环境质量目标，并据此评估该区域的容量。推算出污染物最大允许排放量，并将最大允许排放量分割成若干规定的排放量，即若干排污权。政府可以选择不同的方式分配这些权利，并通过建立排污权交易市场使这种权利能合法地进行买卖。在排污权市场上，排污者从其利益出发，自主决定其污染治理程度，从而买入或卖出排污权。

二、我国排污权交易的试点

良好的排污权交易制度体系必然建立在成熟的市场机制之上，我国的社会主义市场经济体制还在不断发展完善中。在二十世纪九十年代，我国相继在部分省市开展了排污权交易的试点工作，我国排污权交易也还刚刚起步，所以现阶段在其发展过程中必然会出现诸多问题。

（一）福建排污权交易试点

2014 年 9 月 27 日，福建省首场排污权有偿使用和交易竞价会在福州市海峡股权交易中心举行。福耀玻璃工业集团股份有限公司和漳州旗滨玻璃有限公司有富余指标出让，共交易排污权共交易排污权（二氧化硫、氮氧化物）1444. 2 吨，总成交额 1400 余万元。据介绍，这是福建省首次实现排污权交易。

福建省环保厅有关人士表示，对于福耀玻璃工业集团股份有限公司这类省内大型企业，在政策出台前，通过加大环保投入、加强污染治理所形成的污染减排量，由政府无偿调剂给当地其他新（改、扩）建项目使用，因此，企业投入污染治理的积极性不高。新政策出台后，企业通过减排形成的富余排污权，可无偿用于本单位新（改、扩）建项目建设，也可出售获利，大大提高了其治污减排的积极性。

（二）广东排污权交易试点

2013 年底，广东省排污权交易试点工作启动后，国务院办公厅印发实施了《关于进一步推进排污权有偿使用和交易试点工作的指导意见》，明确了国家对继续大力开展试点工作的决心和要求。这一新政无疑为全国排污权交易工作注入了强心剂。

2014 年 10 月，这一生态文明改革创新制度再次迎来新进展——10 月 24 日，广东省第二批排污权交易签约仪式在广州举行，此批交易仍采用政府定向出让的形式，分别由广州市环保局与广州中电荔新电力实业有限公司、汕头市环保局与华能国际电力股份有限公司海门电厂、阳江市环保局与阳西海滨电力发展有限公司、肇庆市环保局与国电肇庆热电有限公司进行了签约，出让标的物为二氧化硫，交易价格由广东省发改委确定为 1600 元/吨/年来执行，总交易量为 12922. 6 吨，总交易金额为 2067. 616 万元。

三、我国排污权交易制度不足

（一）与排污权交易相配套的有关法律严重缺失

目前，我国对于排污权交易制度尚无正式的法律规定，使排污权交易在实践中无法可循，没有具体确实的法律作为参照。

（二）对排污总量的控制有待加强

（1）我国现在的排污总量控制政策只是片面的注重工业污染，反而忽视了农业、生活等其他方面的排污量控制，以至于出现了某区域内的排污总量达标而生态环境没有得到明显改善的情况。

（2）我国对于排污总量控制的区域划分是基于传统的行政区域划分，但污染物的扩散往往没有边界，增加了实践划分中的难度；各行政区域内的控制总量也不尽相同，进而出现了某些企业为逃避严格控制而转移到控制力度相对较弱的区域生产，排污总量控制形同虚设。

（三）现行排污权交易的信息交流闭塞且交易收取的费用过高

（1）我国排污权交易的信息交流不充分，使得削减污染排放量的企业无法及时得知需要排污剩余量企业的情况，导致市场交易无法实现。

（2）我国排污权交易中收取的费用过高，主要有排污权市场基础费用、交易时讨价还价及决策的费用、协议签订后所需的监督执行费用等。这使得有排污剩余量的企业不愿花费过高的谈判成本而放弃排污剩额的转让，改为扩大自身企业的规模以消耗所剩余额的做法。

（四）环境部门自身的技术水平有限、管理力度不足

（1）在排污总量的测算中需要有一套严谨、先进的技术作为可靠的保障，但我国环境部门技术水平有限，往往使排污总量的估算出现偏差。

（2）我国环境管理执法非常薄弱，省、市、县三级的执法力度分布不均；从人力、物力、资金及技术等方面的投入来说，县级的管理与执法状况都令人担忧。

（五）企业自身的技术水平也普遍较低，资金投入明显不足

（1）我国排污企业现有的环保技术落后且不引进先进的技术设备，原因是减少排污量所需设备等成本太高，改进的难度也较大。

（2）因减排的成本过高，企业从中获得的利润较少，导致排污企业对环保的积极性减少，资金投入也明显不足，企业进行排污权交易较为困难。

四、完善我国排污权交易制度

（一）“先行先试”探索交易新模式

2015年7月，为推进全省排污权有偿使用与交易试点工作，广东多个部门联动协调机制已开始建立，成员由省发改委、省经信委、省财政厅、省生态环境厅、省税务局、省金融办、人民银行广州分行、广东产权交易集团等部门和单位组成，省环保厅和省财政厅作为召集人，根据工作需要不定期召开会议，及时研究协调试点工作相关事项。

（二）先完成减排后谈排污权转让

（1）省环境保护厅相关负责人指出，“企业有钱买排污权，不等于可以不完成减排任务。”对于新建、改建、扩建项目来说，其新增的污染物排放量必须满足环保规划、环境功能区划和区域总量控制等相关要求，并按照环评批复的总量指标通过排污权交易取得排污指标。

（2）在完成减排任务的前提下，排污单位通过污染治理、结构调整及加强管理获得的富余排污指标，或因破产、关停、被取缔以及迁出本行政区域，其有偿取得的排污指标，可以通过排污权交易市场转让。

（三）多管齐下助推试点再寻突破

（1）在加快进度推动排污权有偿使用和交易制度体系建设方面，将出台广东省排污权有偿使用费和交易出让金征收使用管理办法、广东省排污权交易规则、广东省环境权益交易所电子竞价操作细则和主要污染物排污指标分配技术指南等文件，建立健全排污权交易制度体系和工作机制。

（2）以排污许可证为载体，按照主要污染物排污指标分配技术指南确定的分配方法和要求，指导各地分步开展二氧化硫、氮氧化物、化学需氧量、氨氮等四项主要污染物排污指标的分配工作，为开展排污权交易奠定基础。

（3）积极推进二级市场的交易，按照广东省排污权交易规则的规定，明确交易流程及各环节具体要求，规范全省排污权交易市场，继续加强交易空间分析和交易政策研究，进一步细化排污权交易规则，全面开展二级市场交易。

（四）构建排污权交易的法律保障体系

（1）为填补我国排污权交易制度的法律空白，应以明确的立法形式规定排污权交易制度及其相应的运作规程，使排污权交易制度有法可依。

（2）在排污权交易制度的具体条款规定中，必须明确并加强有关执法部门对排污企业违法行为的惩处力度。

（五）完善排污权交易的总量控制制度

将农业和生活等其他方面污染的总量控制与工业污染的排污总量控制同等对待，在排污总量控制的指标进行分配时，在考虑到给工业污染发放排污指标的同时，也应将广大的农业、生活等其他方面的污染纳入控制范围之内。

（六）改进排污权交易的信息交流与收费环节

（1）建立相应的部门机构对排污权交易的信息进行收集、整理、合理分配和提供的工作，使有排污需要的卖方与买方都能及时、充分地获得信息，保障交易流畅进行。

（2）改进目前排污权交易收费杂乱的现状，在有关部门合理适当的规定范围内，充分发挥市场机制的作用，使排污权优化配置，进行适当的价格浮动。

（七）优化排污权交易的政府控制与监管制度

（1）政府对排污控制总量的测算方面，一定要加大投入，提升估算的技术水平，确保得出严谨、科学、合理的排污控制总量数据。

（2）在环境污染的监察执法方面，建设先进的监察设施与高效的监察队伍，加大对环境污染监察的人力、设备等投入且在省、市、县三级之间合理均等分配。

（八）升级排污权交易的企业管理制度

（1）企业应调高环保技术与设备在生产中的比重，这既响应了政策的要求，也有助于企业长远的稳健发展。

（2）排污企业应把目光放长远，不要只追求眼前利益，加大对减排的资金投入，也有利于其整体企业形象价值的提升。

参考文献

［1］马中，吴健．论总量控制与排污权交易［J］．中国环境科学，2002.

［2］王金南，杨金田．二氧化硫排放交易：中国的可行性［M］．北京：中国环境出版社，2002.

［3］吴亚琼．总量控制下排污权交易制度若干机制研究［D］．武汉：华中科技大学，2004.

［4］李鑫．我国在排污权交易制度建设中存在的问题与对策［J］．经济丛刊，2007.

［5］胡民．基于交易成本理论的排污权交易市场运行机制分析［J］．理论探讨，2006.

［6］彭峰．排污权交易法律问题探讨［J］．重庆环境科学，2003.

［7］吴凡．广东排污权交易试点驶入“快车道”［J］．南粤绿风，2014.

［8］徐瑾，万威武．交易成本与排污权交易体系的设计［J］．中国软科学，2002.

［9］李克国．排污许可证交易的理论与实践［J］．重庆环境科学，2000.

［10］黄卫华．排污许可权交易的市场化探析［J］．环境科学动态，2002.

［11］刘舒生，林红．国外总量控制下的排污交易政策［J］．环境科学研究，1995.

［12］杨展里．中国排污权交易的可行性研究［J］．环境保护，2001.

［13］张志耀，张海明．排污权交易的经济优化机制研究［J］．重庆环境科学，2000.

［14］张可兴．美国如何搞二氧化硫排污权交易［J］．世界环境，2002.

环境法基本原则批判

肖彦山
（河北地质大学）

摘要：环境法在理论上和司法实践中都不需要基本原则，基本原则在环境法学理论中没有位置。环境法需要的是立法目标，环境法学需要的是关于立法目标的理论。在环境法中，原则不是规则的模式，原则不制造规则；立法目标是规则的模式，立法目标制造规则；原则的审判准则的功能也可以由立法目标来发挥。2014 年《环境保护法》规定的“原则”实质上是立法目标。环境法需要科学地设置立法目标，以目标替代原则，在司法实践中对各个目标进行实用主义的权衡。

关键词：环境法；基本原则；立法目标

环境法的基本原则一直是我国环境法学研究中的重要课题。我国环境法学者大多数都认为我国环境法应当有自己的基本原则，而且对环境法的基本原则都有哪些以及原则的基本内容等基本达成了共识①。据笔者考察，到目前为止，尚未发现有人对环境法的基本原则提出质疑或者进行批判性研究。我国 2014 年修订的《环境保护法》第 5 条虽然规定了“原则”，但其他环境法律都没有规定基本原则；学者们总结出来的基本原则虽然基本达成了共识但仍有争议；而且，这些基本原则从未在司法实践中加以运用，这三个事实促使我们进行理论上的反思：环境法应不应当有基本原则？为了解答这个问题，

① 徐祥民先生、刘卫先博士认为，以预防原则作为环境法的基本原则已经是国内外环境法学界的共识。徐祥民，刘卫先．环境损害：环境法学的逻辑起点［J］．现代法学，2010（4）．

本文采用实证主义和实用主义方法，试图对我国环境法基本原则的研究①进行批判性研究。

一、对环境法基本原则的研究成果之反思

我国环境法学者大多数都认为环境法应当有基本原则，在他们主编的环境法教材中，都有关于环境法基本原则的论述。具有代表性的是：马骧聪先生主编的《环境保护法》（1988 年版）认为，环境法基本原则包括：经济建设和环境保护要协调发展原则，预防为主、防治结合、综合治理的原则，全面规划、合理布局原则，谁污染谁治理、谁开发谁保护原则、依靠科学技术进步保护环境原则，依靠群众保护环境原则；韩德培先生主编的《环境保护法教程》（1998 年版）指出，环境保护法的基本原则有：环境保护与经济、社会发展相协调的原则，预防为主、防治结合、综合治理的原则，污染者付费、利用者补偿、开发者保护、破坏者恢复的原则，依靠群众保护环境的原则；蔡守秋先生主编的《环境资源法教程》（2004 年版）提出，环境资源法的基本原则包括：经济、社会与环境协调发展的原则，环境资源的开发、利用与保护、改善相结合的原则，预防为主、防治结合、综合治理的原则，环境责任原则，环境民主原则；吕忠梅先生主编的《环境法学》（2004 年版）则认为，环境法的基本原则有：协调发展原则、预防为主原则、环境责任原则、公众参与原则；汪劲先生主编的《环境法学》（2006 年版）则指出，环境法基本原则的主要内容包括：预防原则、协调发展原则、受益者负担原则、公众参与原则、协同合作原则；徐祥民先生主编的《环境与资源保护法学》（2008 年版）提出，环境法的基本原则包括：环境保护同经济、社会发展相

---

① 本文只探讨我国环境法是否应当存在基本原则。虽然研究环境法应当从国际环境法开始，研究我国环境法的基本原则最好也从国际环境法的基本原则开始，但国际环境法在规范上不同于国内环境法。虽然法国学者亚历山大·基斯先生论述了国际环境法的基本原则，徐祥民先生对国际环境法为什么存在基本原则的论证是有力的，但是，徐先生认为，“共同但有区别的责任原则是争议最小的”，而基斯先生认为它是国际环境法的基本概念；谨慎行事是国际环境法的基本原则还是一个方法存有争议；对于预防原则，欧盟采用风险预防原则这一术语，美国坚持采用风险预防方法这一术语。英国学者波尼和波义尔先生的《国际法与环境》一书第一版论述了基本原则，第二版变成了“国际环境法的结构之一：国家的权利和义务。”两位英国学者认为国际环境法的基本原则这个命题的科学性尚不能确定。

【法】亚历山大·基斯．国际环境法［M］．北京：法律出版社，2000：1－115.

【英】波尼．波义尔．国际法与环境［M］．北京：高等教育出版社 2007：109.

徐祥民、孟庆垒等．国际环境法基本原则研究［M］．北京：中国环境科学出版社，2008：30.

这说明，国际环境法的基本原则仍然是一个有争议的问题。为了简化论证，使本文的观点更加明确、有力，本文只对我国环境法的基本原则进行批判性研究。

协调原则，预防为主、防治结合、综合治理原则，开发者养护、污染者治理原则，公众参与原则。

上述这些有代表性的观点都认为，协调发展原则、预防原则、环境责任原则和公众参与原则是环境法的基本原则①，尽管文字表述不尽一致。而且学者们论述的这些原则的内容、功能都基本一致。学者们的分歧主要是协调发展原则和预防原则的地位。周珂先生认为协调发展原则是最重要的原则;② 徐祥民先生认为环境保护同经济、社会发展相协调原则（即协调发展原则）是环境法首要的基本原则，它反映了环境法的本质和价值取向，符合当代环境法的发展趋势。③ 汪劲先生指出，预防原则是环境法原则的核心;④ 周珂先生说，预防原则是现代环境保护的灵魂。⑤ 三位先生的观点表明，协调发展原则和预防原则都是环境法原则的核心，而环境责任原则和公众参与原则没有取得这样的地位。按照我的理解，环境责任原则和公众参与原则分别可以作为协调发展原则和预防原则的内容，因为环境责任可以解析为污染者负担、开发者养护、利用者补偿和破坏者恢复，而这四项内容是协调发展原则和预防原则的要求；既然环境保护人人有责，协调发展原则和预防原则就要求公众参与。所以，学者们论述的环境法基本原则可以归结为两个：协调发展原则和预防原则。

美国学者史蒂文·费里先生指出，环境保护法有两个主要目标：预防不可恢复的环境损害、在私人和商业活动中考虑环境的价值。⑥ 环境法的这两个目标与我国学者所总结的环境法的两个核心原则相一致。在一部环境法律法规中，法律规范主要包括规则、概念性规范和目标性规范，学者们所认为的原则性规范与规则不同，与立法目标的条款在表述上没有什么区别，两者都没有“行为模式＋法律后果”这样的法律规范逻辑结构，从这个角度讲，环

---

① 除了这几项取得共识的原则之外，徐祥民先生、时军博士认为，随着环境法的不断进步，激励原则应当确立为环境法的基本原则。

徐祥民，时军．论环境法的激励原则［J］．郑州大学学报（哲学社会科学版）：2008（4）．

这是最新的研究成果。按照我的理解，激励不是环境法的基本原则。激励是所有的法律制度的运行机制，因为任何法律制度都应当激励人们去为对社会有利或既对自己有利也对社会有利的行为。正如张维迎先生所言，“法律实际上是一种激励机制，它通过责任的配置和赔偿（惩罚）规则的实施，内部化个人行为的外部成本，诱导个人选择适合最优的行为。”

张维迎．信息、信任与法律［M］．北京：三联书店，2003：63.

② 周珂．环境与资源保护法［M］．北京：中国人民大学出版社，2007：116.

③ 徐祥民．环境与资源保护法学［M］．北京：科学出版社，2008：47.

④ 汪劲．环境法学［M］．北京：北京大学出版社，2006：185.

⑤ 周珂．环境与资源保护法［M］．北京：中国人民大学出版社，2007：117.

⑥ Ferery S. Environmental Law［M］．北京：中信出版社，2003：2.

境法的基本原则和立法目标没有什么区别。

赞同环境法存在基本原则的学者们指出，与规则相比，环境法的基本原则更集中、更明确地承载了环境法的立法目标。徐祥民先生认为，环境法的基本原则表达了我国环境法的基本价值追求和立法目的，蔡守秋先生的观点则更进了一步，认为“经济、社会与环境协调发展的原则”是环境法的目标。① 其实，预防原则也是环境法的立法目标，因为“解决环境问题、满足人的环境保护需要是环境法的根本目的”②，尽管这个观点有待商榷，但预防一定是实现这个目标的较低层次的目标。

行文至此，结论已经初步明确：环境法不应当有基本原则，应当用立法目标替代基本原则。继续论证会巩固所得出的结论。因为虽然初步得出结论，但论证并不充分。为加强论证，必须进行进一步的法理分析。

二、环境法：基本原则应不应当存在?

赞同部门法或整个法律制度存在基本原则的学者认为，法律包括原则和规则，原则与规则不同。原则“不预先设定任何确定的、具体的事实状态，没有规定具体的权利和义务，更没有规定确定的法律后果。”③ 因为这个特点，再加上“每一原则都是在广泛的现实的或设定的社会生活和社会关系中抽象出来的标准，”④ 所以，“它所涵盖的社会生活和社会关系比一个规则要丰富得多。”⑤ 这样，原则具有立法准则和审判准则等功能。原则是规则模式或模型，原则制造规则，⑥ 原则是规则或制度的基础和来源，所以，原则是制定规则的依据即具有立法准则的功能，立法者先确定原则，再以原则为准则制定规则或制度。审判准则包括法律解释和法官造法两个方面。德国学者卡尔·拉伦茨先生认为，原则可以作为法律解释的准则或标准，这个标准存在于法的内部体系；⑦ 我国学者龙卫球先生指出，应以基本原则作为法律解释准则，

---

① 蔡守秋．环境资源法教程［M］．北京：高等教育出版社 2004：107 页。

② 徐祥民．环境与资源保护法学［M］．北京：科学出版社 2008：16 页。

③ 【美】迈克尔·D. 贝勒斯．法律的原则——一个规范的分析［M］．北京：中国大百科全书出版社，1996：468.

④ 【美】迈克尔·D. 贝勒斯．法律的原则——一个规范的分析［M］．北京：中国大百科全书出版社 1996：469.

⑤ 【美】迈克尔·D. 贝勒斯．法律的原则——一个规范的分析［M］．北京：中国大百科全书出版社 1996：469.

⑥ 【美】劳伦斯·M. 弗里德曼．法律制度——从社会科学角度考察［M］．北京：中国政法大学出版社 1994：46.

⑦ 【德】卡尔·拉伦茨．法学方法论［M］．北京：商务印书馆 2003：214.

确保法律秩序价值的统一性和贯彻性，以达成法律的客观目的。[①] 原则具有授权司法机关进行创造性司法活动的功能，司法机关可以在一定范围内创立补充规则，[②] 这种功能即法官造法。

按照我的理解，环境法的基本原则立法目标也具有原则的上述特点，立法目标也可以发挥立法准则和审判准则这两项功能。《环境保护法》是环境法体系的基本法，2014 年修订的《环境保护法》规定了“原则”而其他环境法律没有规定，以该法为例进行论证得出的结论应当是科学的结论。该法第 1 条规定：“为保护和改善环境，防治污染和其他公害，保障公众健康，推进生态文明建设，促进经济社会可持续发展，制定本法。”第 4 条第 2 款规定：“国家采取有利于节约和循环利用资源、保护和改善环境、促进人与自然和谐的经济、技术政策和措施，使经济社会发展与环境保护相协调。”第 5 条规定：“环境保护坚持保护优先、预防为主、综合治理、公众参与、损害担责的原则。”第 4 条和第 5 条的规定就是赞同环境法基本原则的学者们所认为的协调原则、预防原则、环境责任原则和公众参与原则。然而，第 5 条虽然有“原则”一词，但在表述上与第 1 条没什么区别，第 4 条也与第 1 条没什么区别。第 1 条规定的立法目标有保护和改善环境、防治污染和其他公害等，第 4 条规定的“保护和改善环境使经济社会发展与环境保护相协调”可以理解为“保护和改善环境”这个目标是为“经济社会发展与环境保护相协调”这个目标服务的，“经济社会发展与环境保护相协调”就不可能是原则，因为第 1 条不可能为第 4 条服务。第 5 条规定的“保护优先、预防为主、综合治理、公众参与、损害担责”既然是“环境保护”所“坚持”的，就可以理解为是实现“保护和改善环境”这个目标的方法或次级目标。这样理解，立法目标就可以代替原则，原则所发挥的功能就可以由立法目标来发挥。如果说原则根据目标使规则或制度合理化[③]，那么，使规则或制度合理化的最终根据是目标，这样，原则不是规则的模式、原则不制造规则，而是立法目标是规则的模式、立法目标制造规则。每一个法律制度一定是符合所有的立法目标而一些制度支持一个原则、另一些制度支持另一个原则，原则没有立法目标那样的高度，用目标指导立法不仅目标涵盖的制度范围更广，而且会使制度更有

---

① 龙卫球．民法总论［M］．北京：中国法制出版社，2002：63.

② 徐国栋．民法基本原则解释——成文法局限性之克服［M］．北京：中国政法大学出版社，1992：18.

③【英】麦考密克、【奥】魏因贝格尔．制度法论［M］．北京：中国政法大学出版社，1994：90.

高度、更有深度。原则的解释功能也可以被法律目标的解释功能所替代。拉伦茨先生就认为，法律解释的客观目的论的标准包含法秩序中的法律原则，[①]伯恩·魏德士先生进一步认为，“法律解释是要确定立法者真正的调整意志和调整目的，”[②] 既然如此，可以用立法目标直接进行法律解释，而不必用原则直接解释再为目标服务。赞同环境法基本原则的学者们所总结出来的原则都可以被立法目标替代，成为实现中间目标或终极目标的直接目标，因此不需要用原则解释法律，环境法需要的是目的解释方法。赞同用原则造法的学者其实就是用目的性限缩或目的性延伸的方法造法即“目的论的标准”，“在漏洞认定和漏洞填补时，法官一般受到立法评价和调整目的的约束。”[③] 赞同存在原则的拉伦茨先生也认为，以原则为基础作出裁判以内存于法律中的目的为根据。[④]“法律适用者应当探究立法者的规范目的”[⑤] 而不是探究原则[⑥]。

而且，由立法目标发挥立法准则和审判准则的功能效果会更好。即使法律有基本原则，立法目标也是统帅原则的，立法目标是根据社会需要和时代要求而设置的，是不断变化的，而“法律原则实际上是一个庞大的惰性系统，对要求变革的压力不断起着限制和消弭作用，虽然其本身也有变化，但缓慢的程度几乎令人难以察觉，就好像一艘巨轮，永远受着轻风细浪的拍击，偏移极为有限。”[⑦] 或者说“法能够适应社会变化而变，但这种适应不会显而易

---

① 【德】卡尔·拉伦茨．法学方法论［M］．北京：商务印书馆，2003：348.

② 【德】伯恩·魏德士．法理学［M］．北京：法律出版社，2003：318.

③ 【德】伯恩·魏德士．法理学［M］．北京：法律出版社，2003：386.

④ 【德】卡尔·拉伦茨．法学方法论［M］．北京：商务印书馆，2003：273.

⑤ 【德】伯恩·魏德士．法理学［M］．北京：法律出版社，2003：386.

⑥ 在所有的部门法中，民法的基本原则的理论形态和法律规定最发达。早在1858年，德国法学家耶林先生为一个一物二卖的民事案件出具鉴定意见，刚开始他认为根据从罗马法得出的法律原则可以获得正确的判决，但他后来认为这个方法是不正确的，通过对目的的探寻，在目的中找到了解决方法，并得到了广泛支持。

【德】鲁道夫·冯·耶林．法学的概念天国［M］．北京：中国法制出版社，2009：15.

耶林先生承认法律原则，先是根据法律原则出具鉴定意见，后来根据法律目的出具鉴定意见。前已述及，徐国栋先生虽然赞同民法需要有基本原则但同时又认为民法基本原则是关于民法目的的法律。根据这两点，可以认为民法的基本原则问题在理论上和实践中仍是不确定的，应当进一步探讨。需要指出的是，徐国栋先生认为民法需要有基本原则但反对刑法设置基本原则。

徐国栋．民法基本原则解释——成文法局限性之克服［M］．北京：中国政法大学出版社，1992：336.

如果承认法律原则，原则的功能之一是可以弥补规则的不足成为执法和司法的依据，但根据罪刑法定和依法行政的要求，如果没有法律的明文规定（是指规则），不允许定罪量刑、不允许行政执法，因此在刑法和行政法中，原则没有用武之地。民法、行政法和刑法是否应当有基本原则，仍然存在争议。

⑦ 【英】罗杰·科特威尔．法律社会学导论［M］．北京：华夏出版社，1989：83.

见地反映在法律原则的表层。"[①] 所以立法目标比原则可以直接实现法律规范和法律外规范的互动，使社会规范进入法律，"从社会生活中发现和提炼生生不息的规则，"[②] 这样法律就可以追随社会发展和时代进步。而原则是立法目标的具体化，通过原则实现这种互动还应当经过立法目标的过滤或许可，在法律推理上多了一个不必要的环节。美国学者亚历山大和克雷斯先生观点明确地反对法律原则，他们认为，"法律方法论只需要两种规范类型：正确的道德原则和实定化的法律规则。它不需要法律原则。"[③] "法律原则在规范上要么无吸引力要么是多余的。"[④] "正确的道德原则"其实是指符合社会和时代要求的法律之外的社会规范，两位学者不承认法律原则，把法律原则的功能交给了这种社会规范，说明了法律规则和这种社会规范的紧密关系。

在我国学者中，徐祥民先生对环境法为什么需要基本原则的论证是最有力的，但仍不能改变本文的结论。徐先生认为，"与民事、刑事等法律相比，环境法更需要基本原则。"[⑤] 因为"环境法并不以可以简化为某种单质的行为主体（比如民事权利义务主体、刑事权利义务主体）为规范对象，而是要影响多种主体，包括生产者、消费者、管理者，还有政府、立法机关等。"[⑥] 环境法律关系的主体是不同质的，所以，环境法律关系的组成部分也是不同质的。笔者推断徐先生的意思应当是：不同的主体需求不同、对环境保护和经济发展的态度不同，需要环境法的基本原则把这些不同的需求和态度统一起来。然而，原则起不到这个作用，立法目标却可以起到这个作用，因为不管是什么主体，必须认同立法目标，事实上，保护环境这个根本目标已被广泛

---

① 【英】罗杰·科特威尔．法律社会学导论［M］．北京：华夏出版社，1989：57.

② 徐国栋．民法基本原则解释——成文法局限性之克服［M］．北京：中国政法大学出版社，1992：305.

③ 【美】拉里·亚历山大，肯尼斯·克雷斯．反对法律原则//安德雷·马默．法律与解释［M］．北京：法律出版社，2006：409.

④ 【美】拉里·亚历山大，肯尼斯·克雷斯．反对法律原则//安德雷·马默．法律与解释［M］．北京：法律出版社，2006：382.

⑤ 徐祥民，孟庆垒．国际环境法基本原则研究［M］．北京：中国环境科学出版社，2008：2.

⑥ 徐祥民，孟庆垒．国际环境法基本原则研究［M］．北京：中国环境科学出版社，2008：2.

其他学者只是从原则反映环境法基本理念、目的和特点或原则是立法、执法司法和守法的基本准则这几个方面对环境法基本原则存在的必要性进行表面性论述，与其他部门法学者的论述相比并没有什么深度。显然，徐先生的论证最有力，也更深入。

认同，而协调发展原则和预防原则仍处于争论之中①。另外，基本原则在适用时会出现相似的案件不同的判决的情形，况且到目前为止我国尚未出现运用基本原则审判环境法案件的司法实践。

不经上述分析和论证，当然也可以简单地推断：法律制度只需要目的和规则，不需要原则。因为“目的是全部法律的创造者”②，即“每条法律规则的产生都源于一种目的，即一种实际的动机。”③ 原则不是法律的创造者。“法律是制度的法律”④，法律不是原则的法律。但这样的演绎推理太简单了，为了对环境法的基本原则进行批判性研究，我们需要进行上述分析和论证。

三、环境法：以立法目标替代基本原则

学者们对应当有无基本原则有争议，但对一部法律、一个法律部门应当有自己的立法目标则没有争议，因为一部法律、一个法律部门一定有自己的立法目标，即使一部法律中的立法目标有的是学者们从法律规范中推导出来的；而且我国法律都在第一条规定了立法目标。我国环境法律的修改每次都修改立法目标，主要是增加立法目标的内容。《环境保护法》是环境法体系的基本法，以这部法律为例证对本文的观点是最有力的支持。1979 年《环境保护法（试行）》规定的立法目标是宪法第 11 条规定的“国家保护环境和自然资源，防治污染和其他公害”；1989 年《环境保护法》的立法目标是“为保护和改善生活环境与生态环境，防治污染和其他公害，保障人体健康，促进社会主义现代化建设的发展。”2014 年《环境保护法》的立法目标是“为保护和改善环境，防治污染和其他公害，保障公众健康，推进生态文明建设，促进经济社会可持续发展。”1989 年《环境保护法》比 1979 年《环境保护

---

① 曹明德先生认为，协调发展原则应当被环境优先原则所取代。《环境保护法》第 4 条第 2 款规定的“经济社会发展与环境保护相协调”是学者们认为的协调原则，而第 5 条规定的“环境保护坚持保护优先的原则”，究竟协调发展还是环境优先是环境法的基本原则，法律的规定模棱两可。徐祥民先生、刘卫先博士认为，以预防原则作为环境法的基本原则已经是国内外环境法学界的共识。但英国学者米尔恩先生反对预防原则，他认为预防原则完全是一个错误的方法，所使用的方式是“先裁定后审问，并且连证据都不需要。”

曹明德．生态法原理［M］．北京：人民出版社，2002：215. 2014.

【加】约翰·汉尼根．环境社会学［M］．北京：中国人民大学出版社，2009：103.

② 【美】博登海默．法理学——法律哲学与法律方法［M］．北京：中国政法大学出版社，2004：114.

③ 【美】博登海默．法理学——法律哲学与法律方法［M］．北京：中国政法大学出版社，2004：114.

④ 【英】麦考密克，【奥】魏因贝格尔．制度法论［M］．北京：中国政法大学出版社，1994：90.

法》的立法目标多了两项“保障人体健康、促进社会主义现代化建设的发展”，2014 年《环境保护法》的立法目标把 1989 年《环境保护法》的“促进社会主义现代化建设的发展”改为“促进经济社会可持续发展”，而且增加了一项“推进生态文明建设”。1989 年《环境保护法》比 1979 年《环境保护法》在制度上有所完善是因为立法目标的发展，因为 1989 年《环境保护法》没有规定基本原则；虽然 2014 年《环境保护法》规定了基本原则，但根据第二部分对目标与原则关系的分析，2014 年《环境保护法》也可以说是因为立法目标的发展，所以，是立法目标的发展推动了法律制度的完善，《水污染防治法》等环境法律的最新修订也都没有规定原则但立法目标向前发展了①，这也是一个有力的论据。

环境法的立法目标可以分为三个层次：直接目标、中间目标和终极目标。直接目标是防治污染和其他公害，中间目标是保护和改善环境，终极目标是保障公众健康、推进生态文明建设、促进经济社会可持续发展。2014 年《环境保护法》第 4 条第 2 款规定的“保护和改善环境”是中间目标，目的是“使经济社会发展与环境保护相协调”“经济社会发展与环境保护相协调”，为“促进经济社会可持续发展”这个终极目标服务。第 5 条规定的“保护优先、预防为主、综合治理、公众参与、损害担责”可以理解为是与“防治污染和其他公害”同样的直接目标，为“环境保护”这个中间目标服务。当然，第 5 条规定的这五项也可以理解为实现“环境保护”这个目标的手段，而手段是目标的组成部分，所以，也可以理解为是为“环境保护”这个中间目标服务的目标。

学者们除了把原则分为基本原则和具体原则之外，基本原则和具体原则内部分为不同层次的原则。原则无法继续分层次，而目标则至少可以分三个层次。当几个原则都可以适用的时候，如何确定适用的原则？拉伦茨先生指出，“原则彼此相互冲突，则位阶较高者应优先适用，如彼此位阶相同，则视情况之必要以决定何者应退让。”② 但是，原则除了可以分为基本原则和具体原则之外，再没有“位阶”之分。美国学者迈克尔·贝勒斯先生认为，“原则

---

① 1984《水污染防治法》的立法目标是为了防治水污染，保护和改善环境，以保障人体健康，保证水资源的有效利用，促进社会主义现代化建设的发展；1996《水污染防治法》没有变化；在 2008《水污染防治法》中，“防治水污染、保护和改善环境”这两个目标没有变化，“保障饮用水安全”代替了“保障人体健康”；“促进经济社会全面协调可持续发展”代替了“促进社会主义现代化建设的发展”。

② 【德】卡尔·拉伦茨. 法学方法论［M］. 北京：商务印书馆，2003：11.

有‘分量’”,[①]“互相冲突的原则必须互相衡量或平衡，有些原则比另一些原则有较大的分量。”[②] 原则的适用需要对“分量”进行互相衡量或平衡，原则的适用主观性较大；所以，原则的分量之间的比较不如目标之间的比较直观，目标之间的比较具有更大的客观性和确定性，还有一个原因是原则再没有“位阶”之分。德沃金赞同存在法律原则，认为“原则具有规则所没有的深度——分量和重要性的深度。当各个原则互相交叉的时候，要解决这一冲突，就必须考虑有关原则分量的强弱。”[③] 用亚历山大和克雷斯先生的话说，他的理论是最强而有力的,[④] 论述也是最精细的,[⑤] 但德沃金也认为，“对哪一个特定原则或者政策更加重要的判断经常是有争议的。”[⑥] 亚历山大和克雷斯先生则指出，法律原则的分量是不确定的，达不成共识，其适用必然是个人的判断。[⑦] 既然“法律原则的分量不确定”，“原则的分量”不如“目标的分级”客观、科学，因为立法目标是大多数人的共识，不是个人的判断，对哪个目标更加重要的判断经常是没有争议的。直接目标先服务于中间目标，中间目标服务于最终目标，类似于不同效力等级规则的适用。更高层次的目标优先适用；如果低层次目标能够解决问题，先适用低层次目标。

立法目标分为法内目标和法外目标。法内目标是指“源于法律内部资源”[⑧] 的目标，法外目标是指“来自法律以外的因素”[⑨] 的目标。直接目标、中间目标和最终目标既可以是法内目标，也可以是法外目标。环境法的立法目标都是法内目标，不应区分为法内目标和法外目标，环境法的直接目标、中间目标和最终目标都是法内目标，因为2014年《环境保护法》规定了“推进生态文明建设、促进经济社会可持续发展”这两个最终目标。之所以说是

---

① 【美】迈克尔·D. 贝勒斯. 法律的原则——一个规范的分析［M］. 北京：中国大百科全书出版社，1996：13.

② 【美】迈克尔·D. 贝勒斯：《法律的原则——一个规范的分析［M］. 北京：中国大百科全书出版社，1996：13.

③ 【美】罗纳德·德沃金. 认真对待权利［M］. 北京：中国大百科全书出版社，1998：46.

④ 【美】拉里·亚历山大、肯尼斯·克雷斯. 反对法律原则//安德雷·马默. 法律与解释［M］. 北京：法律出版社，2006：360.

⑤ 【美】拉里·亚历山大、肯尼斯·克雷斯. 反对法律原则//安德雷·马默. 法律与解释［M］. 北京：法律出版社，2006：369.

⑥ 【美】罗纳德·德沃金. 认真对待权利［M］. 北京：中国大百科全书出版社，1998：46.

⑦ 【美】拉里·亚历山大，肯尼斯·克雷斯. 反对法律原则//安德雷·马默. 法律与解释［M］. 北京：法律出版社，2006：383－389.

⑧ 【美】罗伯特·S. 萨默斯. 美国实用工具主义法学［M］. 北京：中国法制出版社，2010：67.

⑨ 【美】罗伯特·S. 萨默斯. 美国实用工具主义法学［M］. 北京：中国法制出版社，2010：66.

最终目标，是因为推进生态文明建设是环境法律制度的顶层设计，促进经济社会可持续发展是我国的发展战略。对于1989年《环境保护法》来说，这两个最终目标是法外目标。2014年《环境保护法》的这个变化非常重要，两个最终目标把环境法的直接目标、中间目标和法律之外的社会规范连接在一起，成为嫁接直接目标、中间目标和社会之间的桥梁，使法律和政策等正式规范、非正式规范以及社会生活相协调，以便法律的发展赶得上社会和时代的进步。如果"推进生态文明建设、促进经济社会可持续发展"仍然是法外目标，则不能很好地起到上述作用。真正发挥这种作用的是立法目标，而不是原则①，因为即使存在原则，原则不是立法目标这样级别的规范，目标比原则更集中地代表了法律制度的基本价值。

四、结语

以立法目标替代基本原则，环境法律规范主要由立法目标、规则、概念性规范和其他规范所组成。按本文的观点，立法目标设置的目的之一是为了应对没有法律规则或法律规则有缺陷的情形，从这个意义上说，环境法律规范是以规则为中心的。这是"规则体系模式"② 的实证主义观点，原则与这种分析的法律实证主义理论是不相容的，这是本文采用的实证主义研究方法。前已述及，环境法的基本原则在理论上没有必要存在，在司法实践中未被适用，用立法目标替代原则可以通过"与无用相对的有用"③，达到"与模糊相对的精确"④，而这是社会学的法律实证主义的要求，是本文采用的实证主义研究方法的另一层含义。

实用主义是本文采取的另一个研究方法⑤。虽然2014年《环境保护法》在总则中规定了"原则"，但到目前为止，我国并未出现以基本原则进行审判

---

① 徐国栋先生认为是原则发挥了这样的作用。

徐国栋．民法基本原则解释——成文法局限性之克服［M］．北京：中国政法大学出版社，1992：29；229～355.

② 【美】罗纳德·德沃金．认真对待权利［M］．北京：中国大百科全书出版社，1998：40.

③ 【法】奥古斯特·孔德．论实证精神［M］．北京：商务印书馆，1996：29.

④ 【法】奥古斯特·孔德．论实证精神［M］．北京：商务印书馆，1996：30.

⑤ 一个研究方法的力量对于批判大多数学者达成共识的环境法基本原则是不够的，必须把实证主义和实用主义结合起来才可能得出令人信服的结论。"在鄙弃一切字面的解决，无用的问题和形而上学的抽象方面，实用主义与实证主义是一致的。"在本文，实用主义方法与实证主义方法有一致性，可以很好地结合起来。

【美】威廉·詹姆士．实用主义——一些旧思想方法的新名称［M］．北京：商务印书馆，1979：30.

的环境法案件，基本原则也没有对环境法的制度完善起到什么作用，所以，基本原则没有被应用，从这个角度质疑环境法的基本原则是“看最好的事物、收获、效果和事实”① 的实用主义视角。原则如果能够产生“效果”，承认原则的存在是实用主义态度；它没有产生“效果”，以能够互相衡量的目标替代原则，这也是实用主义态度；而且，简化了环境法律规范的成分，减少了制度创新和制度运行的成本，这种“效率”是实用主义的要求。

尽管我国学者对环境法基本原则的研究取得了成果并在很大程度上达成了共识，尽管竺效先生认为《环境保护法》第5条的规定是我国环境法的立法史上环境基本法首次直接规定环境法的基本原则，具有重要的历史意义，并期待环境法基本原则的立法技术能有更大的再发展，本文还是大胆地对我国环境法基本原则及其研究成果进行了质疑，得出了自己的结论②。但这个结论是否科学，是否能够被接受，笔者并不是信心十足，所以，本文批判的意义大于建构的意义。

---

① 【美】威廉·詹姆士．实用主义——一些旧思想方法的新名称［M］．北京：商务印书馆，1979：31.

② 桑本谦先生认为，试图求助原则来解决规则不能解决的问题，就如同让一个自身难保的人去承担拯救他人的使命，这是注定无望的求助。要寻求解决疑难问题的方案只能回到问题本身，必须考察问题本身的各种经验要素。规则不能解决的问题，依据什么来解决，桑先生的回答是“问题本身的各种经验要素”，而“各种”“经验要素”如何变成法律规则，桑先生没有进一步论证。

桑本谦．利他主义救助的法律干预［J］．中国社会科学，2012（10）.

中国遗传资源法律保护的完善

师晓丹

（河北地质大学法政学院）

摘要：随着生物技术的发展，“生物海盗”也越来越猖獗，各遗传资源较丰富的国家普遍损失惨重。“生物海盗”最常见的表现是一些欠发达国家和地区经过深厚历史积存的遗传资源和传统知识，遭遇一些外来公司和机构无偿窃取和利用，其侵犯的是一国对其生物遗传资源的主权。作为遗传资源大国，由于法律应对措施相对滞后，我国日益成为“生物海盗”进攻的新目标。保护遗传资源刻不容缓，本文在查阅了大量资料和深入分析研究的基础上，从法律保护方面提出了具体建议。

关键词：遗传资源；惠易分享；来源披露；生物海盗

近年来，“生物海盗”① 肆虐全球，各遗传资源较为丰富的国家普遍损失惨重，中国作为遗传资源大国也未能幸免。中华人民共和国环境保护部副部长吴晓青表示：“近一两百年，许多国家一直重视对中国生物物种及遗传资源的搜集和保存。”经典事件如：1974 年，一美籍植物学家访华时收集了一颗中国野生大豆，后被孟山都公司利用并成功发现了控制高产的 DNA 序列，导致在黄帝时代就种植大豆的中国沦落为现在的大豆进口大国；② 一百多年前，“北京鸭”被英国杂交为“樱桃谷鸭”，导致世界闻名的北京烤鸭 90% 成了英国鸭；1904 年，中国的猕猴桃被新西兰籍女校长伊莎贝尔偶然带回国内，导致了混血后的猕猴桃——“新西兰奇异果”异军突起，并大举进攻我国市场。而另一方面，我国的《生物安全法》和《生物遗传资源保护条例》历经若干

---

① “生物海盗”的原词来自 biopiracy，与该词的对应的中文还有“生物剽窃”“生物盗版”“生物盗用”等，上述表达均不是十分恰当，在遗传资源保护相关的官方文件中一般使用的是“misappropriation”（不当占有）这个术语。在此，选用“生物海盗”的表达，一方面是参考了我国遗传资源领域相对权威的专家薛达元在《生物多样性获取与惠益分享——履行 <生物多样性公约> 的经验》一文中使用的对应译文；另一方面是基于生动形象、通俗易懂的考虑。

② 薛达元. 民族地区遗传资源获取与惠益分享案例研究［M］. 北京：中国环境科学出版社，2009：163.

年的讨论研究，迟迟未能出台。法律保护上的相对落后，导致我国日益成为“生物海盗”进攻的新目标。“内忧外患”的现状令笔者对我国遗传资源的保护深感担忧，因此，作者在查阅了大量资料和深入分析研究的基础上撰写了本文，希望能够在保护我国遗传资源方面提供相对有价值的建议。

一、我国遗传资源保护法律现状评析

在遗传资源保护方面，我国是起步比较晚的国家。我国虽早在1993年就加入《生物多样性公约》，但并不十分重视本国生物遗传资源的保护。优良品种的选育实质上就是遗传资源的再加工，缺少遗传资源，作物育种就成了无米之炊，中国十几亿人口的吃饭穿衣也就没有了保证。[①] 试想2001年10月22日，如果“绿色和平”组织[②]没有就“大豆案”和美国打官司，那么，我们现在也许连喝口豆浆都要看美国人的脸色。好在我们的国家终于被“大豆案”打醒了，遗传资源的法律保护也终于登上了我国历史的舞台。在我国遗传资源的法律保护上，具有里程碑意义的一部法律就是2008年12月27日第十一届全国人民代表大会常务委员会第六次会议通过的《中华人民共和国专利法修正案》(以下简称“《专利法》修正案”)。在此之前，我国与遗传资源保护相关性较大的法律只有一部，即2008年10月国务院出台的《中华人民共和国禽畜遗传资源进出境和对外合作研究利用审批办法》。该法最突出的亮点就是引入了惠益分享机制，在该法的第6条、第7条、第8条、第9条中都看到了“共享惠益”这一关键词。具体内容是，在向境外输出和在境内与境外机构、个人合作研究利用列入畜禽遗传资源保护名录的畜禽遗传资源时，需要具备的条件之一是“国家共享惠益方案合理”；在拟向境外输出和拟在境内与境外机构、个人合作研究利用列入畜禽遗传资源保护名录的畜禽遗传资源时，需要提交的资料之一是“与境外进口方或合作者签订的国家共享惠益方案”。这可以说是填补了我国法律在ABS(惠益分享)机制上的空白，但比较遗憾的是，该《办法》只适用于“畜禽”。在之后的《专利法》修正案中我国引入了专利申请遗传资源来源披露制度，随后又在《专利法实施细则》修订和《专利审查指南2010》中就披露制度进行了详细的解释和说明。但目前以该

---

① 薛达元．民族地区遗传资源获取与惠益分享案例研究［M］．北京：中国环境科学出版社，2009：17.

② 国际绿色和平组织(Greenpeace International)是联合国非政府组织的一员，是当今国际上影响最大的环保组织之一。自1971年在美国反对阿拉斯加州的核试验基地以来，绿色和平组织以其激进、顽强、坚定而闻名于世。

种手段保护遗传资源仍有一些不足之处：

1. 《审查指南》3.2 条里援引了《中华人民共和国禽畜遗传资源进出境和对外合作研究利用审批办法》的相关规定，来解释“法律、行政法规”这一表述。虽然表述里使用的是“例如”，其实目前也只能援引这个法条了，而且该条的缺陷上文也已经阐述过了，只有禽畜遗传资源的 4 个相关法律条文，植物、微生物及其他含有遗传功能单位的材料怎么办呢？如本文表 2 所示，在专利法修改时，有与遗传资源保护相关法律作为支撑的是印度和南非，笔者认为，这是最佳方案；直接采用与遗传资源保护相关法律规定披露要求的有巴西、哥斯达黎加和秘鲁。上述六个国家里，只有挪威与我国的模式一样，先对专利法进行了修订。挪威 2004《专利法》修正案第 8 条（b）款第 4 项是这样表述的：“违反信息披露义务的，依照《民事刑事法典》第 166 条进行处罚。披露义务不损害专利申请程序和基于已授权专利产生的权利的有效性。”[①] 可以看出，挪威立法时，考虑到了没有与遗传资源保护相关法律作为支撑的问题，援引了可以适用的国内法，降低了法律条文的不确定性。当然，要想根本解决问题，还得有专门法律支撑，所以，挪威在 2009 年出台了《自然多样性法》。

2. 《审查指南》9.5.2 中说“必要”时，应当陈述理由。何为必要，何为不必要，这个判断可以很主观。后面“例如”部分的内容应该是要解释这个问题的，不过在笔者看来，似乎没说明什么问题。这里是想说涉及诸如“种子库”的情况时，才认为是有提供证据的必要呢？还是想说凡是“种子库”未记载或不能提供原始来源的就视为有正当理由呢？还有，“未记载”和“不能提供”有何区别？什么叫“不能提供”？而且该列举情况下，想要切实保护遗传资源，其大前提是，我们的种子库（种质库）、基因文库等类似数据库足够健全，而这一点我们国家是否确已做到？与其搞这么多问题出来，还不如直接把“必要”删掉，采用“无法说明的情况下，应当陈述理由并提供相关证据”的表述似乎更为妥当。

3. 专利法披露制度本身的局限性

（1）披露制度或导致侵权。披露也就是向公众公开，其原文“disclosure”的本意即为“公开”。当信息涉及个人隐私、国家秘密或商业秘密时，就产生了问题。若披露，侵害他人利益或国家利益；若不披露，申请专利权又受到影响，很容易导致两难情况。尤其是我们国家，又将人类遗传资源纳入到了披露的范围之内。

---

① 挪威 2004 年《专利法》修正案第 8 条。

（2）披露制度受专利审查人员综合能力的限制。在发展中国家和生物多样性富集国，如果想让披露制度成功，应该做好确保其国内知识产权机构能够进行且能够胜任披露制度的适用和执行。[①] 生物专利审查能力的缺乏源自于提交的专利申请中大量的技术革新。[②] 我国的专利审查人员在其并不熟悉的生物技术领域能否应对自如的确是个问题。

（3）披露制度只是 ABS 的辅助手段。这还要追溯到披露制度的缘起，我们知道 CBD 有三大基本原则：国家主权原则、知情同意原则（PIC）和惠益分享原则（ABS），其中惠益分享原则是核心。[③] 但公约仅仅是规定了一个大原则，具体还要依赖各缔约国国内法的相应规定。为指引各国立法，以最终达到 ABS 的目标，在 COP 第 6 次大会上引入了“披露义务”框架，请各缔约方和各国政府在知识产权申请过程中遇到涉及遗传资源和相关传统知识时要求对遗传资源和相关传统知识来源进行披露。[④] 也就是说，披露制度从根儿上讲，其实只是 ABS 的一个辅助手段。有了披露制度并不意味着高枕无忧，ABS 机制的建立才是重中之重，我国遗传资源的法律保护体系仍需进一步完善。

二、我国遗传资源法律保护的进一步完善

遗传资源的保护已经受到了来自全球各方面的广泛关注，包括国际组织层面[⑤]、区域性组织层面以及国别立法层面。但目前一方面，国际组织层面难以达成统一，特别是《生物多样性公约》（CBD）和 TRIPS 的矛盾由于“各成员国的立场保持未变”[⑥]，依然难以调和；另一方面，各国立法形式各异，但核心内容大致趋同（如附表 1 所示）。在这样的大前提下，我国该做出何种选择的确需慎重考虑，笔者就此问题从以下三个方面进行简要分析。

（一）以 ABS 为核心的国家专门立法需尽快出台

一方面，发达国家和发展中国家之间，或者说遗传资源贫瘠国和遗传资

---

① Dutfield G. Disclosure of Origin：time for reality check ［J］. International Union for Conversation of Nature and Natural Resources，2005：45.

② Vivas-Eugui D，Ruiz M. Toward an effective disclosure mechanism：justification，scope and legal effects ［J］. International Union for Conversation of Nature and Natural Resources，2005：p23.

③ Convention on Biological Diversity（CBD），Article 15. 1，15. 5，15. 7.

④ UNKP/CBD/COP/6/20

⑤ 这里涉及的国际组织主要有生物多样性公约缔约方大会（COP）、世界知识产权组织（WIPO）及其知识产权与遗传资源、传统知识和民间文学艺术政府间委员会（IGC）、联合国粮农组织（FAO）和世界贸易组织（WTO）.

⑥ TRIPS Council discusses biodiversity，health，reviews China's implementation，see：http：//www. wto. org/english/news_ e/news08_ e/trips_ 28oct08_ e. htm，2010 年 2 月 25 日最后访问。

源富集国之间，还可以说是生物技术发达国家和生物技术欠发达国家之间，需要的不仅仅是披露制度所带来的透明性，双方需要的其实都是利益，而核心问题就是利益如何分配。据附表1所示，几乎所有的遗传资源富集国在遗传资源保护方面都引入了ABS机制。

另一方面，我国不是唯一有遗传资源的国家，从这个角度讲，我们和其他遗传资源富集国之间是存在竞争的，遗传资源的开发也是吸引外资、增强国力、改进技术的一个手段。所以，无论采取哪种立法形式，我们的法律条文在内容方面一定要围绕惠益分享设置，以下五个核心内容在法条里一定要有明确的规定：获取程序、事先知情同意、惠益分享和补偿机制、生物多样性的可持续利用、执法与监督。而且一定要注意一个大原则，在保护遗传资源的同时，兼顾发展，法律是为发展保驾护航的工具。好比作为企业的法律顾问，其作用是促使企业健康有序的运行，而不是充当企业的“合同杀手”，企业的生存离不开合作，国家的生存同样离不开合作，有了惠益才谈得上分享。

下面结合其他国家的经验教训及实例，针对五个核心内容围绕ABS机制立法时应注意的事项。

1. 获取程序

（1）对“获取”进行适当的定义。大多数法律和政策都将获取定义为“为了商业和非商业目的而收集和利用生物、生物化学物和遗传资源及其相关知识的活动”。[①] 其实，商业目的和非商业目的是很难区分的，资源给出去了，就很难控制具体的使用方式，而且“非商业目的”本身就很难界定，所以定义里不建议明确给出区分。可以考虑在涉及某一事项的具体条款上给以区别对待，必要时可以采取列举的方式。目前，已做了该区分的国家正在正确的方向上采取步骤。[②]

（2）国家在获取程序中的角色扮演问题。也就是说，是不是每一个项目国家都直接参与谈判。国家直接参与固然有利于国家利益的保护，但往往也

---

① Costa Rica: Biodiversity Law No. 7788, Article 7.1; Andean Community: Decision 391 on Access to Genetic Resources, Article1; Australia: Environment Protection and Biodiversity Conservation Regulations 2000, Article 8A.03.

② Carrizosa S, Brush S B, Wright B D, et al, Accessing biodiversity and sharing the benefits: lessons from implementing the Convention on biological diversity [J]. International Union for Conversation of Nature and Natural Resources, 2004: 37.

会导致效率低下和高昂的交易成本费用。[①] 澳大利亚的做法值得我们借鉴，其国家开展独立的法律咨询和培训计划来提高遗传资源和传统知识当地提供者的谈判能力。[②]

2. 事先知情同意（prior informed consent，PIC）

事先知情同意程序要明确。某法国化妆品和护肤品公司说："公司需要安全和了解详情。我们想知道我们能做什么，不能做什么，我们去哪个机构申请，什么样的人被允许与我们合作，谁被允许收集和向公司出售植物。我们很愿意去申请和分享惠益，但是真的很难搞清楚到底该怎么做。"[③] 但目前，除了菲律宾和秘鲁，其他国家关于如何从传统社区获得 PIC 的信息并不明确。很多公司通常会选择避开印度和巴西，因为研究人员们惧怕在研究过程的"国家管理迷宫"。[④] 一个参与在巴西采集观赏植物的工程的管理人员谈道："把工程进行下去太难了，工程自 2002 开始，与巴西 19 个机构和外国几家公司合作，到 2006 年他们决定停止该工程——合作方不见了，等待时间太长了，繁文缛节太多了。"[⑤]

3. 惠益分享和补偿机制

（1）惠益分享可分阶段进行。菲律宾《第 247 号行政令》规定：惠益分享分为两个阶段：收集阶段和商业化阶段。在收集阶段，必须提供最小的惠益，商业化阶段的惠益则需双方谈判确定。[⑥] 因为生物技术开发也是存在风险的，不见得每一个都有利可图，这也不失为旱涝保收的一个方法。当然，采用规定收取最低特许费的办法也是可以的，像哥斯达黎加、秘鲁就有类似的规定。

（2）注重本地能力建设方面的非货币惠益。大多数国家往往只关注也许永远都不能实现的特许费的谈判，而对可能推动当地能力建设的非货币惠益却重

---

① Carrizosa S，Brush S B，Wright B D，et al. Accessing biodiversity and sharing the benefits ：lessons from implementing the Convention on biological diversity [J]. International Union for Conversation of Nature and Natural Resources，2004：38.

② 同上。

③ Larid S，Wynbery R. Access and Benefit-sharing in Practice：Trends in Partnerships Across Sectors [J]. Secretary of the Convention on Biological Diversity，2008：125.

④ Thornstrom C G. The green blindness：microbial sampling in the Galapagos-the case of Craig Venter vs. the Darwin Institute and the lessons for the trip to China [R]. Gotheberg，2005.

⑤ Larid，Wynbery R. Access and Benefit-sharing in Practice：Trends in Partnerships Across Sectors [J]. Secretary of the Convention on Biological Diversity，2008：25.

⑥ Carrizosa S，Brush S B，Wright B D，et al. Accessing biodiversity and sharing the benefits ：lessons from implementing the Convention on biological diversity [J]. International Union for Conversation of Nature and Natural Resources，2004：43.

视不够。[①] 环境保护部副部长吴晓青指出：鉴于我国目前生物技术发展的实际情况，对于我国相对研究水平较强的领域，我们应当主要通过促进生物技术研发创新，增加具有原创性的专利、品种权等知识产权拥有量，来掌控生物资源和发展生物经济产业；对研发水平较弱，完全处在资源提供者地位的领域，应当采取防御守护的保护方式，防止资源流失。[②] 笔者认为，把生物技术发达国家的先进技术学到手才能从根本上解决问题，而《波恩准则》里提供的种种非货币惠益手段值得我们借鉴，比如：分享科研开发成果；参与产品开发；在教育和培训方面进行协调，合作和提供帮助；由提供资源的缔约方充分参与的同遗传资源有关的培训，并尽可能在这些缔约方国内举办培训等。[③]

4. 生物多样性的可持续利用

开发生物资源，不能以牺牲本国生物多样性为代价。CBD 第 8 条专门列举了一些措施，比如：建立自然保护区；促进对生态系统、栖息地和种群的保护；采纳各种措施以避免或尽量减少对生物多样性利用而产生的不良影响等等。[④] 第 15 条还规定，“缔约国应致力创造条件，便利其他缔约国取得遗传资源用于无害环境的用途”[⑤]。在这个问题上，大多数国家的规定比较原则，只有《哥斯达黎加》给出了具体方案，我们在立法时可以将其考虑其中。哥斯达黎加《生物多样性法》规定，应将研究预算的至多 10% 和获取项目特许费的至多 50% 支付给国家保护地系统、私人所有者或土著社区。[⑥]

5. 执法与监督

执法与监督对于 ABS 法律政策来说是不可或缺的，很多国家也都在这个方面进行了相应的规定。建议我国在规定监督机制时，一方面考虑监督制度的可行性问题，另一方面在其他条款安排上要尽可能增加融资渠道。绿色和平多次强调，环境税可以作为有效的融资手段，可以为保护生物多样性的工作筹集所需的可观资金，并建议 CBD 发挥带头作用，率先尝试建立国际环境

---

① Carrizosa S, Brush S B, Wright B D, et al, Accessing biodiversity and sharing the benefits : lessons from implementing the Convention on biological diversity [J]. International Union for Conversation of Nature and Natural Resources, 2004: 44.

② 吴晓青. 保护生物遗传资源，强化生物经济发展基础 [EB/OL]. http: //www. nipso. cn/zywtyj/tdlyzscq/200805/t20080507_ 397698. html，2010 年 2 月 25 日最后访问。

③ Bonn Guidelines on Access to Genetic Resources and Fair and Equitable Sharing of the Benefits Arising out of their Utilization, the Secretary of the Convention on Biological Diversity, 2002, Appendix II.

④ Convention on Biological Diversity (CBD), Article 8.

⑤ Convention on Biological Diversity (CBD), Article 15.

⑥ Costa Rica: Biodiversity Law No. 7788, Article 76.

税收机制。[①] 所以，建议相关部门协调环境税征收之生态保护税[②]的具体问题，以配合我国的遗传资源保护监督机制运作。

（二）以《名古屋议定书》为指引构建我国遗传资源惠益分享机制

生物多样性国际合作历经艰难，终于在名古屋又一次开出合作与分享的友谊之花。历经9年漫长而艰巨的谈判，各缔约方最终于2010年10月18日~29日在名古屋召开的《生物多样性公约》第十次缔约方大会达成一致，通过了具有里程碑意义的《生物多样性公约关于获取遗传资源和公正和公平分享其利用所产生惠益的名古屋议定书》（《名古屋议定书》）。《名古屋议定书》于2010年10月29日在日本名古屋通过，并将在第50个国家批准90日后生效，其目标是公平和公正地分享利用遗传资源所产生的惠益，为遗传资源提供者和使用者提供更多的法律确定性和透明性，并建立激励机制以保护和可持续利用遗传资源，从而为生物多样性的发展和人类福祉做出更多贡献。《名古屋议定书》在其框架条款里对各缔约国的遗传资源惠益分享机制建设提出了明确的要求，透过这些可见的要求[③]，可以分析出以下潜在要求：第一，议定书在分歧较大的领域未作详细规定，给各国国内立法留下了较大空间，对于尚未制定遗传资源惠益分享法规政策的国家来说，如何填补空白和如何协调各相关管理部门的利益将是一个挑战。第二，议定书在肯定遗传资源提供国的某些权利的同时又附加了很多义务，为确保议定书的实施，提供国必须加强在体制和机构安排及相关能力建设方面的人力、财力和物力的投入。第三，议定书的实施需要强大的技术支撑，一系列的诸如如何监测和追踪国外公司对遗传资源使用和惠益产生情况、如何辨别物种资源的最终原产地、如何证实在议定书生效前被国外获取的遗传资源等技术难题是法制层面所不能解决的，需要打造一个全方位的立体系统。

基于此，我国遗传资源惠益分享机制的核心内容框架建议如下：

1. 有关获取遗传资源的公平和非任意性的规则和程序。这里要重点规定清楚申请事先知情同意的途径和审批程序，在我国，要特别注意地方社区的

---

① 绿色和平对《生物多样性公约》8次缔约方大会（COP-8）热点问题的分析和建议，来源于：http：//www.greenpeace.org/china/zh/press/reports/cbd-cop8-overview-briefing，2010年2月25日最后访问。

② 《我国着手准备征环境税》，来源于：http：//www.chinanews.com.cn/cj/cj-hbht/news/2009/12-18/2026038.shtml，2010年2月25日最后访问。

③ Nagoya Protocol on Access to Genetic Resources and the Fair and Equitable Sharing of Benefits Arising from their Utilization to the Convention on Biological Diversity（Nagoya Protocol），Article 10，14，21，22，25，30.

事先知情同意或核准和参与的标准和程序和获取中医药和民族医药传统知识（文献性传统知识）的事先知情同意或核准和参与的标准和程序。

2. 要求和订立共同商定条件的明确的规则和程序。具体内容可包括：

（1）惠益分享的条件和具体措施；

（2）嗣后第三方使用的条款；

（3）适用情况下改变意向条款；

（4）解决争议条款：①提供者和使用者将争端解决程序提交的管辖权；②适用的法律；③可选择的其他争端解决方法。

（5）遗传资源跨界合作的途径和办法。

3. 用以证明作出了给予事先知情同意的决定和拟定了共同商定条件的遗传资源获取和惠益分享国际公认证书规则。国际公认证书至少包括以下信息：颁发证书当局；颁发日期；提供者；证书的独特标识；被授予事先知情同意的人或实体；证书涵盖的主题或遗传资源；证实已订立共同商定条件；证实已获得事先知情同意；商业和非商业用途。

4. 遗传资源及相关传统知识获取和惠益分享的监管措施和遗传资源利用的监测办法。

5. 将利用遗传资源所产生的惠益用于保护生物多样性和可持续发展的具体措施。

6. 环境保护部门与商务、知识产权、农业、林业、中医药等主管部门的协调办法。

7. 指定一个关于获取和惠益分享的国家联络点（NFPs），负责同大会秘书处联系，作为信息、授权获取或遵约问题合作方面的联系点。

8. 指定一个或一个以上关于获取和惠益分享的国家主管当局（CNAs）。国家主管当局应根据适用的国家立法、行政或政策措施，负责准予获取或在适用情况下颁发获取要求已经满足的书面证明，并负责就获得事先知情同意和达成共同商定条件的适用程序和要求提出咨询意见。

9. 设立获取和惠益分享信息交换所（CHM），作为 CBD 第 18 条第 3 款下的信息交换所机制的一部分。信息交换所负责以下信息的交换和分享：

（1）获取和惠益分享的立法、行政和政策措施；

（2）国家联络点和国家主管当局的信息；

（3）获取时颁发的用于证明准予事先知情同意的决定和订立共同商定条件的许可证或等同文件；

（4）地方社区的相关主管当局以及依此确定的信息；

（5）惠益分享示范合同条款；

（6）为监测遗传资源而制定的方法和工具。

10. 指定一个或多个有效检查点，负责监测遗传资源的利用情况和提高遗传资源利用的透明度。

（三）加强 ABS 合同谈判能力建设

ABS 机制是平衡利益的最佳手段，合同谈判是 ABS 机制的核心问题。COP 第 9 次会议里也强调将合同谈判能力作为能力建设的目的之一。[①] 但是，合同谈判不是我国的强项，无论从哪个方面说，与欧美国家相去甚远，尤其是美国。而美国又恰恰是最大的“生物海盗”，ABS 国际机制一旦建成，我国又难免因落后而挨打。调查显示，即使在已经制定了很好的 ABS 措施的情况下，本国 ABS 合同谈判依然是随意的和不完善的。[②] 为尽量避免此种情况，笔者建议，我国相关工作人员不妨对 Tomme Young 编著的 Contract Provision and Experience[③] 一书进行学习和研究，该书详细分析了 37 份 ABS 合同的具体条款，该 37 分合同是 Tomme Young 从 75 份 ABS 合同中筛选出来的，这些合同大部分来自真实合同，也有一部分来自诸如 WIPO 合同数据库这样的官方数据库，具体内容在此不再赘述。

（四）其他相关建议

1. 增强合作共赢意识

（1）注重互惠互利。CBD 第 15 条第 2 款：缔约国应致力创造条件，便利其他缔约国取得遗传资源用于无害环境的用途。[④] 这一规定一方面体现保护环境，另一方面也体现了一定要“便利取得”。我们在争取惠益的时候，尤其是非货币惠益的时候，不妨也考虑帮助外国生物勘探者解决一些棘手的问题。美国工业天然产品生产某项目经理说过：“这些合作方允许我们获得生物多样性，以共享技术、进行培训和其他惠益为交换条件，但是不会帮我们去和政府沟通，也不会告诉我们该材料能获得知识产权的详细情况。公司自己去做这些事也不是不可能，但你必须下大力气去找谁愿意体谅大型制药公司的企业文化，以及公司里谁愿意冲进“战壕”将所有的协议都签下来，有时这需

---

① UNKP/CBD/COP/9/29

② Larid S，Wynbery R. Access and Benefit-sharing in Practice：Trends in Partnerships Across Sectors [J]. Secretary of the Convention on Biological Diversity，2008：126.

③ Tomme Young. Contract Provision and Experience [J]. International Union for Conversation of Nature and Natural Resources，2009.

④ Convention on Biological Diversity（CBD），Article 15.

要很长的时间。”[①]

（2）增强相关法律政策的可查询性、明确性和确定性。一位研究人员表示：“甚至当已经达成了使研究人员和当地政府都满意的协议，几年之后，一个更有政治影响力人跑过来说这份协议无效。”在研制药物并为之付出上百万美元的10年到15年的过程中，公司对于原材料的权利不会被质疑。[②]

2. 尊重民族社区遗传资源相关权利

我国惠益分享的机制目前处在起步阶段，其着眼点势必在国家惠益方面，带有很强的行政色彩，和初期发达国家到发展中国家来掠取遗传资源的过程很相似，相关民族社区的惠益似乎还未引起重视，而大量丰富的物种及基因资源恰恰就存在于这些少数民族社区。2004年国务院部署的对生物物种资源的调查中，在对高黎贡山猪进行最初调查时，当地的社区和农户一直处于被动或未参与状态。原因就是畜牧局和农业大学基本上没有了解过当地社区和农户对利益分配的问题或当地需要做些什么；而单位和个人用当地获取的资源信息区申请专利的现象也是有的。[③] 信息不会永远不对称下去，遗传资源及相关传统知识富集的民族社区也会站出来呼吁自己的权利，一旦敌对情绪产生，再谈合作就很难了。而我们的内部一旦出现问题，“生物海盗们”又会乘虚而入。

3. 大力推广遗传资源保护的普法教育

在对云南滇西北贡山县独龙族怒族自治县的独龙鸡进行调查时，农户对于外来者的提问几乎没有保留，当外来者提出要购买独龙鸡到县城附近进行养殖时，农户也没有反对，完全没有保护生物遗传资源和传统知识的意识。[④] 试想一下，如果当时调查人员是来自国外的专家或其他别有用心之人呢？树立全民保护意识很重要。在巴西，遗传资源保护不但十分受政府重视，即便在民众心中也有非常重要的地位。[⑤]

遗传资源不是全人类的共同资产，但遗传资源保护是全人类共同的话题。美国前国务卿基辛格在1970年就发表过如下言论：“如果你控制了石油，你就

---

① Larid S，Wynbery R. Access and Benefit-sharing in Practice：Trends in Partnerships Across Sectors [J]. Secretary of the Convention on Biological Diversity，2008：22.

② Larid S，Wynbery R. Access and Benefit-sharing in Practice：Trends in Partnerships Across Sectors [J]. Secretary of the Convention on Biological Diversity，2008：127.

③ 薛达元．民族地区遗传资源获取与惠益分享案例研究［M］．北京：中国环境科学出版社，2009：191.

④ 薛达元．民族地区遗传资源获取与惠益分享案例研究［M］．北京：中国环境科学出版社，2009：191－192.

⑤ 王莉萍．对抗“生物海盗”的巴西经验［EB/OL］．http：//scitech. people. com. cn/GB/6388929. html，2010－02－25.

控制了所有的国家；如果你控制了粮食，你就控制了所有的人类”。① 保护遗传资源刻不容缓，我国目前任重而道远：引进外资是强国之路，提高生物技术是防护之本，对外合作是生存所需；与本国遗传资源富集区的协调是关键，与其他遗传资源富集国的竞争不可避免；国际机制尚未细化，他国立法各有千秋；PIC 制度的明晰、ABS 机制的建立以及 ABS 合同谈判的能力建设又是重中之重。在遗传资源法律保护方面，我们还有一段很艰难的路要走。不过也确有必要加快立法的步伐了，我们的一法、一条例搞了十几年，也该有个结果了。

附表 1 遗传资源国别及区域性组织立法保护

区域	国别	立法动态	立法行式	专利申请披露要求	ABS 机制
无区域性立法	澳大利亚	1999 年《环境与生物多样性保护法》 2000 年《环境与生物多样性保护法条例》 2005 年《环境与生物多样性保护法》 2006 年《澳大利亚北领地生物资源法》	综合性立法 专门性立法	无	有
	印度	1994：启动关于生物多样资源保护和惠易分享法律工作 2000 年《生物多样性法草案》 2002 年《生物多样性法》 《专利法》修正案 2004 年《生物多样性法条例》 2005 年《专利法》修正案②	综合性立法（辅之以专利法修正）	有	有
	巴西	1998 年《遗传资源获取法》 2001 年《巴西保护生物多样性和遗传资源暂行条例》	专项性立法 专门性立法	有	有
	哥斯达黎加	1998 年《生物多样性法》 2003 年《生物多样性遗传资源和生化因素获取一般规则》	综合性立法 专项性立法	有	有
	挪威	2004 年《专利法》修正案 2009 年《生物、地质和景观多样性法》（《自然多样性法》）	（专利法修正在先） 综合性立法	有	有
	智利	2004 年《国家生物多样性战略》	指导性文件	无	无
	墨西哥	1988 年《生态平衡和环境保护基本法》	综合性立法	无	有

① 郎咸平．从种子到餐周危机［R］．郎咸平说：97.

② 印度《专利法》2005 年修正案关注的焦点是“病者有其药”，主要是 TRIPS 的履约要求。该法将已知物质的新用途和新形式广泛地排除在可专利范围之外——这种由印度率先执行的立法方针，已经被一些发展中国家采用并执行。

续表

区域	国别	立法动态	立法行式	专利申请披露要求	ABS 机制
安第斯共同体		1996 年《遗传资源获取共同制度》（第 391 号决议） 2000 年《知识产权共同制度》（第 486 号决议） 2002 年《区域生物多样性战略》（第 523 号决议）	专项性立法 综合性立法（辅之以知识产权）	有	有
	秘鲁	1999 年《遗传资源获取管制法》 2002 年《关于建立保护与生物多样性相关的土著社区集体知识产权保护制度的法律》（第 27811 号法律）	专项性立法	有（TK 方面）	有
非洲联盟		2000 年《关于保护当地社区、农民与育种权利、管理生物资源获取的示范法》	综合性立法	无	有
	肯尼亚	2006 年《保护生物多样性与资源、获取遗传资源与惠易分享法规的环境管理协调法》	专项性立法	无	有
	南非	2004 年《生物多样性法》 2005 年《专利法》修正案 2008 年《生物勘探、获取和惠益分享法规》	综合性立法 专项性立法（辅之以专利法修正）	有	有
	乌干达	2005 年《国家环境（遗传资源获取和惠益分享）法规》	专项性立法	无	有
东南亚国家盟		2000 年《东盟生物与遗传资源获取框架协定（草案）》	专项性立法	无	有
	菲律宾	1995：为科学、商业和其他目的开发生物与遗传资源、其副产品和衍生物确立指南、建立框架的第 247 号行政令 1996 年《生物与遗传资源勘探实施规则和条例》 2001 年《野生生物资源和保护法》 2007 年《专利法》（修正案）	专门性立法	无	有

环境影响评价制度改革的法律思考

程庆水
（河北地质大学法政学院）

环境影响评价制度是对规划和建设项目实施后可能造成的环境影响进行分析、预测和评估，提出预防或者减轻不良环境影响的对策和措施，进行跟踪监测的方法和制度，对各项结果综合考虑和判断和公开审查后决定是否实施该活动的一系列程序的总称。环境影响评价制度强调先评价后建设，是“预防为主”的污染防治和生态保护方针的具体体现，是避免走“先污染，后治理”老路的有效武器。

一、我国环境影响评价制度的确立

我国环境影响评价法是在起源于美国的环境影响评价制度基础上发展创立的。1978 年中共中央在批转国务院关于《环境保护工作汇报要点》的报告中首次提出了进行环境影响评价工作的意向。1979 年 5 月，国务院原环保领导小组转发的《全国环境保护工作会议情况的报告》提出了我国环评制度的概念。同年 9 月，《中华人民共和国环境保护法（试行）》规定了环评制度。由于我国环评制度长期受到计划经济体制的影响，随着经济体制改革的深入，某些方面不能适应新形势的要求，于是，国务院又制定了行政法规《建设项目环境保护管理条例》。目前，该条例第 2 章“环境影响评价”的规定是中国对建设项目实施环境影响评价制度的基本法律依据，此条例是对环评制度的重大发展。但是，这依然不能满足生态和环保的要求，《环境影响评价法》在九届全国人大上被正式列入了立法计划，于 2002 年 10 月 28 日被通过，2003 年 9 月 1 日起正式施行。这部法律力求从决策的源头防治环境污染和生态破坏，从项目评价进入到战略评价，标志着我国环境与资源立法进入了一个崭新的阶段和使之完善的决心。

我国环境影响评价法将环评的范围从建设项目扩大到政府规划。政府规划分为指导性规划和专项性规划两大类。该法第七条明确规定，“国务院有关部门、设区的市级以上地方人民政府及其有关部门，对其组织编制的土地利用的有关规划，区域、流域、海域的建设、开发利用规划，应当在规划编制过程中组织进行环境影响评价，编写该规划有关环境影响的篇章或者说明。”该法第八条规定，“国务院有关部门、设区的市级以上地方人民政府及其有关部门，对其组织编制的工业、农业、畜牧业、林业、能源、水利、交通、城市建设、旅游、自然资源开发的有关专项规划，应当在该专项规划草案上报审批前，组织进行环境影响评价，并向审批该专项规划的机关提出环境影响报告书。”该法还明确指出，“未编写有关环境影响的篇章或者说明的规划草案，审批机关不予审批。”

这部法律的出台，满足了实施可持续发展战略，是保障国民经济健康运行的迫切需要。如今我们在现代化建设中，经常出现严重的生态环境破坏问题，影响了现代化建设事业的顺利进行，危害了广大人民的生活质量和安全。追根溯源，无不是在制定国民经济的重大决策和规划决策时不考虑环境影响所致。现在中央提出的要牢固树立和全面落实科学的发展观，并将其贯穿发展全过程，体现了我国政府实施可持续发展战略的决心，所以说，这部法律是现实社会的客观要求。实践证明，环境影响评价制度是实施可持续发展战略的最有效的手段，从发展的源头控制污染和生态破坏，有效地保证经济发展和环境保护的可持续性，更好地促进人类与自然环境之间的和谐统一。

二、我国环境影响评价制度的实施效果与不足

2003 年开始实施的《中华人民共和国环境影响评价法》，制定目的是实施可持续发展战略，预防因规划和建设项目实施后对环境造成不良影响，促进经济、社会和环境的协调发展。该法主要规定了规划的环境影响评价、建设项目的环境影响评价及法律责任等内容，将环境影响评价制度从建设项目扩展到各类开发建设规划。《环境影响评价法》的作用在于预警，它要彻底改变以往先污染后治理的习惯。因此，采取行政措施行使其职能，赋予环保执行部门依法行使其行政行为是具有相当重要的意义的，是依法的行政行为，而这一行为是纵向的、权威的、强制性的。《环境影响评价法》就是在我国经济建设与环境保护中力求最大限度减少新污染源，有效配置环境资源，减少对资源的浪费和对环境的破坏。

（一）环境影响评价法对加强规划和建设项目的环境影响评价工作发挥了重要作用

国家实行了环境影响评价工程师职业资格制度，建立由专业技术人员组

成的评估队伍。据了解，全国共有146万多个建设项目执行了环境影响评价制度，63万多个新建项目执行了“三同时”制度，环评执行和“三同时”执行率分别达到99.3%和96.4%，“三同时”合格率达到95.7%。1996年以来，全国建设项目投资总额为269980亿元人民币，环保投资总额达12306亿元人民币，并呈逐年上升趋势。通过执行环境影响评价制度，工业类项目实现了“增产不增污”或“增产减污”；涉及重要环境敏感问题生态类项目，通过调整选址、选线和工程方案等，有效避免了新的生态破坏。2005年公开叫停30个总投资额达1179.4亿元人民币的违法建设项目。2006年2月，对10个投资约290亿元以上的违反“三同时”制度的建设项目进行了查处。[①]

2005年1月18日，国家环保总局以强硬姿态公布了金沙江溪洛渡水电站等13个省市的30个违法开工项目，涉及总投资达1179.4亿元。国家环保总局这次叫停的30个超过亿元的大型项目，绝大多数是无序上马的大型电站项目，说明有关地方政府和部门在制定规划时并没有认真考虑环境影响，也就是说，地方政府在制定规划时并没有坚持科学的发展观。地方政府缺乏科学的发展观，在制定规划时不进行环境影响评价，在发展中不注意环境保护，因此，环境污染、生态破坏也就成了顺理成章的“必然”结果。1月25日，国家环保总局再次公布了46家未启动脱硫项目的火电厂名单，其中，五大发电集团的19家电厂赫然在目。同时，环保总局还向长江三峡开发工程总公司、内蒙古自治区交通厅等5家企业和单位发出行政处罚事先告知书。在国家环保总局公布的尚未启动的重点火电脱硫项目名单榜上，华电集团、华能集团、国电集团、大唐集团和中电投集团五大发电巨头的企业在46家上榜企业中占据了前19家。除了再次点名通报一些违规企业的名单外，国家环保总局还对1月18日公布的一些违法开工项目的业主做出实质处罚决定：向长江三峡开发工程总公司、大唐国际发电股份有限公司以及内蒙古自治区交通厅等5家企业和单位发出了行政处罚事先告知书。其中，长江三峡开发工程总公司的“金沙江溪洛渡水电站（12600MW）工程项目”[②] 环境影响评价文件未经批准即擅自开工建设，违反了环保法和环评法，被责令停止建设。三峡总公司表示，三峡地下电站将及时向环保总局上报环境影响报告文件，待批准后开工；三峡电源电站将立即执行环保总局整改要求，采取工程安全的相应保护措施，待经过环境影响评价后再继续施工建设。

上述列举的个案说明《环境影响评价法》在实施过程中取得了一定效果，

---

① 《中国环保白皮书》中华人民共和国国务院新闻办公室2006年6月北京．第11页。

② 新华网报道不该刮起的“风暴”：30个大型项目停建的背后 www. xinhuanet. com

但同时也应当指出，随着改革的不断深入，该法也反映出一些缺陷，下面逐一分析。

（二）我国环境影响评价法的不足

1. 法定的环境影响评价只是单向评价

所谓单向评价，是指针对评价对象本身对周围环境的影响进行评价，而不要求评价周围环境对评价对象本身的影响。虽然对于一般的生产性项目而言，这种单向的制度设计是可以的，而且也确实方便了行政管理，但对于与公民切身环境权益攸关的住宅等项目如果只做单向评价，却可能对居住者环境权益保护不力。我国《环境影响评价法》第二条的规定，环境影响评价仅对规划和建设项目实施后可能造成的环境影响进行分析、预测和评估，也就是说，只考察规划和建设项目对周边环境的影响，但并未反过来考察项目的周边环境对项目本身的影响，即不对项目本身的选址是否恰当予以评价，不对位于不同环境中的规划和建设项目提出特殊的防护要求。

2. 公众参与缺乏制度的保障

根据《环境影响评价法》的规定，对可能造成不良环境影响并且直接涉及公众环境权益的规划，或除国家规定需要保密的情形外可能造成重大环境影响、应当编制环境影响报告书的建设项目，编制机关或建设单位应当在报批规划草案或环境影响评价报告书前举行论证会或听证会，或者通过其他形式征求有关单位、专家和公众的意见，并且附具对上述意见采纳或不采纳的理由。但对论证会、听证会究竟该如何举行、谁应参加等程序性问题并没有进行具体规定，从而导致这些制度无法落在实处，公众也无从获知相关的信息，无法用健全的保障制度来保护公众的参与权。

3. 行政管理色彩浓厚，透明度不高，公民无法享有充分的知情权，不能形成有效的社会监督

由于行政管理部门可以通过资质管理等手段从而来决定评价机构的生死存亡，而且我国《环境影响评价法》中规定的评价机构责任也仅限于行政责任；此外，在环境影响评价过程中，有关建设项目的基本信息以及进行评价的依据、数据和方法都是保密的；具体在何时、何地召开听证会或论证会，与会者发表了何种言论，这些情况外界均不得而知；评价报告也只有行政审批机关才有权看到。虽然该法中明确了评价机构对评价结论负责，但由于公众的知情权得不到切实保障，无法对评价机构形成有效的社会监督，所以在现实中，评价机构实际上仅对行政机构负责，缺乏行业自律，评价结果的客

观、公正性由此大打折扣，所以我认为行政管理色彩浓厚，透明度不高，公民无法享有充分的知情权，不能形成有效的社会监督。

4. 时间滞后

在我国，由于建设项目所在地的环境质量现状、污染等背景资料欠缺，需要做大量的调查、收集和测试工作，需要花费较长时间。由于工程建设进度快，在环境影响评价中所提出的环境保护措施得不到落实，从而使环境影响评价失去指导作用。由于许多地方城市功能分区不明确或没有功能分区，合理布局问题得不到落实，一些项目的评价质量不高，而时间的滞后常常带来不必要的纠纷或损失，使提高评价质量成为改进环境影响评价制度的关键环节。另外，在一些施工项目的审核、把关上也存在着漏洞。一些重大建设项目从立项、审批、开工之前，环保系统就应积极介入、随时督促整改，但由于环保部门的力不从心，很多项目在开工后才环评，甚至在开工之后都无法介入。

三、环境影响评价制度之改革建议

根据以上分析和我国环境影响评价法实施中存在的问题，本文提出环境影响评价制度的几点改革建议，以供参考。

（一）修改和完善现行环境影响评价法

修改和完善环境影响评价法，笔者认为具体应该从以下几方面进行：

1. 规定公民环境利用权，确保公民能够享有清洁、舒适的环境的权利

对于与公民环境利用权直接相关的住宅等特殊建设项目，应审查该项目建成后能否符合相关环境质量标准。为此，应进行双向环境影响评价，增加周边环境对该项目本身影响的评价，尤其应关注周边环境是否存在噪声、废气、振动、辐射等污染，是否对该项目的日照、空气、生活用水等产生不良影响，应要求建设单位提供相关数据和检测结果，并据此提出预防和减轻不良环境影响的对策和措施。

2. 应完善公众环境知情权保障制度，保障当事人获取必要信息的权利

充分的信息公开能使公众时刻关注自身的环境权益，也能使建设方、评价机构、审批机关处于公众的注视和监督之下，这不仅可增强双方的责任感，亦可最大限度地保障环境影响评价结果的真实、客观和公正。为体现对公众知情权、监督权的尊重，不仅应赋予规划部门和建设单位信息公开、及时征求公众意见等义务，还应考虑对规划部门和建设单位回应公众意见的基本要

求做出详细规定，确保公众意见不至于被形式化处理，造成规划部门或建设单位“只听取，不采纳”的状况，比如，建立规划和建设项目信息披露制度，定期举行听证会或专家论证会与会者发表的意见，会后应该全部公示，完善公众参与权制度，制定可操作的参与程序，使公众的参与有章可循。

3. 确立公众环境请求权制度，建立环境权益受损补偿机制

环境影响评价主要是一种事先预防机制，当公民环境权益被侵害的事实已然显现时，就应构筑一种事后补救机制，赋予受害人尽可能宽泛的请求权，使受害人能够顺利地向施害人主张赔偿，比如，依法对规划项目和建设项目进行环境影响评价，在规定其行政责任的同时，应规定环境权益受损的公众有权向项目开发者或受益人主张赔偿。结合环境侵权的特点，赔偿的范围不应仅限于对人身健康财产造成的损害，还应包括对受害者造成的精神损害。

总之，随着我国人民物质生活水平的提高，公众对环境质量要求也会日益提高，对环境问题会日益关注，获得环境信息、参与决策的愿望也将会更加强烈，这对我们的环境管理工作以及环境立法工作都提出了新的要求，同时，“入世”也要求我国的环境管理工作应进一步增强透明度，强化公众参与。根据我国的国情，借鉴吸收一些新的环境管理理念，对今后进一步完善我国环境管理工作，还需要各级政府环境保护部门站在实施可持续发展战略和建立环境与发展综合决策机制的高度，依法行政，明确各级政府和部门在制定和审批有关规划时应履行的环境影响评价的相关责任，建立一套有效的监督机制和责任追究机制，有效地保障《环境影响评价法》的法律实施。

4. 建议修改环境影响评价法第三十一条的规定

早在2008年，全国人大常委会对环境影响评价法进行了执法检查，全国人大环境与资源保护委员会检查报告明确提出，一些地区和部门存在着“未批先建”“批小建大”“未评先批”等违法现象，这是环境影响评价法实施中存在的主要问题之一。从《环境影响评价法》第三十一条规定实际执行的情况看，这一条影响了环境影响评价制度的有效实施，也损害了法律的严肃性和权威性。因此，建议对《环境影响评价法》第三十一条规定进行研究，适时进行修改。

我国《环境影响评价法》第三十一条规定；对建设单位未依法报批建设项目环境影响评价文件而擅自开工建设的单位，可以补办环评手续；逾期不补办的，可以处五万元以上二十万元以下的罚款。这是造成不少影响环境的项目先上马后报批的重要原因，建议取消补办手续的规定。

5. 依据新的环保法内容和精神尽快修改现行的《环境影响评价法》

经过修改后的新环保法于今年1月1日正式施行。但是，环评法却没有修改，致使两部法律存在不一致情况。首先，新环保法增设了“政策环评”制度，扩大了环评范围，而环评法还仅局限于土地利用有关的方面，二者产生了冲突。其次，新环保法明确了建设项目中防治污染的设施应当满足“三同时”的要求：“与主体工程同时设计、同时施工、同时投产使用”，并且应当符合经批准的环境影响评价文件的要求，不得擅自拆除或者闲置。而环评法仅规定建设单位在对建设项目性质、规模、防治污染设施等进行重大变动后需要重新报批环境影响评价，而无须符合此前首次批准的环评文件。环评法与新环保法在对建设项目防治污染设施的规定上也存在不一致。最后，新环保法规定，除涉及国家秘密和商业机密外，应当全文公开环境影响评价报告书，而环评法只提到建设单位在报批环评报告之前应当举行听证会等。因此，应尽快修改现行的环境影响评价法。

6. 建议扩大公众参与的程度

公众参与应该在整个环评的过程。在环境评价中，公众参与部分是造假的多发区。中国气象科学研究院（以下简称气科院）的案例就能略见一斑。北京师范大学博士后毛达说：“气科院在秦皇岛西部生活垃圾焚烧发电项目环评过程中，存在不负责任、弄虚作假的情况，尤其是在公众参与部分。而这样的情况，在中国所有的环评机构中，具有普遍性。我们看到了太多的环境影响评价案例，都存在公众参与部分造假的行为。”2009年气科院根据虚假的公众意见调查结果，编制了《浙江伟明环保有限公司秦皇岛西部生活垃圾焚烧发电项目环境影响评价报告书》。其第9章“公众参与”部分称，在第二次环评公示的同时，建设单位和评价单位通过发放100份调查表征集公众意见。随后，报告书依据这100份调查表的内容，得出了“所调查的人群中均支持本项目”这样的结论。而毛达在实地调查中却发现，这100份调查表几乎都是伪造的。2013年1月初，环境保护部办公厅发布了《关于环境影响评价机构专项执法检查发现存在问题的评价机构处理意见的通报》，以“环评专职技术人员数量不满足相应资质条件”为由，将气科院的“社会区域类环境影响报告书”评价范围由甲级降为乙级。

因此，环评法应全面修改有关公众参与的条文，充分扩大公众对环评程序的参与范围、监督范围以及环评报告的公开范围，以符合现行环保法律体系的发展趋势。

（二）应当重视战略环评

战略环评是指对政策、规划或计划及其替代方案可能产生的环境影响进行规范的、系统的综合评价，并把评价结果应用于负有公共责任的决策中。战略环评制度产生于美国1969年的《国家环境政策法》。该法案提出，“在对人类环境质量具有重大影响的每一项建议或立法建议报告和其他重大联邦行动中，均应由负责官员提供关于该行动可能产生的环境影响说明。”可见，它是为了针对项目环评的缺陷而提出的。我国专家一致呼吁：应在目前实行的建设项目环境影响评价的基础上，尽快实施战略环境影响评价。实践表明，战略环评是将可持续发展战略从宏观、抽象概念落实到实际、具体方案的桥梁，是环境与发展综合决策的制度化保障。实际上，我国的一些城市已经开始了战略环评的探索。比如，天津市针对污水资源化政策进行了战略环评，兰州市和济南市分别开展了西固区区域开发和舜耕社区开发的环境影响评价。

（三）应当深化环评体制改革

在现有的环保体制下，环评机构不独立，缺乏公信力。一是环评机构作为事业单位，基本隶属于各地环保局，双方存在着千丝万缕的联系。二是建设项目的业主是委托方，而环评工作的埋单人事际上是业主，导致大多数环评项目都会顺利通过。

只有让环评阳光化，建立独立的第三方环评机构，才能取得更好的效果。同时，要建立起对环评机构和环评从业人员的追责惩罚机制，对违法批准环评报告的机构和负责人追究行政责任和刑事责任。

在现有的环保体制下，由于环评公司只对建设项目的业主单位负责，出于自身业务的发展需要，环评公司某种程度上成为业主单位雇佣来的“打通环评关节”的公司。而负责审批环评报告的环保部门，往往只注重“程序是不是合理”，而很少对程序的真实性进行调查。比如公众参与部分，环保部门只看有没有足够多的签字，而没有调查这些签字是真是假，这就给伪造提供了极好的空间。由此，将导致环评机构内部管理混乱，制度执行不到位，出现环评质量审核体系不健全、环评专职技术人员管理不符合要求、环评文件编制质量较差等问题。官方检查通报中不乏中国环境科学研究院、北京大学、南开大学等这样的“大牌”环评单位。

要改变这种状况，就要使环评机构不再直接从建设项目中获得业务，而是通过一个专门的第三方竞标平台来获得，增加环评机构自身的独立性。同时，环评过程全方位公开透明，要大力鼓励当地公众、民间环保组织和环保志愿者参与到一些建设项目的前期论证中，接受社会的监督。这样，无论是环评机构还是参与的专家，都不可能为所欲为。

综上，环境保护是我国的基本国策，环境影响评价是实施可持续发展战略最有效、最直接的手段，只要坚持不懈努力探索，就一定能够更好地促进人类和自然环境之间的和谐统一。

参考文献

[1] 吕忠梅. 环境法新视野 [M]. 北京：中国政法大学出版社，2000.

[2] 王曦，易鸿祥等. 关于战略环境影响评价制度立法的战略思考 [J]. 法学评论，2002（2）.

[3] 刘文宁. 对“环评风暴”的期待和思考 [N]. 丽水日报，2005－02－07.

[4] 金瑞林. 环境法学 [M]. 北京：北京大学出版社，2004.

[5] 许可祝，王灿发. 战略环评的若干法律问题初探 [J]. 农业环境与发展，2003（20）.

论生态文明与环境法治建设

侯　国
（河北省石家庄监狱）

摘要：在全面深化改革、实现中华民族伟大复兴"中国梦"的进程中，环境管理应与时俱进，打破制度藩篱，扭转环境保护与经济发展不协调、不可持续的状况，促进人与自然和谐发展。因此，生态文明建设需要以法律法规为依据，规范公民行为，规范政府依法行政。完善环境法规体系建设是生态文明建设的重要保障，根据新修订的环境保护法在具体工作中的应用现状，加快建立和完善相应的配套制度，形成比较完善的、促进生态文明建设的环境保护法规体系，这对于努力建设美丽中国，实现中华民族永续发展，加强社会主义法治国家建设具有重要的理论意义和现实意义。

关键词：生态文明；环境管理；思考与研究

党的十八大报告提出，大力推进生态文明建设。党的十八届三中全会《决定》强调，加快生态文明制度建设。中央颁发的《关于加快推进生态文明建设的意见》把健全生态文明制度体系作为重点，凸显了建立长效机制在推进生态文明建设中的基础地位。生态文明建设是理念、制度和行动的综合，它通过科学理念指引制度设计，通过制度规范和引导行动，从而构成一个完整的体系。生态文明建设包含了环境法治建设；环境法治建设又反过来为生态文明建设的顺利进行提供了强大的法律保障。

一、生态文明的基本概念

（一）生态文明的内涵

文明是反映人类社会发展程度的概念，是人类社会的特有产物，它象征着一个国家或民族的社会、经济、文化发展的整体水平。生态文明是指人类遵循人、自然、社会和谐发展这一客观规律而取得的物质与精神成果的总和，是人与自然、人与人、人与社会和谐共生、良性循环、全面发展、持续繁荣为宗旨的一种可持续发展理论、路径及实践成果。

生态文明与物质文明、精神文明、政治文明一样，属于历史范畴，其核心是正确处理人与自然的关系，本质要求是尊重自然、顺应自然、保护自然，实现途径是通过科技创新和制度创新，建立可持续的生产方式和消费方式，最终目标是建立人与人、人与自然、人与社会的和谐共生秩序，是实现科学发展和解决生态危机的根本途径。

（二）生态文明的特征

生态文明是由低级向高级不断演变的过程，是人类文明的一种形态。人类社会不断进步的趋势不可逆转，任何一种文明形态都只是一种历史现象和历史过程，最终都会消失并被新的文明所取代。人类文明的过程包括：

原始文明，也称原始“绿色文明”，约在旧石器时代，那个时期以狩猎和采集为生，主要以石器为生产工具，人类被动地依赖和顺从自然，从自然界获取很少资源，没有也不可能产生生态危机，对生态破坏作用很小。

农业文明，也称“黄色文明”，进入新石器时代，铁器的出现使人类改变自然的能力发生了质的飞跃。到了农耕文明时期，人类自动利用自然、开发资源的能力增强，局部过度开发带来的生态环境恶化，致使文明衰落的变故屡见不鲜。但总的来看，人类开发利用对自然生态的负面作用是渐进的、有一定限度的，可以说人与自然是相对平衡的。

工业文明，也称“黑色文明”，进入机器时代，18 世纪英国工业革命开启了人类现代化生活，人类对大自然展开了以掠夺方式的空前规模的开发利用自然资源，环境污染日趋严重，生态系统恶化加剧，人类与自然变得很不和谐，人类生存环境面临生态危机的重大威胁。

生态文明，又称现代“绿色文明”，是在人类对工业文明沉痛教训反思的基础上产生的，它与全球日趋严重的环境问题密切相关，是工业阶段发展到一定阶段的产物。三百年的工业文明以高投入、高能耗、高消耗为特征，对生态环境造成了环境污染、物种灭绝、资源短缺等生态灾难，一系列的全球性生态危机，使人类开始从对大自然的掠夺型、征服型和污染型的工业文明走向环境友好型、协调型、恢复型的生态文明，因为这是要求人要自觉地与自然界和谐相处，形成人类社会可持续的生存和发展方式。综上所述，生态文明的主要特点如下：

1. 和谐性。生态文明是社会和谐和自然和谐相统一的文明，人和自然的和谐是人与人、人与社会的和谐的前提和基础，是遵循人、自然、社会和谐发展这一客观规律而取得的物质与精神成果。如果生态环境遭到破坏，人的生活环境恶化，资源与经济发展矛盾尖锐，人与人的和谐、人与社会的和谐就难以实现。

2. 可持续性。生态文明不是人类消极地回归自然，而是积极地与自然实现和谐，促进可持续发展，没有良好的生态环境就没有可持续发展，只有统筹好人与自然的关系，消除经济活动对大自然自身稳定与和谐构成的威胁，才能使经济发展与资源环境相协调，实现经济、生态、社会效益的统一。

3. 自律性。生态文明强调人的自律性，生态文明认为，不仅人是主体，自然也是主体，不仅人有主动性，自然也有主动性，不仅人依靠自然，所有生命都依靠自然，人类应该认真定位自己在自然界中的位置，在人与自然的关系中，人类既不是自然界的主宰，也不是自然界的奴隶，人要对自然怀有敬畏之心、感恩之情、报恩之意，科学地利用自然、呵护自然，实现人与自然及社会的和谐。

4. 公平性。人类活动不能超越自然界容许的限度，否则必将危及人类自身的生存和发展。从原始文明、农业文明、工业文明的发展历程清晰可辨。

5. 阶级性。从时间上讲，生态文明具有阶级性，如工业文明、农业文明。

二、触目惊心的生态风险

20 世纪 90 年代以来，我国的生态安全、经济和社会事业发展、人民群众生活都遇到了生态恶化的严峻挑战和直接影响，有些地方触目惊心，特别是河北石家庄的雾霾天气给人以更大的警示。分析我省生态情况，概括起来主要包括以下几个方面：

（一）水资源匮乏，污染严重

我国人均水资源量仅为世界人均量的四分之一，被列为全球最缺水国家之一，正在经历前所未有的水污染转型，水资源、水环境、水生态和水灾害四大水问题相互作用，彼此叠加，对我国发展带来多重危机，特别是水污染尤为突出。2013 年 3 月环境保护部、国土资源部、住建部和水利部联合印发了《华北平原地区地下水污染防治工作方案》，据报道，河北省石家庄城市周边地下水存在重金属超标现象，主要污染指标为汞、铬、镉、铅等；地下水有机物污染较为严重，主要指标为苯、四氯化碳、三氯乙烯等。污染的重要原因是地表水入渗补给地下水和重点污染源排放。“50 年代淘米洗菜，60 年代洗衣灌溉，70 年代水质变坏，80 年代鱼虾绝迹，90 年代身心受害”，这是对水污染的真实写照。据资料介绍，农业用水被迫污水灌溉，中国有四分之一的人使用不符合卫生标准的水。现代医学研究证明，人一旦饮用不符合标准的水，对人的身体带来难以预期的损害，正如中国环境学科研究院专家赵章元说的那样："多年形成的地下水渗漏污染，连同地表水的不断恶化，积累了大量有毒污染物，而且越是经济发达地区，其有毒的种类和数量往往也越多，在目前地下水管理尚未健全阶段，对人体健康的威胁也会越大"。

（二）大气环境污染严重

大气污染对人的危害尽人皆知，不仅给人们的生活带来很多不便，也给人们的健康带来很不利的影响。如雾霾天气，2013 年 1 月以来，河北省遭遇的雾霾天气强度范围之大、持续时间之长、强雾霾天数之多均为历史同期罕见。在 1 月份石家庄共出现 11—17 日、21—24 日、27—30 日持续雾霾天气过程，整个月仅仅 5 天不是雾霾天，整月雾霾天数是近 10 年同期最多的。一月份，石家庄气象台共发布 21 期大雾和 15 期霾预警信号。持续的雾霾其实是工业文明对自然损害程度的直观展示，是对人类将承担的污染后果的现身说法。1952 年伦敦烟雾事件令 12000 人丧生，二十世纪四五十年代的洛杉矶光化学烟雾事件令至少 800 人殒命。人们长期生活这样的环境下，急性的危害是人们在接触比较高浓度的污染后，短时间内会出现一些症状或者不适，比如呼吸系统的症状，咳嗽、咳痰、哮喘的发作或者加重、心率变化等；慢性的影响主要是对呼吸系统的影响，包括炎症和肺功能改变，时间长了会造成慢性阻塞性肺病。还有对心血管、神经系统、生殖系统的影响，甚至降低人的免疫力，使人易患上各种各样的病，比如感冒、上呼吸道感染等。由于雾霾空气中含有各种各样的污染物，特别是 $PM_{2.5}$ 携带的污染物进入体后，可以到达血液，使人产生各种病变。

（三）耕地面积减少，土地污染严重

我国本来面临人多地少的尖锐矛盾，但有限的耕地逐年减少。工业化的内在资本要求利益的最大化，农业的化学化程度不断增加，迫使耕地资源面临难以承载的压力，污染严重，一是农药化肥污染，据统计，自 1990 年起，我国农药生产是一直居世界第二位，自 2002 年起化肥施用量居世界之首，呈现立体交叉污染。2013 年 2 月报道的山东潍坊农药"慢性污染"土壤，据测定土壤农药残留 133 种，在样品分析中，有 83% 的农药残留。正如中国人民大学温铁军教授说，这种以大量化肥、农药、地膜等工业化生产要素和相应技术手段投入替代传统生产要素，追求规模化种养，高投入、高耗能、高收益的"现代化"道路，带来的是难以修复的破坏。二是其他污染，主要指除了农药化肥之外的塑料袋、农膜等垃圾污染，大量的垃圾不仅占用耕地，而且一些有害、有毒物质破坏地表植被，造成土壤污染，影响农作物生长，成为人们健康的"隐形杀手"。三是地面沉降。

（四）林木、草地植被下降，水土流失严重，生态遭受严重破坏

森林覆盖率低，每年植树不见树，成活率低，草地严重退化，草地质量连年下降，沙化和水土流失严重，生态系统遭到了严重破坏。沙尘暴是一种灾害性天气，不仅给人们生活、交通带来严重威胁，而且破坏生态，致使大量土地沙化。沙尘暴产生的主要原因是土地不合理开发和不合理耕作所致，由于管理不到位，人为破坏自然植被，草原过度放牧，大量开垦林地和草原，形成土地大量的裸露、疏松，为沙尘暴的发生提供了大量的沙尘源。例如，2000 年 4 月 6 日华北地区发生了一次规模空前的沙尘暴，造成首都机场关闭，沙尘暴波及朝鲜和日本，这次沙尘暴惊动了中南海，引起国家领导人的重视，随后我省开展环京津治理沙尘暴工程和大规模的退耕还林还草工程，经过十多年的治理，沙尘暴天气的次数和强度明显减少。

（五）海洋生态不容乐观

我省近海岸污染问题十分严重，海洋生态环境呈现衰退趋势，污染程度也日益严重，海水水质下降，海洋生态环境恶化。主要原因是入海排污口超标排放：过度捕捞和人类活动增多；超采沿海地下水：海域油污染、陆源污染增多。

三、环境治理刻不容缓

党的十八大报告把生态文明建设提升为中国特色社会主义建设的战略重点，使党的十七大报告提出的经济建设、政治建设、文化建设、社会建设“四位一体”发展为经济建设、政治建设、文化建设、社会建设、生态文明建设“五位一体”，标志着我们党对社会主义现代化建设规律和人类社会发展规律的认识进一步深化，顺应了各族人民过上美好生活的新期待，有利于保护人类赖以生存的自然环境。2015 年 1 月 1 日开始实行的新《环境保护法》被公认为中国环境保护历史上最好也是最严厉的环保法。3 月 24 日，中共中央又审议通过了《关于加快推进生态文明建设的意见》，这是继党的十八大和十八届三中、四中全会对生态文明建设做出顶层设计后又一次总体部署。7 月 1 日中央全面深化改革领导小组审议通过了《环境保护监督方案（试行）》《生态环境监测网络建设方案》《关于开展领导干部自然资源资产离任审计的试点方案》《党政领导干部生态环境损害责任追究办法（试行）》等文件，首次明确生态文明建设党政同责，释放出明确的政策信号和制度导向。因此，我们必须科学客观地分析产生环境污染的原因和环境执法步伐蹒跚的障碍，对症下药，才能解决问题。

（一）新《环保法》仍存在环境保护法律制度不健全

新《环保法》仍不是中国的环境基本法，其权威性超越不了《农业法》《林业法》《草原法》《水法》等专项法律，在某些领域尚存立法空白，缺乏统一的指导原则、方法、措施及手段，还没有制定法律或行政法规，在法律效力等级上，并不高于专项法律，只能起到指导、补充的作用。比如，没有对监管体制做出调整，管理结构存在“碎片化”，没有明确环保部门统一实施监管的方式和措施，林业、水利、土地、海洋等部门在实施过程中，以生态保护适用已有专项法为由持抵触或否定态度而拒绝统一指导和监督，新《环保法》的部分规定则将会被逐渐架空，形同虚设。

（二）新《环保法》的实施和执行仍受地方政府干预

目前，环境监管和执法主要依靠地方环保局，而地方环保局的人事和经费受地方政府控制，这就意味着地方环保局并没有独立执法权。当经济利益与环境保护发生冲突时，由于企业是地方财政收入的来源，一些地方领导人为了创出政绩，贪图眼前和局部利益，急功近利地选择了“先发展，后环保”的道路，不顾当地环境容量，上马一些经济效益好、税收贡献大的污染企业，致使当地环境保护工作难以开展，环境质量下降。当企业违反《环保法》进行停业、关闭等严厉处罚时，环保局也必须报请地方政府同意才能实施，一些政府出于财政收入可能会考虑对污染企业进行保护。

（三）新《环保法》存在公众参与机制不健全、公众参与缺乏必要保障的问题

近年来，我国的环境资源案件数量较多，而且呈逐年上升趋势，新《环保法》实施后公益诉讼的案例并没有像人们想象的那样大量涌现出来，环境民事案件数量也很少，如康菲公司溢油、紫金矿业溃坝等一系列重大案件发生后，百姓的环境权益都受到不同程度的侵害，但要赔偿却比登天还难，现有的刑罚难以遏制环境违法与犯罪的发生。这就是说，新《环保法》规定了公益诉讼制度，但公民、法人和其他组织能否对政府的行政违法行为提起公益诉讼却是一个未知数。从目前的法律规定来看，一是只有符合一定条件的社会组织才可以向法院提起环境诉讼，但这些组织的数量有限。二是若地方党委、政府干预人民法院迫使其不受理环境公益诉讼，社会组织和个人并没有救济途径。因此，要完善参与和监督机制，保证新法顺畅运行。

恩格斯曾经发出忠告：“我们不要过分陶醉于我们人类对自然界的胜利。对于每一次胜利，自然界都对我们进行报复。”在面对生态危机的同时，也看

到了我省治理污染的决心。新环保法实施后，河北省多地开出了高额罚单。比如，衡水市枣强县污水处理厂被开出高达684.68万元的罚单，这是新环保法出台后的最高罚单。据了解，这些排污企业是枣强县的经济支柱——皮毛产业、玻璃钢产业和机械制造业，2014年这三大产业总纳税4.9亿元，同比增长23%。再如，2016年4月18日河北省环保厅通报2015年“利剑斩污”第三次远程执法抽查“零点行动”结果，9家污水处理厂超标排放，其中7家为上次抽查超标的复查企业。据悉，此前的两次斩污行动中，22家超标企业受到行政处罚，其中6家复查超标企业按新环保法被实施“按日计罚”，拟处罚2047.57万元。2016年7月9日省高院新闻发布会通报了四件污染环境犯罪案件，其中五名被告被判处有期徒刑①。由此可以看出，环境问题已经引起政府的重视。

四、环境法律体系建设对策

建设生态文明，需要广大民众树立良好的生态文明理念，形成良好的生态文明行为，需要将可持续发展的经济资源条件、经济体制条件和社会环境条件长期保持和不断完善。这些都有赖于法制的保障。只有通过法律手段，才能够使全体社会成员自觉或被迫遵循生态文明规范，可持续发展的机制和秩序才能够广泛和长期存在。只有有了完善、可操作性强的法律体系，在日常的环境执法中才能做到有法可依，才能够充分保障人民群众的环境利益。

（一）树立市场思维，牢固树立尊重自然、顺应自然、保护自然的理念，创立科学的立法原则

生态文明建设关系人民福祉，关乎民族未来。生态文明不仅是一种理念和实践，也体现为一套完整的制度形态，任何一种文明形态都有着自己的制度支撑，制度进步是生态文明水平提高的重要标志，也是突破生态文明建设瓶颈的有效手段，因此，要根据生态文明的要求，将环境保护放在首位，把直接危害民众健康的环境问题作为立法的重点，真正把当代人环境权利和子孙后代的发展权落到实处，实现人与社会和自然的和谐。一是可持续发展原则。为了实现“五位一体”的战略部署，建设美丽中国，必须把可持续发展原则作为立法原则，按照生态持续性、经济持续性和社会持续性的基本原则通过法律法规来规范人类的一切活动，实现永续发展。二是预防为主、防控结合的原则。坚持将预防环境污染放在首位，防患于未然，不是侧重末端治

---

① 《最高法院通报4件污染环境犯罪案件》，2015年7月10日《河北日报》第2版

理的“先污染，后治理”的观念，要防控结合。三是环境责任原则。环境责任是改善环境，控制污染，保护国家、法人、公民合法环境权益的有效手段，体现“污染者付费、利用者补偿、开发者保护、破坏者恢复”的取向。四是风险防范原则。要求尽可能地防止和减少引起人类环境退化的活动，坚决杜绝所有可能破坏环境和生态安全的一切行为。五是科技创新的原则。要强化科技思维，加大对科技创新的投入，完善科技创新激励政策，特别是针对雾霾天气、河流污染、地下水污染等重点问题治理以及挥发性有机物、土壤污染等新兴问题的治理，要以科技为支撑，找出解决问题的根本途径。

（二）树立法治思维，制定新法规，填补环境法体系空白

市场经济是法治经济。改革开放发展到今天，最好的发展环境已不是特殊政策，而是法治化市场环境。只有在法治化市场环境下，各种生产要素的功能才能得到有效发挥，只有树立法治思维，才能打造有利于环境保护的法治环境。因此，构建完整的环境法体系是建设法治国家的需要，是建设美丽中国的需要，是当前生态文明建设的需要。因而，必须按照法治的逻辑来观察、分析和解决问题，在新《环保法》实践的基础上，尽快填补环境法体系的空白。

1. 再严的法律，没有强有力的执法都是白搭，因此，努力从主要依靠行政办法保护环境，转变为综合运用法律、经济、技术和必要的行政手段解决环境问题，决不能让监管方与污染制造者形成利益共同体。

2. 必须着力解决损害群众健康的突出环境问题，制定有关土壤环境保护的法规。良好的土壤环境是绿色食品生产的基础保障，事关全体民众的食品安全和身体健康，所以，要尽快制定这一法律。

3. 尽快制定《环境应急管理法》。目前，各种自然灾害和人为活动带来的环境风险隐患突出，突发环境事件呈高发态势，跨界污染、重金属及有毒有害物质污染事件频发，产生了巨大的社会危害。为更好地应对这些环境突发事件，要尽快制定《环境应急管理法》。

4. 尽快制定机动车污染防治、生物多样性保护等方面的立法。

（三）创新驱动，加快环保部门规章建设步伐，完善长效管理制度

1. 环境法建设中的公众参与制度。在环境立法方面，保障公民享有环境知情权、参与权、救济权和监督权，通过公布法律法规草案及举行立法座谈会、论证会、听证会等多种形式，集思广益，凝聚共识，切实做到增强环保法律法规立法的科学性。在环境司法方面，引入环境公益诉讼制度，明确公益诉讼主体，放宽原告的起诉资格，不再仅限于有直接利害关系的当事人，

应该包括所有公民。

2. 设立专门环保法庭。实践证明，单独设立环保法庭，使环保司法专门化，环境诉讼案件更容易提起和受理。因此，只要我们解放思想，转变观念，创新驱动，破除阻碍改革、开放、创新的思想障碍，审视自身的、现在的影响发展的突出问题，充分利用法律给予的司法空间，环境诉讼案件的瓶颈就不难突破。目前，我省高院已经成立了环境保护审判庭，积极采取“三审合一”模式，实现案件的优质高效审理，提升司法保障效果。

3. 建立农村环境监测制度。农村生态环境综合治理是目前我国环境保护的重点任务之一，建立农村环境监测制度是落实新《环境法》的重要举措，所以，要尽快出台农村环境监测制度和技术规定，建立健全科学高效的农村环境监测工作机制。监测主要包括水质监测、土壤监测、空气质量监测、噪声监测、工矿企业污染监测、养殖业和面源污染监测等。

4. 建立生态补偿制度。所谓生态补偿，就是指在经济活动中，对保护和改善生态环境的行为给予财政补贴或奖励，从而调动生态建设的积极性。新《环保法》第31条规定：“国家建立、健全生态保护补偿制度。”因此，要依据法律规定，建立具体的生态补偿办法，科学确定生态补偿标准、补偿方式和补偿对象，确保生态补偿真正得到落实。

5. 建立环境污染举报奖励制度。为了鼓励全民积极参与环保管理与监督，对举报环境污染的举报人实行奖励制度，并且根据举报环境污染案件的性质、内容加大举报奖金额，形成人人保护环境的氛围。同时，建立和完善对举报人保护的法律制度，保证举报人权利，避免“举报人被杀”事件或举报人遭到打击报复。例如，我省设立环境污染举报奖，12年来对5835个举报人共奖励417.33万元，有效地查处了一批环境污染案件。

习近平在中共中央政治局第六次集体学习时强调，牢固树立生态红线观念，不越雷池一步。只有实行最严格的制度、最严密的法治，才能为生态文明建设提供可靠保障。因此，只有加强法制建设，建立责任追究，不盲目决策，才能自觉推动绿色发展、循环发展、低碳发展。

我国生态补偿法律制度的分析与完善

唐芳
（河北地质大学）

摘要：所谓的生态补偿，是指建立在生态服务系统基础上，以经济方式为主要手段的法律制度。对这一概念进行进一步的解释可以理解为生态补偿是以促进环境保护和人与自然的和谐相处为目标，并根据生态保护价值、发展机会成本等，运用各种市场调节手段和政府管理职能的一种法律制度。生态系统的良好运行是保障人们正常生存和生活的前提。但是，人类在发展经济的过程中长期采用的不合理手段已经对生态环境造成了极大的破坏。我国的生态补偿法律就是为了转变这一现状而制定的法律。本文将主要从生态补偿法律制度的完善和实施的角度对这一法律进行分析。

关键词：生态补偿；法律制度；分析和完善

虽然大自然孕育了人类，但在人类不断发展的过程中，人类对大自然造成了严重的破坏，从而导致生态环境的恶化，自然资源逐渐枯竭，对人类和社会的发展产生了严重的影响。为了避免对生态环境的进一步破坏，我国开始对生态补偿法律制度进行补充和完善。生态补偿法律要求生态环境的破坏者要承担相应的经济损失，并对生态环境负面影响的受害者提供相应的补偿。本文将会对我国生态补偿法律制度进行分析，并提出相关的措施对其中存在的问题给予有效的解决，以更好地推动我国生态环境的发展。

一、生态补偿法律制度的概念和内容

生态补偿法律制度一般是以保护生态环境为主要目的，并借助法律的手段来做好生态环境的补偿工作。更确切的说法是，生态补偿法律制度是建立在生态环境保护，促进人与生态环境和谐相处基础上，根据生态保护价值、发展成本等，采取相关的法律制度所进行有效的调整。生态补偿法律制度的实质是要求生态环境的破坏者承担相应的经济损失，并对生态环境的建设者、保护者以及生态环境破坏后的受害者提供一定的补偿。

生态补偿法律制度的内容主要包括以下几个方面：①生态系统保护的成本进行补偿；②借助一定的经济手段将生态环境保护的经济效益与相关法律结合在一起；③对生态环境保护放弃所产生的经济损失进行补偿；④对于具有重大经济和生态效益的区域，进行重点的生态保护和重建。

二、生态补偿法律制度的理论基础

（一）生态资源价值论

环境资源是一切经济活动顺利开展的基础。如今，随着环境恶化与资源耗竭问题的不断加重，相关政府部门开始对生态环境保护给予高度的重视，并从不同的角度对生态资源的价值进行分析。例如，政府通过划设水源保护地、自然保护区等方式来加强对生态资源的保护，避免其遭受破坏。但生态资源价值论作者首先从“环境资源的整体效益”的角度进行分析，并对生态资源的基本价值和功能进行概括，然后从“开发生态资源的成本”和“生态资源的外部效益”两个方面对生态资源价值论进行分析，进一步探究生态资源的价值之所在，并对我国生态补偿法律制度进行分析和完善。

（二）生态资源财产权理论

财产权属于法律概念的范畴，建立在所有权的基础之上，而所有权观念又来源于土地。古代人过着逐水草而居的渔猎生活，他们对土地所有权未给予足够的重视，直至发展到农耕阶段之后，人类开始依赖土地为生，开始对土地所有权给予了高度的关注。所有权的概念开始慢慢地扩展到一切具有财产价值的权利，如受益、使用、处分等权利，并将其统称为财产权。在我国物权法规中，“生态资源”归国家所有，被界定为物权的客体，通常情况下由中央政府统一管理，而各地方政府对自己所管辖范围内的生态资源享有使用和管理的权利。“所有权负有社会责任”和“所有权不得滥用”的观念开始慢慢地深入人心，这就是我们所说的生态资源财产权理论。当人类的权利受到侵害时，“公平”与“正义”的原则受到挑战，此时，要根据实际情况给予适当的补偿，这才是生态补偿法律制度应该具备的法理依据。

三、我国生态补偿法律中存在的不足

（一）立法落后于生态保护和建设发展的需要

当前，我国在生态保护的方式上缺乏有效的法律支持。生态环境保护的相关技术和理念发展和创新的速度很快，但我国在相关的立法方面却没有跟上发展的脚步，在管理模式和经营理念上也较为落后，而一项法律法规的制订通常需要经过较多的流程和环节，因此，当生态环境保护的重点和趋势已经发生了变化的时候，相应的法律还没有进行相应的立法和调整。

（二）我国现有的生态补偿法律制度内容不全面

我国当前的生态补偿法律制度在许多方面的内容上仍存在较大的缺陷，如对生态难民的补偿、生态灾害的治理、生态环境的保护与建设长期补偿等问题在我国现有的法律体系中仍处于空白的状态。

（三）我国既有的生态补偿法律法规内容不完善

在我国政府和党中央的部署下，我国在生态补偿法律建设方面投入了较大的精力，在相应法律法规的建设上也取得了一定的成效，截至当前，我国针对森林生态补偿的法律制度已经较为完善，草原生态补偿法律法规的建立上也取得了实质性的进展。但是，随着生态补偿法律的进一步实施，原先的法律制度中存在的一些问题也进一步凸显出来，例如，补偿的主体和客体不明确，补偿方式单一，补偿标准偏低，补偿资金来源渠道少等。这些问题的存在都极大地影响了我国生态补偿法律制度的进一步实施和发展。

（四）补偿方式过于简单

目前，我国生态补偿一般采用资金补偿的方式为主，必要的时候也会辅以实物补偿、政策补偿、智力补偿等。实际调查和研究发现，造成我国生态环境破坏的原因主要来自传统的生产方式，此时通过实物、资金进行补偿，无法从根本上改变人类的传统生产方式和生产理念，无法有效地解决生态破坏的源泉。生态工程建设一般具有时间性和周期性的特点，仅仅依靠资金补偿而没有相应的政策作为支撑，将会导致补偿方式过于单一，致使受偿者的生活无着落，政府补偿资金发放不到位，严重的时候，还会继续回到传统的生产和生活方式，对生态环境造成进一步的破坏。通常情况下，生态移民长期从事放牧，缺乏在城镇中谋生的技能，此时仅给予五年的基本生活保障，在补助期结束后，他们极有可能因为生活所迫而再次回归到草原放牧的生活，从而对生态环境造成再一次的破坏。

（五）补偿标准不适当

在我国生态补偿法律制度中，虽然已经具备了一些法律规范和标准，但是一些补偿标准还不够具体、完善，例如，《野生动物保护法》中的第 14 条明文规定："由于国家和地方对野生动物给予了重点保护，并且给农作物造成损失的，可以由当地政府适当地给予补偿，而补偿的办法一般由当地政府部门制定。”但是大部分的省级政府为按照要求出台与之对应的规范和标准，从而造成补偿标准不一，而且缺乏一定的依据。此外，目前大部分生态补偿标准比较低，因为自然资源不仅具备一定的经济价值，而且还具有生态价值，因此，可持续发展对于生态环境来说至关重要。在进行自然资源开发利用过程中，要兼顾到自然资源的经济属性和生态属性。生态补偿法律的建设追求对自然资源生态价值的补偿，但是大部分地区所指定的标准为充分考虑自然资源所举别的生态价值。例如，在进行矿产资源开发过程中，一般需要对矿区生态环境进行修复，尤其是地表生物圈和地下水资源的破坏，但是其所采用的补偿标准并不适合我国生态环境的发展。

四、完善我国生态补偿法律制度的方法与途径

（一）确立生态补偿法律制度的原则

要建立科学和完善的生态补偿法律制度，必须以科学发展观为基础，统筹城乡协调发展，加强技术和制度的创新能力，坚持“谁污染谁治理，谁破坏谁补偿”的原则，因地制宜，选择合适的生态补偿方式。政府部门要加强宏观调控的能力，并充分利用市场的调节机制，鼓励全社会都积极地参与到生态补偿法律的建设和实践过程中。

（二）构建全面的生态系统补偿法律制度

生态补偿的实施应当以法律为依据和保障，为此，政府部门必须加强生态补偿的立法工作，明确生态补偿的主体和客体，为生态补偿的具体实施提供有效的法律依据。政府部门应当尽快制定和完善《生态补偿法》中的相关条例，根据我国当前的经济发展状况和生态环境状况制定合理的生态补偿制度，同时，应当进一步修订和完善《环境保护法》，真正使生态补偿走上法律化的轨道。

（三）规范生态补偿管理制度

目前，不同的地区所采用的生态补偿工作一般是委派当地的行政管理部门来开展的，一些部门之间经常会因为利益冲突而产生矛盾，从而影响生态补偿法律制度的顺利实施。因此，当地部门应该加强对生态补偿法律制度的完善工作，规范生态补偿各个环节的管理制度，建立自然资源管理机构，明确他们所具备的职责，要求他们对自然资源产权变动情况进行实时的跟踪。同时，还需要根据环保部颁布的国家环境保护监察体制，来加强不同地区、不同范围及不同产业间的交流与合作，从而做好对生态环境的管理工作。与

此同时，还应当加强部门间和部门内部的生态补偿工作，对于跨行政地区和跨部门的生态补偿工作，上级部门要适当地给予指导和协助，从而确保各个环节工作的顺利开展。

（四）推进环境生态保护融资多元化

通过多元化的融资方式，尽最大努力吸纳社会上的资金，从而更好地满足生态环境保护过程和生态补偿过程中所需要的资金。在环境保护方面，相关企业还要为生态环境保护提供一定的资金支持，解决生态补偿过程中所造成的资金缺口，同时，还可以发展中长期特种生态建设债券或彩票，筹集一定的资金，尽可能给予一定的政策优惠。适当地鼓励私人企业将更多的时间和精力投资到环保产业之中，在股票市场中争取形成绿色的板块，从而在一定程度上提高金融的透明度、开放度和资信度，为海外资金营造良好的投资氛围，积极吸引国外资用于生态项目的建设。另外，还可以通过民间赞助、捐助等方式，确保我国生态补偿法律的顺利开展。

五、结语

综上所述，建立和完善生态补偿法律制度在我国有着重要的现实意义。实行生态补偿制度能够提高生态环境保护的质量和效率，促进我国经济的可持续发展。我国政府应当根据我国当前生态补偿法律法规中的不足和缺陷，结合我国生态环境的现状，制定合理、可行的生态补偿法律制度。

参考文献

［1］龚鹏程，秦皎．我国农业生态补偿法律制度研究［J］．江苏农业科学，2015（04）：74－76.

［2］黄润源．论我国自然保护区生态补偿法律制度的完善路径［J］．学术论坛，2011（12）：46－48.

［3］李巍．困境与出路：生态补偿法律制度探析［J］．理论观察，2016（03）：95－97.

第三篇

生态环境司法研究

我国能源司法的历史演进与现实挑战①

于文轩*　朱炳成**
（中国政法大学）

能源司法，是指司法机关依法定程序解决能源开发利用相关法律纠纷的过程。建立、健全和完善能源法制的最终目的，是使其在能源产业发展中发挥实际作用。在依法治国的背景下，能源司法对于能源法治而言具有重要意义。

一、能源司法的演进历程

20世纪70年代的两次石油危机，使得世界主要能源消费国的能源政策发生了重大变化，各国加快了能源立法的进度，并将维护能源安全作为立法的重要目标之一。当时，我国处于改革开放初期，计划经济体制下能源工业的高度集中、统一的管理模式和指令性的资源配置，导致资源的供应难以满足经济增长的要求。② 在此期间，我国能源立法开始启动，其中1986年颁布实施的《矿产资源法》是这一阶段的标志性立法。在这一阶段，我国的能源消费和供应与世界能源市场的关联度很低，使得我国能源系统几乎处于“自循环”的状态，③ 同时，能源产业采取政企合一的体制，能源法律规范多为政策性文件。这些问题使得我国能源司法在实践中既缺少法律依据，又鲜有客观需求。

20世纪90年代，随着我国改革开放的全面展开和市场化进程的逐步加

---

① 基金项目：2016年国家社科基金一般项目“能源效率推进法律机制研究”（16BFX148）；2015年教育部人文社会科学重点研究基地重大项目“应对气候变化背景下的能源效率管理法律机制研究”（15JJD820008）；2015年教育部留学回国人员科研启动基金资助项目“应对气候变化背景下的可再生能源产业法律规制研究”（2015311）；教育部新世纪优秀人才支持计划资助项目“应对气候变化背景下的石油产业法律规制研究”。

② 吴钟瑚．经验与启示：中国能源法制建设30年［J］．郑州大学学报（哲学社会科学版），2009（3）：65.

③ 同上。

快，我国对能源的总需求量也日益剧增。1993 年我国成为石油净进口国，1996 年成为原油净进口国。在经济快速增长的同时，我国能源对外依赖程度大幅度增长，使得能源安全问题越来越多地受到关注。在此阶段，我国能源立法的进程明显加快，全国人大常委会分别于 1995 年、1996 年、1997 年颁布的《电力法》《煤炭法》《节约能源法》三大能源专门法，是 20 世纪 90 年代我国能源立法的重大突破和能源法理论的进步。能源立法的发展及政治、经济体制的改革，为能源司法的开展创造了有利的条件。随之而来的有关能源的纠纷开始增多，民事、行政、刑事案件都有所涉及，例如，煤炭开采民事纠纷、[①] 电力供应线路盗割刑事案件[②]等，涉及能源开发利用、能源产业设备应用等方面。但是，在这一阶段，我国能源司法在实践中发挥的作用仍然较小。

20 世纪 90 年代末至 21 世纪初，市场经济体制在我国基本确定，我国经济持续高速发展。但是由于粗放型的经济发展方式，导致我国资源利用效率低下、浪费严重。不断攀升的石油对外依存度，亦导致能源供应安全面临严重挑战。同时，由于能源的不合理使用导致环境污染愈发严重，生态环境遭到严重破坏。在此情形下，我国于 2005 年正式启动石油战略储备计划，同时进一步完善能源立法体系，颁布和修订了一系列法律法规。相应地，能源司法在这种形势下也得到了进一步发展。最高人民检察院开展了查办危害能源资源和生态环境渎职犯罪专项工作，根据统计，2004 年至 2007 年，全国检察机关立案查处涉及危害能源资源和生态环境渎职犯罪 3822 人，这些犯罪直接危害人民群众生命财产安全，给国家造成直接经济损失数十亿元。并且，仅 2006 年、2007 年两年间检察机关查办的安全生产责任事故所涉矿产资源管理、安全生产监管方面的渎职犯罪就有 1193 件，造成 6465 人死亡，1215 人重伤。同时，国家电网公司系统 2007 年查获窃电案件 8.24 万件，涉案金额 1.91 亿元，2009 年查获窃电案件 8.76 万件，案件数量与 2008 年基本持平，

---

① 例如，王某等欠款及侵犯采矿权损害赔偿纠纷案。本案主要围绕煤矿承包合同的认定进行。一审判定损害成立，要求被告赔偿原告 80000 元，并退回向原告多收取的利润与费用。被告不服提出上诉，二审撤销了一审的判决，并驳回了原审原告的诉讼请求。参见“王某欠款及侵采矿权赔偿纠纷”，载 http：//china. findlaw. cn/info/wuquanfa/wuquanfaanli/cgjf/120579_ 4. html，最后访问时间 2011 年 5 月 23 日。

② 例如，冯学轩破坏电力设备、盗窃案。被告人伙同他人多次破坏电力设备，危害了公共安全。因而，一审判其构成破坏电力设备罪。参见《冯学轩破坏电力设备、盗窃案（一审）河南省登封市人民法院刑事判决书》，载 http：//www. criminallawbnu. cn/criminal/info/showpage. asp？ pkID = 12745，最后访问时间 2011 年 5 月 23 日。

涉案金额1.61亿元。[①] 在这一阶段，能源司法得到了进一步发展，涉及较多的是刑事案件，民事纠纷则较多地由政府通过行政手段解决，这也使得一些责任者（如能源企业等）免于承担或仅承担较轻的法律责任。[②]

二、能源司法面临的挑战

在我国，能源司法的作用有待进一步提高，能源安全日常管理和应急管理中的司法监督严重缺位，在民事司法和行政司法中的实际作用有待提高。

（一）司法监督缺位

首先，能源安全日常管理中司法监督缺位。我国能源管理目前仍以命令和控制手段为主。《行政诉讼法》第6条规定："人民法院审理行政案件，对行政行为是否合法进行审查。"据此，人民法院对行政行为的监督主要体现在通过行政诉讼对行政机关的具体行政行为进行审查，并做出相应的裁判。司法机关难以通过行政诉讼的方式对能源政策的合法性和合理性进行监督。另一方面，能源立法的缺失与可操作性不强，使得行政机关拥有较大的自由裁量权。能源开发利用往往涉及地方利益，一些地方政府为了追求自身经济利益，利用行政权力对地方能源企业实行事实上的特殊保护。对能源企业与其他主体的纠纷，地方行政权力有时干预司法审判活动，司法权对行政权力难以形成有效的制约。

其次，能源安全应急管理中司法监督的缺位。《突发事件应对法》第12条规定："有关人民政府及其部门为应对突发事件，可以征用单位和个人的财产。被征用的财产在使用完毕或者突发事件应急处置工作结束后，应当及时返还。财产被征用或者征用后毁损、灭失的，应当给予补偿。"第67条规定："单位或者个人违反本法规定，导致突发事件发生或者危害扩大，给他人人身、财产造成损害的，应当依法承担民事责任。"《国家赔偿法》第2条第1款规定："国家机关和国家机关工作人员违法行使职权侵犯公民、法人和其他组织的合法权益造成损害的，受害人有依照本法取得国家赔偿的权利。"上述法律规定虽为能源安全应急方面的司法活动提供了一定的法律依据，但多为

① 方笑菊．代表委员共议国是聚焦能源发展大计［EB/OL］．http：//energy.people.com.cn/GB/135197/11123460.html，2016－10－09．

② 例在2010年发生的大连湾漏油事件中，中石油和大连市仅分担次要责任。油污清理结束的后续赔偿工作由大连市政府负责，中石油"以投资抵赔偿"：在大连的长兴岛投资2000万吨/年炼油、100万吨/年乙烯项目；上述炼油项目上马后，中石油在大连市的炼油能力将达5050万吨/年，其产值预计将占到大连市GDP的1/3。张超．中石油投资炼油项目抵偿大连漏油事故［EB/OL］．http：//www.china5e.com/show.php？contentid＝150166，2011－05－23．

原则性规定，可操作性不高。例如，《突发事件应对法》中关于法律责任的规定，多为行政处分和行政处罚，涉及民事责任认定方面规定得流于原则性，使这一规定在人民法院审判实践中难于操作。

（二）实际作用有待提高

在民事案件处理方面，国家机关的法律主体地位不明。在我国，矿产资源属于国家所有，在遭到破坏时，人民政府作为国家的代表，理应以所有权人的身份向责任人要求应有的民事赔偿。此时，地方政府和司法机关的在能源监管的作用亦显得尤为重要。以涉及环境污染和破坏的能源安全事故为例。尽管2015年最高人民检察院颁布的《人民检察院提起公益诉讼试点工作实施办法》第1条规定："人民检察院履行职责中发现污染环境、食品药品安全领域侵害众多消费者合法权益等损害社会公共利益的行为，在没有适格主体或者适格主体不提起诉讼的情况下，可以向人民法院提起民事公益诉讼。"但是，实践中鲜有检察院就能源安全事故提起环境民事公益诉讼。另一方面，公民权利保护不力。在能源安全事故所引发的重大环境污染事件中，有时地方政府与企业相互推脱或相互庇护，使得事故责任难以及时认定，公众难以及时得到应有的赔偿。同时，由于能源与环境往往涉及地方的政治经济利益，地方政府的干预使得公众难以通过正常的司法途径维护自己的权利。即使法院受理，审理过程往往过多地考虑经济发展的需要，使得公民权利的保护难免受到影响。

在行政案件处理方面，由于司法机关无权审查能源政策的合法性与合理性，因此，难以审查行政机关根据能源政策实施的行为。在刑事案件处理方面，一些破坏能源资源、严重危害能源安全、造成严重环境污染事故的犯罪之所以没有受到应有的刑事制裁，一个很重要的原因就是行政执法部门以罚代刑，应当向公安、检察机关移送的案件不移送，使得检察机关无法提起公诉，法院也无法立案进行刑事审判。例如，1997年《刑法》第338条规定了"重大环境污染事故罪"①。从该法生效至2002年的五年间，我国共发生重大和特大环境污染事故387起，但被起诉到法院追究刑事责任的，不足20起，法律规定被执行率不到6%。② 另一方面，司法机关有时未能对事故的真正负责人进行刑事制裁。在社会舆论和其他方面的压力，环境保护部门的人员往往成为追究责任的对象，但真正有权决定该能源项目开工建设运行的负责人

---

① 2011年《中华人民共和国刑法修正案（八）》第46条修改为"污染环境罪"。

② 王灿发．重大环境污染事件频发的法律反思［J］．环境保护，2009（17）：15．傅学良．环境刑法司法解释评析［J］．内蒙古大学学报（哲学社会科学版），2010（4）．

却免于追究责任，或者由政府和大型国有能源企业承担次要责任，而主要责任则由承包商承担。

三、能源司法的完善路径

在能源司法监督缺位、实际作用有待提高的情形下，完善能源司法，应着力排除对司法程序的不当干扰，加强司法权威性，完善法律依据，提高司法人员业务素质。

（一）排除对司法程序的不当干扰

司法机关的一项重要职能，是通过审判活动，监督并制约违法行为，保护公民、法人和其他组织的合法权益。在实践中，司法过程有时受到其他因素的干扰，在能源司法方面的主要表现为地方权力对司法的影响。能源产业和能源企业往往对当地的经济发展贡献较大，因此，能源开发利用常常牵涉地方利益。在一些情形下，地方政府有时出于保护地方经济的考虑，对干预司法程序不当干预。在依法治国、建设社会主义法治国家的背景下，司法机关对于能源案件的不受非法干预的独立审判权，应获得充分的保障。

（二）完善能源司法的法律依据

能源立法本身的不足，一方面造成对行政部门自由裁量权约束不足，使执法活动存在较大的随意性和盲目性，另一方面也影响司法机关在审判活动中适用法律的活动。为了完善能源司法，应在法律依据层面提供更为科学有力的依据。

一方面，应尽快制定能源基本法。为了保障能源安全，促进能源产业可持续发展，推动能源司法，我国亟须尽快制定能源基本法。我国能源基本法的主要内容可以包括如下几个方面：总则，包括立法目的、适用范围、立法原则、职业健康与环境保护、教育与宣传等内容；能源监督管理，主要规定能源事务协调机构、能源行政主管部门和能源监督管理机构；能源市场，包括能源资源所有权、能源资源开发利用权、能源投资、市场竞争规制、禁止权利滥用、能源行业协会、消费者权利、市场准入、能源供应与服务、能源对外贸易、能源价格等方面的内容；能源安全；能源环境保护；能源国际合作等。[①] 同时，在制定能源基本法的过程中，应在明确能源事务协调机构、能源行政主管部门和能源监督管理机构的同时，也需要明确司法部门在能源监

---

① 清华大学环境资源与能源法研究中心课题组. 中国能源法（草案）专家建议稿与说明［M］. 北京：清华大学出版社，2008.

管中的作用以及与其他能源监管部门的衔接合作。①

另一方面，应进一步完善煤炭、石油天然气、可再生能源等法律体系，从而为各个领域的能源司法提供更加完善的法律依据。在煤炭立法方面，应引入促进煤炭资源的可持续利用与促进煤炭产业低碳化的理念，完善煤炭规划制度，包括勘查规划和开采生产规划，将现有关于规划的内容具体化，明确煤炭规划制定部门的职责，厘清国家与地方煤炭管理部门的职责和分工以及在煤炭勘查和生产规划之间的衔接。在石油天然气立法方面，应制定“石油天然气法”及其实施细则，上游领域保留的现有立法包括《地质资料管理条例》《对外合作开采海洋石油资源条例》和《对外合作开采陆上石油资源条例》，需要修改的立法是《石油地震勘探损害补偿规定》，需要新制定立法的领域包括石油天然气勘探开发、海上油气田弃置管理、石油天然气对外投资等；中下游产业管理领域主要需要补充制定管输经营准入、加油站管理、定价机制等方面的立法。健全可再生能源法律体系，应着重完善现行《可再生能源法》，健全专项立法，完善配套规章。

（三）提高司法人员业务素质

能源纠纷涉及大量复杂的专业问题，对审判人员的专业水平要求较高。为了实现科学公正的能源司法，亟须提高司法人员审理能源案件的能力。首先，为司法人员提供有关能源法的培训，使其了解能源案件的特殊性，掌握审理能源案件必备的业务知识。其次，加强司法人员与行政机关和社会组织的交流，使司法人员对能源管理和能源法律实施状况获得更为全面的了解，提高司法人员对能源纠纷的理解和审理水平。最后，还应重视发挥专家作用，在审理能源案件过程中，必要时邀请专家提供专业建议，以确保审判结果的科学性。

---

① 于文轩．中国能源法制导论［M］．北京：中国政法大学出版社，2016：20.

环境公益诉讼：现状、问题及对策

张永进
（西南政法大学）

摘要：环境公益诉讼是旨在保护环境为目的的公益诉讼，它有别于传统的民事诉讼。在我国，环境公益诉讼在司法实践中时有出现，但有关环境公益诉讼的立法则较为滞后。当前环境公益诉讼制度中存在原告资格不明、起诉序列模糊、举证规则不明、能否调解与否及诉讼费用承担等问题，对此，根据程序法定原则，通过明确起诉主体，科学安排起诉序列，完善举证规则及费用分担机制等方面内容，进而促进环境公益诉讼的法治化和规范化水平。

关键词：环境公益诉讼；现状；问题；对策

伴随着经济社会的快速发展，我国的环境污染问题却不断地恶化：全国七大水系干流中，只有57.7%的水断面达到国家地表水三类标准；城市生活垃圾和固体废物污染严重，垃圾围城现象时有发生；城市噪声污染严重，在全国大中城市中一般以上处于中度污染水平；空气质量不容乐观，雾霾天气成为生活常态。生态环境的不断恶化，使得发源于国外的环境公益诉讼逐渐成为学术界和实务界关注的重点。在环境公益诉讼的实践方面，则是以专门环保法庭的成立、环境公益诉讼的实践和有关规范环境公益诉讼的规范性文件为主，其中环境公益诉讼的司法实践主要是环境民事公益诉讼，仅有少部分是环境行政公益诉讼，地方性文件主要规范的是环境民事公益诉讼。

一、环境公益诉讼的立法发展

（一）2012年民事诉讼立法

2012年十一届全国人民代表大会第二十八次会议对《民事诉讼法》进行了修订，首次确立了环境公益诉讼制度。该法第55条规定：“对污染环境、侵害众多消费者合法权益等损害社会公共利益的行为，法律规定的机关和有关组织可以向人民法院提起诉讼。”该条款有两层意思：一是以列举和概括的方式确定了公益诉讼的行为，并明确“污染环境”必须有损害社会公共利益的后果；二是规定了起诉的主体，即“法律规定的机关和有关组织”。[①] 虽然关于环境公益诉讼的规范仅此一条法律条款，但却突破了传统民事诉讼的规定，明确环境公益诉讼原告的非直接利害关系人标准。尽管没有系统规范，但环境公益诉讼一经程序法治化，即宣告了有关应否建立环境公益诉讼制度争论的终结，而是转为如何完善我国的环境公益诉讼制度。然而，新民事诉讼法实施一年多来，环境公益诉讼案件的数量不仅没有上升，反而趋于减少[②]，这不得不引起我们对当前环境公益诉讼制度的反思。

（二）2014 年环境保护法的修订

倘若说民事诉讼制度从程序上确立了环境公益诉讼，而作为环境保护基本法律的《环境保护法》则是从实体上明确了环境公益诉讼。伴随着群众的关切，2014 年 4 月，中国最高立法机关终于在历经四次审议之后，出台了被称为“史上最严厉”的《环境保护法》，修订后的《环境保护法》在多个方面进行了制度创新，凸显了众多立法的亮点，譬如，在数量上从原先的 47 条到现在的 70 条，使得立法更加精细化；在内容上增加了“对拒不改正排污企业的按日计罚”“对严重的违法行为采取行政拘留”等内容。[③] 当然，除此之外，最大的亮点莫过于确立了提起环境公益诉讼社会组织的条件，该法第 58 条规定：“对污染环境、破坏生态、损害社会公共利益的行为，符合下列条件的社会组织可以向人民法院提起诉讼：依法在设区的市级以上人民政府民政部门登记；专门从事环境保护公益活动连续五年以上且无违法记录。”由此，我国环境公益诉讼的立法掀开了新的一页。

二、环境公益诉讼的主要问题

（一）诉讼主体不明

1. 原告资格不明确。正如环境公益诉讼的核心在于适格的原告，虽然在之前的环境公益诉讼实践中出现了公民个人、有关组织、行政部门和检察机

---

① 对此学界认识不一，主要分歧点在“法律规定”这一形容词的修饰范围：一是认为“法律规定”既修饰“机关”也修饰“组织”；二是认为“法律规定”仅修饰“机关”而不修饰“组织”。

高民智．贯彻实施新民事诉讼法（二）——关于民事公益诉讼的理解与适用［N］．人民法院报，2012－12－07：4.

② 修改后的民事诉讼法虽然对环境公益诉讼的原告资格有了明确规定，但在 2013 年的实践中，我国最早开展环境公益诉讼的社会组织——中华环保联合会却遭遇了“有法难依”的尴尬，他们提起的 8 起环境公益诉讼没有一起被受理。

赵伊蕾．去年中华环保联合会公益诉讼全部遭拒［N］．中国青年报，2014－04－04：5.

③ 参见 2014 年《环境保护法》第 59 条、第 62 条、第 63 条之规定。

关等多方主体，但新民事诉讼法却对原告资格限定了“法律规定的机关和有关组织”。何为“法律规定的机关”呢？是指检察机关还是行政主管部门，抑或两者兼具？“有关组织”如何认定？是法定组织还是环保专业组织，抑或经过法定程序登记的社团组织？民事诉讼法对此并不明确，有待进一步的解释。[①] 虽然全国人大常委会法制工作委员会民法室在其编著的《2012 民事诉讼法修改决定条文解释》中认为，“行政机关在执行国家事务的过程当中，对涉及公共利益的事务进行管理同时扮演着对社会公共利益和国家利益的维护者的角色，作为提起民事公益诉讼的主体是较为合适的”[②]，但该解释仍属学理解释，不具法律效力。由于原告资格不明确，以至于新民事诉讼法实施一年多来，竟无一例成功地依据民事诉讼法提起的环境公益诉讼案件，这使得环境公益诉讼立法徒具形式。2014 年 4 月全国人大常委会通过的新《环境保护法》[③] 虽然明确了提起环境公益诉讼的社会组织资格，但对于“设区的市”如何理解，是否包括不设区的“地级市”[④]，“无违法记录”是否包括部门规章、规范性文件等内容，同时，上述环保组织是否允许超出本行政辖区进行跨区诉讼，是否可以代表国家提起诉讼等内容仍然需要进一步明确。

2. 原告起诉序列不明确。正如上文所述，作为环境公益诉讼的原告资格应当归属于法定的机关和有关组织。但是对其并列表述，如何理解？是都具有原告资格还是有先后顺序之分？法律并未明确。譬如，他们能否同时提起环境公益诉讼？如提起诉讼，是否同列共同原告？如果允许同时提起，倘若诉讼请求不一，法院应当如何处理？若一方撤诉，对他方是否有影响？对以上内容，法律并未作出规定。虽然实践中少有出现，但还是应当予以规范调整，防止今后实践中的冲突。

（二）诉讼程序缺失

1. 举证规则的不足。根据《侵权责任法》第六十六条：“因污染环境发生纠纷，污染者应当就法律规定的不承担责任或者减轻责任的情形及其行为与损害之间不存在因果关系承担举证责任。”最高人民法院《关于民事诉讼证

---

① 别涛．环境公益诉讼立法的新起点［J］．法学评论，2013（1）：101.

② 全国人大常委会法制工作委员会民法室．2012 民事诉讼法修改决定条文释解［M］．北京：中国法制出版社，2012：145.

③ 该法第 58 条规定：“对污染环境、破坏生态，损害社会公共利益的行为，符合下列条件的社会组织可以向人民法院提起诉讼：依法在设区的市级以上人民政府民政部门登记；专门从事环境保护公益活动连续五年以上且无违法记录。

④ 我国对城市的划分，依据行政级别可分为直辖市、地级市和县级市，直辖市和地级市都一般都设区，但有的地级市并没有设区，例如广东省东莞市。

据的若干规定》第4条，“因环境污染引发的损害赔偿诉讼，由加害人就法律规定的免责事由及其行为与损害后果之间不存在因果关系承担举证责任”。按此规定，在环境污染案件中，除污染与损害之间的因果关系之外，其他方面仍需要原告进行举证，但是由于环境污染经常面临技术性难题，如污染源的属性、损害的发生及其程度、环境资源的价值和可恢复性难以确定，法律并未赋予原告相应的举证权利，以至于对实属污染的事实，原告也难以用证据来证明。

2. 能否进行调解不一。在民事领域适用意思自治原则，所以，体现当事人内心合意的调解原则是民事诉讼的基本原则，但环境公益诉讼中，原告代表的是社会公共利益，而非是其自身的意志，所以，能否代表社会公共利益处分权利存在争议。在之前的司法实践中，也存在调解结案的环境公益诉讼，甚至被称为完美的结局，对此，新民事诉讼法并未予以规定。

3. 诉讼费用负担机制的遗漏。诉讼费用主要包括案件受理费、申请费、证人、鉴定人、翻译人员在人民法院指定日期出庭所发生的交通费、住宿费、生活费和误工补贴。[①] 诉讼费用的分担机制在一定程度上影响着民众享用环境公益诉讼司法保障的程度，诉讼费用分担机制的合理与否直接关系到环境公益诉讼功效的作用范围。根据民事诉讼一般的诉讼费用分担机制，主要有国家负担、败诉者个人负担、法院决定、诉讼费用预付及其他方式。由于环境公益诉讼中其数额大、负担重、风险性高，现有的诉讼费用负担机制不利于鼓励无直接利害关系的原告提起环境公益诉讼。新民事诉讼法法对此并未作出规定，同时在实践中各地不一，以至于影响了环境公益诉讼的功能发挥。

三、环境公益诉讼的完善方向

（一）诉讼主体的明确化

（1）检察机关。虽然新《民事诉讼法》规定的环境公益诉讼原告资格，将个人作为原告进行了排除，但有关法定机关和有关组织的争议却尘嚣日上。其中，将法律规定的机关理解为检察机关和环境主管部门的做法占据了主流。理论界将检察机关列入法定机关的主要理由如下：检察机关是社会公共利益的代言人和法律监督者，具备专业性，同时符合国际惯例和我国国情。[②] 反对者则认为，检察机关在现阶段不宜享有环境公益诉讼权，主要基于实现环境

---

① 参见《诉讼费用交纳办法》第6条。

② 广州市番禺区人民检察院课题组．检察机关提起环境公益诉讼制度研究［J］．中山大学法律评论，（9）：276－296．吕忠梅．环境公益诉讼辨析［J］．法商研究，2008（6）：132－133.

公益诉讼制度的功能无须检察机关提起、检察机关享有诉权但运行成本太高等方面进行论述。[①] 上述观点曾经占据了我国环境公益诉讼研究的重点。

笔者认为，上述论点均有一定的不足，根据《中华人民共和国宪法》，我国的检察机关被定位为法律监督机关，而非其他国家所定位的行政机关，其权力是法律监督权，以监督其他权力机关是否合法或以合理行使权力为职责，与其他行政机关一样，都是社会公共利益代言人。同时，法律监督者的地位，主要是针对其他国家机关的权力活动范围，而非针对平等主体的企业经营行为。至于专业性，检察机关的法律性更强些，而非技术认定的专业化。同时，更不能仅仅凭借国外的法律制度，就进行简单的观点复制。当然，对上述认识观点的证伪，并非要彻底否定检察机关在公益诉讼中角色，而是为了更科学地认识检察机关在环境公益诉讼中的应有地位。笔者认为，对检察机关在环境公益诉讼中的角色研究应当置身于我国的权力结构和历史传统上来，即检察机关具有代表公共利益提起民事诉讼的历史，又有目前以公诉权为核心的法律监督权定位，从而检察机关提起环境公益诉讼应当回归到民事、行政和刑事一体化公诉权的轨道上。虽然检察机关目前已经处于超负荷运转，特别是民行监督力量目前较为薄弱，但当前的重点已经不再是争论检察机关的适格问题了，而在于如何提高环境公益诉讼的能力问题，对此，可以以加强民行检察监督为契机，增强其诉讼能力和水平。

至于行政机关能否作为环境公益诉讼的当然原告，部分学者基于对行政部门具有专业的知识和财政保障，认为应当赋予环境保护行政机关以环境公益诉讼原告主体资格，以此补充其公权力的不足，这是期冀法院通过司法力量予以补力，以发挥民事手段的功能辅助环境行政执法的乏力[②]。此外，还有学者从环境权的理论来论证行政机关提起环境公益诉讼的正当性[③]。当然，在司法实践中也有环境行政机关提起环境公益诉讼而取得成功的案例，同时，还有学者通过类比《海洋环境保护法》赋予海洋环境监督管理部门的公益诉讼请求权，进而主张其他污染案件也应由相关环境保护行政部门提起。[④] 这似

---

① 胡中华．我国检察机关不宜享有环境公益民事诉讼之诉权//徐祥民．生态文明建设与环境公益诉讼［M］．北京：知识产权出版社，2011：202.

② 乔刚．论环境民事公益诉讼的适格原告［J］．政法论丛，2013（5）：73.

③ 杨朝霞．论环保机关提起环境民事公益诉讼的正当性——以环境权理论为基础的证立［J］．法学评论，2011（2）：108.

④ 根据《海洋环境保护法》第90条第2款规定："对破坏海洋生态、海洋水产资源、海洋保护区，给国家造成重大损失的，由依照本法规定行使海洋环境监督管理权的部门代表国家对责任者提出损害赔偿要求"。

乎更加肯定了行政部门作为环境公益诉讼原告的必要性。但是笔者却认为不妥。理由如下：第一，行政机关作为环境保护的主管部门，对危害环境利益的行为采取行政管理和行政制裁是其本职工作，如果赋予其环境公益诉讼原告身份，则可能使其怠于通过行政行为履行职责；① 第二，即使根据现有行政法律法规，行政机关也无法有效遏制行政违法行为，继而将此借力于司法部门，但这也不能成为其适当原告的理由，因为这应当属于行政立法的完善过程，而不能放弃行政效率性原则转向司法的被动性方向，这也将导致司法资源的浪费；第三，在环境污染案件中，可能是由行政部门的不作为或乱作为而引发的，如果授予其环境公益诉讼的原告资格，则将要造成自己起诉自己的诉讼局面，这种局面是与司法的基本原理相违背的。第四，其他法律对环境主管部门公益诉讼资格的规定，并不能当然推论出应由行政机关提起环境公益诉讼。因为从实践来看，法律规定以后此类由环境行政管理部门提起的环境公益诉讼数量很少。第五，有学者认为，国外有允许行政机关提起“环境公益诉讼”的规定，据此赞同行政机关提起环境公益诉讼的原告资格。对于该认识，笔者认为不妥。因为在美国，环境行政管理部门一般不具有强制实施权，该权一般是通过法院予以实施的，如果把此类诉讼也作为环境公益诉讼，那么，则明显地混淆了行政行为强制执行与环境公益诉讼制度的本质区别。

（2）社会环保组织。社会环保组织是旨在保护环境，不以营利为目的的群众性组织，具有合法性、专业性、非营利性的特征。笔者认为，应当对新《环境保护法》有关提起环境公益诉讼的社会环保组织有关内容进行明确，明确的方式可通过司法解释予以进行。同时，基于在设区市以上民政部门登记的社会环保组织的数量较少，能力有限，可在今后给予一定的政策倾斜，降低登记门槛，培育发展一批专业性的社会环保组织，充分发挥其在环境保护中的专业性和公益性作用。②

对于公众个人，虽然此次立法之前，学界进行了热烈的讨论，认为公民个人不具备专业素质和雄厚资金，又可能导致滥诉风险，从而使得立法者基于谨慎的考虑，在最终法案上予以了排除，但这不能终结公众参与环境公益诉讼的热情，也不能从法理上否定公众个人提起环境公益诉讼的不正当性。对于上述假设，笔者不敢苟同，因为英美法系国家普遍赋予公民诉权，但却未出现滥诉的局面，所以，上述假定都是不成立的，更因为公众个人参与环

① 李挚萍．中国环境公益诉讼原告主体的优劣分析和顺序选择［J］．河北法学，2010（1）：22.
② 金煜．新环保法亮点：社会组织可提环保公益诉讼［N］．新京报，2014－04－25：1.

境公益诉讼是人民主权原则的体现，“公众在环境公共利益受到公权力主体或私人主体侵害或有侵害之虞时，享有的诉诸公正、理性的司法寻求救济的权利”①。在一个急剧变革的大国实施环境保护治理，也只有让人人来监督政府和企业，才能使得政府不敢懈怠，企业（组织及个人）不敢侵害环境公益。所以，公众个人参与环境公益诉讼的大门应当是敞开的，至于实行的时间，只是时机而已。

（二）具体诉讼程序的完善

尽管新《民事诉讼法》和《环境保护法》对环境公益诉讼从程序和实体上作了规定，但如果没有具体的程序规则，那么，环境公益诉讼只能具有宣示意义，而缺乏实际效果。因此，应从以下方面构建具体程序规则。

1. 前置程序。虽然在环境公益诉讼的司法实践中，我们常常看到检察机关及社会环境组织尽心尽力地冲在环境保护的第一线，但是我们必须清醒地认识到，在环境权利救济和保重中，司法应被作为环境公共利益维护的最后一道防线，而非第一道防线。即，环境公益诉讼应当坚持其在保护环境公益中的补充地位。因为对于环境保护而言，环境保护行政机关承担着直接监管和保护的重要职责，并因此占据了环境保护的专门设备、人员和资金，同时，检察机关和社会环保组织若绕开环境保护行政部门直接将侵害环境的行为诉之法院，则可能导致环境行政保护部门怠于履行职责，同时也增加了工作量，浪费了本已稀缺的司法资源。所以，应建立环境公益诉讼的前置程序，即应当经过督促环境行政保护部门的履职行为，只有在环保部门在法定催促期间内未履行职责，才可再向法院提起环境公益诉讼。具体方式如下：如果检察机关作为原告起诉时，应当先向环境保护主管部门提出检察建议，如果意见不被采纳或者30天内没有答复的（紧急情况除外），则可提起；社会环保组织作为原告起诉时，应先向环境保护主管部门进行报告和控诉，如果意见不被采纳或者30天内没有答复的（紧急情况除外），则可提起。如果环保行政部门在法定期间已经采取或者决定采取行政行为的，法院对于该起诉不得受理，而应当终止诉讼。如此，可使环境公益诉讼在增加维护环境公益的途径之外，还可以增强公众对环境监管部门的监督和对环境执法资源不足的补充。

2. 科学安排原告序列。科学合理的起诉顺序有利于最大化地激发社会保护环境活力，降低司法保护的外部损耗。对此，笔者建议，在法律同时赋予检察机关和社会环保组织提起环境公益诉讼原告权利能力时，应当明确检察

---

① 朱谦．公众环境公益诉权属性研究［J］．法治论丛，2009（2）：16.

机关的优先性，即如同社会环保组织和检察机关同时提起时，应当由检察机关代表参与诉讼。一方面，检察机关作为国家的法律监督机关，具有专门的法律人才和调查收集证据能力，从而在维护环境公益诉讼中更加充分；另一方面，检察机关要受到检察一体化和客观性义务的约束，确保在环境公益诉讼中的行为更加合乎法律和政策的要求，从而维护民事诉讼主体之间的法律平等性。同时，检察机关根据案件情况，如果社会环保组织参与诉讼，也可以通过督促起诉、支持起诉等方式参与到环境公益诉讼中来。[①] 根据我国《民事诉讼法》第14条的规定："人民检察院有权对民事诉讼实行法律监督"，而监督的主要方式则为再审抗诉和提出检察建议，所以，对于社会环保组织作为原告提起环境公益诉讼的案件，检察机关仍然可依职权进行监督。[②]

3. 完善举证规则。在环境污染案件中，损害事实和损害程度需要原告证明，由于环境污染案件中，环境利益受到的损失难以充分计算（譬如由于受科技发展水平限制，损失计算标准不明确、鉴定方式不健全等），被告可能依据自身鉴定报告予以否定的，对此，法官可自行调查取证，并委托双方同意的中立鉴定机构作出鉴定；对于被告难以确定的案件（譬如大气污染案件、水域污染案件中有时很难确定直接污染源），所以，对环境污染的结果不必要求具体详细，对被告的列举只要有优势证据证明即可，从而减轻原告的举证责任。

4. 完善诉讼原则。第一，可以适用反诉。反诉是指在一个已经开始的民事诉讼程序（又称之为本诉）中，本诉的被告以本诉的原告为被告，向受诉法院提出的与本诉有牵连的独立的反请求[③]。反诉制度是民事诉讼平等原则的重要体现，是民事主体享有对等权利的重要方式。对于由检察机关或社会环保组织提起的环境公益诉讼中，被告可否提起反诉，理论界存在争议，多数意见认为不合适。[④] 但是笔者认为，环境公益诉讼中应当允许被告反诉。一方面，因为环境公益诉讼虽然是特殊的民事诉讼，但应当具有民事诉讼的本质，即主体的平等性，允许被告反诉是法律平等的要求；另一方面，环境公益的诉讼过程本身就是环境争议的解决过程，不能对此进行价值预设，认为是单纯的惩治被告的过程，允许被告通过反诉维护自身的合法权益。当然，这种

---

① 根据《民事诉讼法》第15条规定："机关、社会团体、企业事业单位对损害国家、集体或者个人民事权益的行为，可以支持受损害的单位或者个人向人民法院起诉。"

② 陈文华．公益诉讼制度与检察机关的定位［N］．检察日报，2012－11－07：3.

③ 张卫平．民事诉讼法［M］．北京：法律出版社，2009：39.

④ 刘澜平，向亮．环境民事公益诉讼被告反诉问题探讨［EB/OL］．重庆法院网，http：//cqfy. chinacourt. org/article/detail/2013/11/id/1147278. shtml，2014－03－10.

反诉也有一定的限制，因为根据诉讼请求的种类不同，可分为赔偿损失、恢复原状和停止侵害三类。特别是在给付之诉中，因为环境公益诉讼的原告只是程序意义上的当事人，而无法承担实体当事人的责任，所以，在具有给付义务的反诉中应当有所限制。第二，不适用调解原则。调解原则是民事诉讼的重要原则，民事调解是指诉讼双方在人民法院的主持下进行充分协商达成协议的过程，是当事人处分权与法院审判权相结合的产物。[①] 调解不同于判决，诉讼调解降低了诉讼风险，减少了诉讼开支，可以实现诉讼共赢，通过近些年的最高人民法院的工作报告可知，我国民事案件的调解率一直在高位运行，这充分说明了调解原则的深入运用。但调解的适用是有范围的，调解适用的范围在于原告对诉讼标的具有处分权，这是调解的前提，在环境公益诉讼中，原告对环境利益并无实体处分权，所以，他是无权代表国家和社会放弃权利、处分权利，同时，一旦允许环境公益诉讼双方调解，则可能造成环境公益诉讼原告的不当牟利行为，引起信任危机，所以，法律应当明确此类案件不适用调解原则。

5. 完善诉讼费用负担机制。鉴于环境公益诉讼中原告与本案诉讼标的并无直接的利害关系，再加上公益诉讼的费用构成复杂，所以对于环境公益诉讼的诉讼费用应扩大至律师费、差旅费等费用。对于原告败诉的，若为国家机关时，因为是履行法定职责的职务行为，诉讼费用应由国家负担；若为法定组织时，可先由政府负担，但环保基金建立后由该基金负担。同时，我国还应当借鉴其他国家的做法，针对环境公益诉讼适当降低原告因提起环境诉讼而负担的各项诉讼费用，进而激励原告提起环境公益诉讼[②]。

---

① 江伟. 民事诉讼法专论［M］. 北京：中国人民大学出版社，2005：285.

② 邓一峰. 环境诉讼制度研究［M］. 北京：中国法制出版社，2008：269.

环境公益诉讼的价值评判及其制度期许

孙日华
（河北地质大学法政学院）

摘要：新修改的民事诉讼法对环境公益诉讼的规定较为模糊，尚未明确界定具体的原告主体、程序、经费以及责任等核心问题。这就决定了环境公益诉讼尚未演化为职责（权）主义，依旧是利他主义的思维倡导，缺少可操作性的行动策略。当前的环境公益诉讼的法律规定有其理性的价值设定，目的是降低司法机关的界权成本、为经济转型提供缓冲期、为社会环保组织提供成长期、为间接损失大的环境案件提供法律依据。因为模糊，所以未来有更多可能。作为公益诉讼主体的环境行政机关由于存在角色冲突和利益共融，应该被排除在外；而被制度排除的在外的公民个人作为主体具备“私人执法”的低成本优势，需要突破与激活；检察机关作为较为中立的监督机关，具备侦查的优势和公信的威望，可以作为诉讼主体加以确立。总之，环境公益诉讼亟待通过市场机制，促成公共惩罚和私人惩罚的有效组合，共同致力于社会控制总成本的最小化。

关键词：环境公益诉讼；诉讼主体；模糊；成本

自2012年新修改的民事诉讼法规定环境公益诉讼之后，呼唤多年的环境公益诉讼得到了法律文本的回应，学界与民间为之欢呼雀跃。但是，相对模糊的法律规定再一次引发了学界的争论热潮。① 其中最为关键的就是诉讼主体问题，即所谓的“法律规定的机关和有关组织”到底该如何界定。本文对不同诉讼主体进行经济分析，将视角放在环境公益诉讼的司法可能性上，这是一个更加复杂的法律问题，有必要做出有深度的学术回应。

---

① 在此称之为“相对模糊”，是因为民事诉讼法规定了起诉主体为法律规定的机关和有关组织，但是具体这些机关和组织包括哪些却并不明确，还需要进一步规定。现实中，哪些机关和组织具有诉讼主体资格还尚无定论，更无法操作。

一、环境公益诉讼的“能”

环境公益诉讼在法律文本中从无到有，回应了社会长期以来的诉求，但是该规定并没有给予环境公益诉讼非常明确的指引，仅仅为环境公益诉讼贴上了合法的标签。现行环境公益诉讼的提起主体是“法律规定的机关和有关组织”，以列举的方式排出了公民个人或者群体作为原告主体资格。笔者认为，民事诉讼法的这一规定不会在近期内改变，而且在较短时间内不会对其做出更加具体的法律规定（至少还不会对这两个主体做扩大解释），即具体公益诉讼主体的范围、程序、责任等问题。最高法院也不会做出相应的司法解释，最多会针对请示的案件做出个别的解释。[①] 也就是说，在当前，民事诉讼法规定的公益诉讼并不会全方位地展开，其需要一个较长的成长过程。原因如下：

第一，为了降低界权成本（delimitation cost）[②]。环境公益诉讼的提起主体排除了公民个人，一定程度上不仅仅是考虑公民缺乏相应的环境公益诉讼能力，还担心引发大范围的公益诉讼。[③] 对于公益诉讼主体、程序、责任等未做出明晰性规定，是立法的权宜之计。环境污染案件往往牵涉多方利益，事故风险缺乏公共认知，有时甚至缺少客观依据和主观共识。环境污染案件中的因果关系难以确定，对生活实际影响评定困难，赔偿范围和数额也较难统一。法院更擅长法律认知，环境污染中复杂、专业的事实性问题对其而言极具挑战性。[④] 在经济学看来，法院受理环境污染案件的机会成本太大。在有限司法资源的约束下，以结案率和调解率为考核指标的司法语境下，法院更倾向于处理迅速获得收益的案件。目前，环境污染案件采取地方法院渐进式探索的方式，我们也可以称之为“干中学”。这样的方式，既保证了部分影响重大的

---

① 民诉法关于环境公益诉讼原告资格中有一句限定性语句，即“法律规定的”。无论此处的法律做广义还是狭义的解释，都应该是通过立法形式完成原告资格的界定。最高法院在法理上是无法行使这一权力的。

② 本文所称的“界权成本”是将法律界权的机会成本，即界定某一纠纷的时间本可以从事其他权利界定，并从中获得的全部收益就是界权成本。

③ 是否真的会引发大规模的环境公益诉讼，并没有相关的数据和资料。无论是官方还是学界都只是在做理论推理或者设想。

④ 凌斌．法治的代价——法律经济学原理批评［M］．北京：法律出版社，2012：210.

案件获得了司法裁判①，又不会造成环境污染案件一拥而上而使法院应接不暇。法院在处理重大案件的同时，积累了审理环境侵权案件的知识。主体在实践过程中，知识作为副产品产生了，效率得到了提高，获取知识的成本也因此下降。这也许就是“摸着石头过河”的经济学逻辑吧。

第二，为经济转型提供缓冲期。目前，环境污染事件进入了集中爆发期，这与之前我国的经济发展方式直接相关。多年的粗放型经济发展模式在带来了经济繁荣的同时，也造成了严重的环境污染，并直接影响了公众的生产和生活，制约了社会的可持续发展。随着公众环保意识的增强，公众对于环境污染愈发敏感，公众期望通过司法解决环境污染问题的愿望愈发强烈。但是，改革开放至今，几十年的经济增长方式不可能在短期内彻底改变，政府的引导和市场的调节需要较长时间才能见到成效。然而，公众对于清洁环境的诉求又非常迫切，这就出现了产业结构转化的缓慢与公众环境诉求的急迫之间的矛盾。为了缓和这一矛盾，在法律文本上对环境公益诉讼做出较为模糊的规定，在司法实践中，则需要法院不断积累此类案件的审理经验。通过这一妥协的策略，可以较好地融解矛盾和纷争。而国家必然期望在这一缓冲时期较快地完成经济增长方式的转变，法院也在成长之后争取妥善地处理环境污染案件。

第三，为社会组织预留成长期。众所周知，在转型期的中国，社会组织依旧是一块软肋，社会组织的成长还缺少市民社会基础。近年来，中央和地方政府非常重视社会组织的发展，但是政府与社会组织之间的关系并未清晰，尤其是在某些权能分配方面，还存在着越位和缺位现象。目前，由环保组织提出并进入司法程序的环境污染案件，基本上都是由中华环保联合会启动的，② 具有半官方性质的中华环保联合会在地方法院的诉讼中占据了较大优势。相对而言，其他民间环保组织（如自然之友、地球村、公众与环境研究中心、绿家园、达尔问等）参与到司法实践的案例极少。目前，由于新民事诉讼法对于“社会组织”作为原告的主体资格尚未明确界定，这些民间组织

---

① 这些社会影响较大的案件，如引发群体性事件的污染案件。我将其称之为间接损失较大的案件，关于这个观点的论述将在后文具体阐释。相关的国内研究较少，国外的研究可以参见以下文献：皮斯托，许成钢．不完备法律：一个概念性分析框架及其在金融市场监管发展中的应用［J］．比较，2003（3/4）．Becker G S，Stigler G J. Law Enforcement，Malfeasance，and Compensation of Enforcers［J］. Journal of Legal Studies，1974（3）：1－18. Ibaanez A，Gil J. The Administrative Supervision and Enforcement of EC Law：Powers，Procedures and Limits［M］．Oxford：Hart Publishing，1999. Polinsky A，Shavell S. The Economic Theory of Public Enforcement of Law［J］．Journal of Economic Literature，2000（3）：45－76.

② 别涛．环境公益诉讼立法的新起点［J］．法学评论，2013（1）：105－106.

参与到环境公益诉讼的难度较大。诸多环境污染案件，经常牵涉地方政府的经济利益，民间组织提起公益诉讼具有一定程度的私人执法性质。民间组织对地方政府和污染企业缺乏制约力量，地方法院在此类案件的审理中又要顾及地方政府，最终导致民间组织的环境公益诉讼无法立案。当然，这也与社会组织的独立性、专业性和社会参与程度不够有很大关系，民事诉讼法并未清晰规定社会组织的范围，可能在为社会组织预留一定的成长期，同时，还可以通过社会组织在环境公益诉讼中的探索获得公共认知，最终在环境保护法律的修改中再界定社会组织的外延。

第四，为间接损失①较大的环境污染案件提供法律依据。经济学倡导以成本收益解释世界，以往的研究主要把重点放在了直接成本和直接损失上，前者主要指处理违法行为所需要支付的调查取证、逮捕、审判、执行等活动的成本；后者指包括损害者利益与受害者损失的净损失。② 笔者认为，在环境污染案件的处理中，间接成本和损失应该纳入分析视野。间接成本指法律本身的不尽合理，法律的严格适用导致社会收益的减少；间接损失指由于司法的瑕疵导致人们为了防止受害概率而需要增加的防范投入以及由此导致的负外部性（社会不稳定对经济增长的损害等）。③ 当同时考虑到间接成本和间接损失所造成的总成本过大时，法官就会选择性司法。必须承认的是，司法资源总是有限的，环境污染案件的专业性、复杂性，本身会让法院的界权成本较其他案件高出许多。而面对全国各地愈发普遍的环境污染事件和有限的司法资源（满山兔子一杆枪），受预算约束的法院必然会对案件做出选择。在众多环境公益诉讼的案件中，法院通常会选择那些影响较大、容易引发群体性事件的案件。因为这些案件会导致社会不稳定，并最终影响经济发展，即间接损失较大。当来自政府的货币或者非货币激励变化很大时，执法代理人的行为实际上就被高度政治化了。④ 目前，我国关于环境公益诉讼已经提出了一个模糊的框架，这就赋予了法院审理环境公益诉讼的选择权。正是因为原告诉讼主体尚未完全明确，法院就可以在司法资源有限的情况下，依据间接损失

① 由 Becker（1968）和 Stigler（1970）开创的最优执法理论，指出执法本身的代价，但该理论忽视了间接成本和违法行为的间接损失。Hay 和 Shleifer（1998）以及 Karpoff 和 Lott（1993）考察了间接成本与间接损失（负外部性）。Niskanen（1975）提出了执法者追求财富最大化的观点，即认为执法者在选择执法方案时会更加关心自己的薪酬、权力和公共声誉，而非社会福利。波斯纳（2002）对法官也有类似的看法。

② Becker G S，Stigler G J. Law Enforcement，Malfeasance，and Compensation of Enforcers [J]. Journal of Legal Studies，1974：1 - 18.

③ 戴治勇. 选择性执法 [J]. 法学研究，2008（4）：29.

④ Glaseser E，Shleifer A. Coase Versus the Coasians，Journal of Economic，2001（116）：853 - 899.

的大小合法地选取案件，而不会遭遇太多的质疑。法律经济学对法官行为研究的结论是：法官也是财富最大化者，会对薪酬、声誉和升迁等做出反应。①民事诉讼法关于环境公益诉讼主体的模糊规定，赋予了法院合法的选择权。这也与之前我的论述是相呼应的，也彰显了环境公益诉讼的立法策略。

总之，目前的环境公益诉讼中，原告的利他主义缺乏激励机制。其受制于整体的经济发展背景和法律文本的限制。只有进一步引导利他主义，为环境公益诉讼提供深刻的法律干预策略，才能对环境公益诉讼的当事人产生有效的激励，环境公益诉讼才能深入发展。

二、环境公益诉讼的“不能”及其期许

在阐释了环境公益诉讼中的利他主义动机，分析了目前环境公益诉讼立法的实然状态，得到的结论是，目前我国的环境公益诉讼较为模糊的框架设定，尚未将环境公益诉讼转化为职责（权）主义，依旧是利他主义的思维倡导，缺少可操作性的行动纲领，因而利他主义必然存在代价。只有降低环境公益诉讼的成本或者增加环境公益诉讼的收益，才可以产生利他主义的激励。

（一）规训与惩罚渎职者

惩罚和保护都会对利他主义行为产生激励效果，但是，这两种手段适用于不同的主体。惩罚手段主要作用于负有环境监管职责的国家机关，保护措施主要适用于提起环境公益诉讼的社会组织和个人。环境公益诉讼主体之一是法律规定的国家机关，虽然尚无明确规定，司法实务中主要是检察机关和环境行政机关在提起环境公益诉讼。在此，本文也姑且将其限定在这两个诉讼主体上。

检察权的公共性决定了检察机关在涉及公共环境利益之时，作为原告提起环境公益诉讼。检察权作为司法权的一种，是被动的权力，在环境污染发生后，根据环境污染的状况权衡是否涉及公共利益，做出是否提起诉讼的决定。这样的设定具有法理依据，也符合检察权的事后监督职责和司法权能。但是，笔者认为，让环境行政机关作为环境公益诉讼的主体并不妥当，因为让环境行政机关作为原告，缺乏有效的激励机制。

第一，原告资格与环境行政机关的职责冲突。我们知道，行政权与司法权不同，其更具主动性。环境行政机关自身的职责就是进行日常的环境监测与保护，时刻监督市场主体是否会造成环境污染是其必然的日常事务。如果

---

①【美】波斯纳．正义/司法的经济学［M］．北京：中国政法大学出版社，2002：45－47.

出现了环境污染，尤其是发生涉及公共利益的环境污染案件，本身就是环境行政机关的失职。此时，由于失职造成了环境污染，环境行政机关就应该受到相应的责任追究。当公共环境污染案件发生后，环境行政机关应为法律制裁的对象，而不应该充当受害者的角色，来扮演公益诉讼的原告。第二，环境行政机关缺乏推进司法程序的激励。事实上，一旦发生了环境污染事件，环境行政机关是难脱其咎的。环境行政机关有能力事前审查，事中监督，可以最大限度地避免事故的发生。当环境污染案件发生后，应该认定的是环境行政机关的失职。既然环境行政机关失职在先，让其作为原告提起诉讼难道不是在让自己承认错误吗？如果非要让环境行政机关作为原告，其会有选择地处理诉讼证据，尤其是那些暴露自身疏于执法而导致污染发生的证据，甚至会形成环境行政机关与污染企业之间的共谋。如果污染企业被轻罚，可以间接证明环境行政机关的执法失误较少，环境行政机关受到的上级和公众的责难也会减少。在这一层面上，在环境公益诉讼中，环境行政机关与污染企业之间具有“共容利益”①。而且，二者之间的信息是比较对称的，它们可以在诉诸司法之前实现信息传递，并实现成本的最小化。我们可以发现，强加责任于环境行政机关会造成其不合理地追加自我保护成本，产生社会浪费。②总之，笔者认为，在环境公益诉讼中，不应该将环境行政机关作为原告，而是让其回归到本来的行政职权上。而具有主动执法权的环境行政机关一旦不能在事前制止环境污染事件的发生，在进入司法程序的那一刻就与污染企业产生了关联利益，就该当然地丧失原告资格。这样的好处是可以强化环境行政执法机关的事前执法积极性，而不是通过公益诉讼鼓励其进行事后的诉讼。让其参与环境公益诉讼是勉为其难，而且不利于诉讼顺利开展。

因此，笔者认为，在公共环境污染的案件发生后，只授权检察机关作为公益诉讼的原告，向法院提起环境公益诉讼。这样的制度安排有如下好处：第一，可以摆脱环境行政机关参与公益诉讼的利益纠葛，保障环境公益诉讼的公正裁判；第二，检察机关具备诉讼的能力与经验，职责超脱与独立，有利于司法裁判的顺利进行；第三，将权力只授予检察机关，可以防止职责推诿，也便于公益诉讼行为不当时的责任追求。第四，检察机关本身是权力监督机关，在环境公益诉讼过程中，又实现了对环境行政机关的执法监督。因

---

① Olson M. Power and Prosperity：Outgrowing Communist and Capitalist Dictatorships［M］. New York：Basic Books，2000：13.

② Landes E M，Posner R A. Altruism in Law and Economic［J］. The American Economic Review，1978，68（2）：148.

此，一次成本投入，可以获得超额收益。

基于以上原因，笔者认为，作为环境公益诉讼主体的国家机关应该仅由检察机关担任。理想的环境公益诉讼是，由检察机关提起，环境行政机关作为证人的诉讼模式。当司法判决做出后，根据环境污染造成的损害程度，检察机关和法院应该各出具一份司法意见书，将其送达环境行政机关的上级部门，对环境行政机关的失职做出真实的报告。笔者相信，如果将环境的事前监督与事后的环境公益诉讼相结合，强化不同国家机关之间的职责，环境污染事件就会大范围地减少。当前环境污染案件之所以层出不穷，与整体的经济增长方式有关，但与权力未能物尽其用也有必然的联系。权力的分工必然产生效率。分工减少了个体活动的种类，因此提高了个体所从事活动的频率，使知识累积加快，由此产生的结果是产出量的增加，即生产力的提高。[①] 市场规律在权力领域也由此得以验证。

（二）奖励与保护利他者

在当前，在环境公益诉讼的法律规定和司法实务中，政府干预色彩明显强于市场调节。与此对应的是，对政府权力进行规训的同时，需要对市场机制广泛培植。事实上，即使在没有政府干预的情况下，市场中总有一种自发的力量努力参与到环境公益诉讼中。这样的力量主要来自两个方面：社会组织和公民个人。这两股势力与环境污染企业经济利益牵扯最少，自主性更强，提起环境公益诉讼的积极性更高。但是，由于自身力量的弱小，有心无力之处在所难免，亟须官方与社会的大力扶持。

在前面的论述中已经提到，公民个人参与到环境公益诉讼的机会已经被新民事诉讼法挡在门外，也分析了其中的个中缘由。但笔者认为，其中还有一个重要的原因，那就是法律父爱主义的无处不在。以往认为只能由政府主导的事情，如果交给了个人也未必会失败，完全没有必要担心公民个人的创造力。[②] 公民个人是否能够进行环境公益诉讼，可以由市场来调节，在衡量环境公益诉讼的成本与收益之后，公民个人会做出理性的选择。美国和我国台湾地区长期以来都允许公民个人作为环境公益诉讼的原告，取得了较好的效果，并没有出现不可控制的局面。[③] 公民个人进行环境公益诉讼是与公共执法

---

① 朱锡庆. 知识笔记［M］. 北京：中信出版社，2011：188.

② 比如慈善基金项目，在2013年四川芦山地震捐款中，验证了李连杰发起的“壹基金”发挥了重要作用。

③ 陈冬. 公民可否成为我国环境公益诉讼的原告［J］. 清华法治论衡，2012（2）：99－106.

相对的私人执法。[①] 在环境公益诉讼中，私人执法比公共执法具备成本优势。公众广泛分散在社会各个区域和层面，其社会的深入程度远远超越国家机关，因此，其对环境污染的切身感受将更加强烈。相比较公权力机关的监管和调查，广泛存在的公众监督可以有效降低搜寻成本。公众在环境污染问题上比政府具有更大的信息优势。允许公民提起环境公益诉讼，可以实现公共惩罚和私人惩罚的结合。任何惩罚都会给违法者带来损失，而损失的大小决定了惩罚的威慑效果。按照经济学的观点，惩罚的威慑效果（即惩罚的预期损失）取决于惩罚的实际损失与抓获概率的乘积。[②] 无处不在的公众，可以大大提高抓获环境污染者的概率。赋予其环境公益诉讼原告的资格，让私人执法力量与公共权力形成互动，可以有效降低国家公共资源的投入。如果政府将环境公益诉讼的权力都垄断在自己手中，确实可以对环境污染施加公共惩罚，但却需要强大的暴力资源和雄厚的经济实力。但是，一个国家无论多么强大，其所具有的公共资源都不是无限的。在部分领域允许私人惩罚的出现，可以大幅缩减国家的预算开支。大量研究表明，私人之间的惩罚可以为缺乏公共权威的社会提供替代性强迫机制。[③]

基于这样的理由，笔者认为，在未来修改法律的时候，应该将公民个人纳入环境公益诉讼的原告之列。在美国，公民的环境公益诉讼被称为“（环境）行政机关的消毒剂（antidote to agency inaction）”。[④] 不仅不应限制，而且还需要给予环境公益诉讼的公民提供保护和奖励。保护和奖励措施可以采取以下方案：第一，对于环境公益诉讼人诉前免交诉讼费，如果污染企业败诉后由其承担诉讼费用；如果原告败诉，就免除诉讼费，减轻原告人的责任与负担。第二，严厉制裁那些报复公益诉讼原告的行为，为其提供人身和财产安全保障。第三，允许环境公益诉讼的公民适当获取诉讼收益。在环境公益诉讼中，不可能事先与某个机关签订合同，只能按照诉讼提起人的时间成本、劳动成本以及在诉讼中可能面临的风险来确定补偿。[⑤] 当然，也可以将其视为

---

① Thompson B H. Innovation in Environmental Policy：the Continuing Innovation of Citizen Enforcement ［J］. University Illinois Law Review，2000：185.

② Becker G S. Crime and Punishiment：An Economic Approach ［J］. Journal of Political Ecomomics，1968（76）：33.

③ Cluckman M. Custom and Conflict in Africa ［M］. Oxford：Blackwell，1995. Nader L，Todd H F. The Disputing Process：Law in Ten Societies ［M］. New York：Columbia University Press，1978.

④ Robinson G J. Interpreting the Citizen Suit Provision of the Clean Water Act ［J］. 37 Case Western Reserve Law Review，1987：520.

⑤ Landes E M，Posner R A. Altruism in Law and Economic ［J］. The American Economic Review，1978，68（2）：417.

利他主义者的“信息租金”。① 无论是减轻原告的负担还是直接增加其收益，都可以看作是对原告社会公益行为的一种奖励。奖励可以增加原告的执法收益，而那些为私人执法扫除的障碍和给私人执法提供的保护可以降低私人执法的成本。当然，由于环境公益诉讼的价格难以评估，但是可以在多次的环境公益诉讼的竞争中确定基本的价位。② 新民事诉讼法规定了环境公益诉讼制度，期望通过法律助推社会发展，当这一制度完全取代了民间力量和市场机制的时候，公共资源的供给不足就会不断出现。当前，我国环境污染的群体性事件不断涌现，就是这一理论推理的现实写照。

与公民个人的环境公益诉讼原告资格相比，社会组织的原告地位已经得到了制度回应。如果将公民个人的环境公益诉讼作为私人执法看待的话，社会组织参与环境公益诉讼可以看作是社会执法。从目前的环境公益诉讼立法来看，社会组织的范畴尚未明确。笔者认为，环境公益诉讼本身具有极强的利他主义色彩，需要广泛发动社会力量参与到环境执法过程中，仅仅依靠国家的公共资源是无法有效实现环境治理的。为了实现环境治理总成本最小化，就需要激活社会组织的利他主义精神。以上提出的保护和奖励公民个人参与环境公益诉讼的方案同样可以适用于社会组织。社会组织具备专业性和团体性的优势，可以减轻执法和司法的负担。但需要指出的是，伴随着我国社会组织的不断成长，环境公益诉讼对于社会组织的外延限制应该放宽，只要是合法的社会组织都应该有原告资格。真正哪些社会组织能够承担起环境公益诉讼的职能，不需要法律的直接限定，市场这只“无形的手”完全可以实现优胜劣汰。

总之，针对环境公益诉讼问题，需要通过制度不断引导社会力量，发挥市场优势，让更多的社会资源进入。经济学家认为，过量提供公共物品是缺乏效率的。在环境公益诉讼中，政府过度垄断诉权，公众就没有激励在环境保护上进行任何投资。理论上，国家垄断了执法资源的同时，带来的是巨额的财政开支，而公共资源的消耗又需要更重的税负来支撑，强大的父爱主义名义上是为了保护公众的利益，最终却可能因为横征暴敛而招致公众的反抗。③ 在环境公益诉讼上，当公共执法比私人执法更加有效，但是私人执法（包括社会执法）比公共执法成本更低的时候，公共执法和私人执法（社会执

---

① 张维迎．博弈与社会［M］．北京：北京大学出版社，2013：240－250.

② Landes E M，Posner R A. Altruism in Law and Economic［J］．The American Economic Review，1978，68（2）：109－113.

③ 张伟强．奥尔森的国家起源理论［J］．北方法学，2009（2）：151－153.

法）就应该形成有效的组合，共同致力于社会控制总成本（公共控制和私人控制成本之和）的最小化。

三、结语

任何法律规则的选择都存在制度成本，即在选定某一规则时所必须付出的原本可以从其他规则中获得的全部收益。选择总有代价，关键是要看环境公益诉讼制度选择的价格——界权成本的高低。从目前现行的环境公益诉讼立法和司法实践来看，对环境公益诉讼主要依靠公共惩罚机制，私人惩罚机制几乎没有实现与公共惩罚机制之间的良性互动。法律选择了由国家垄断主要的环境公益诉讼，制度成本将在公共财政中支出。公共惩罚天然的信息劣势和利益纠葛，会造成公共惩罚的协调成本和搜寻成本过于高昂。

模糊的法律规定，将环境公益诉讼限定在了利他主义层面，却没有将诉权真正地设定为特定机关的职责。在执法资源有限的情况下，又缺乏明确的责任承担主体，环境公益诉讼会陷入“公地悲剧”。此时，私人惩罚机制没能与公共惩罚机制建立有效衔接，缺乏必要的制度激励和保障。最终的结果将是高昂的公共支出用在了协调利益、弥补信息不足上，而真正用在环境公益诉讼上的支出将被迫大幅降低。在环境公益诉讼界权成本居高不下的背景下，如果不对利他主义进行深入引导，环境公益诉讼依旧是一个符号和一种姿态。

检察机关在京津冀协同发展中的环境保护路径研究[①]

李鹏飞　王玉星
（河北省唐山市人民检察院研究室；唐山学院）

摘要： 面对京津冀区域生态环境的严峻状况，需要京津冀区域司法机关尤其是检察机关发挥法律监督职能，探索京津冀协同发展中的环境保护路径，完善相应的体制机制，有的放矢地针对生态环境进行司法保护，努力克服司法地方化带来的不良影响，确保京津冀生态环境保护在法治轨道上稳步推进，推动京津冀区域生态环境取得根本性好转。

关键词： 司法协作；专项行动；行刑衔接；完善机制

生态环境是经济社会发展的客观基础。实现京津冀区域协同发展，就必须有一个良好的生态环境。因此，在推进京津冀协同发展过程中，应加强地区间司法机关的相互协作，保护生态环境。为促进京津冀地区环境进一步好转，京津冀区域检察机关之间应开展司法协作，并不断扩大司法协作范围，丰富司法协作方式，提高司法协作水平，建立完善环境保护检察工作机制。

一、以河北省出台的相关法律政策文件为参照，开展协作

河北省人民检察院已经于2015年9月印发了《河北省人民检察院关于充分发挥检察职能服务和保障京津冀协同发展的指导意见》（以下简称《指导意见》），强调着力服务生态环境建设，为京津冀协同发展提供生态环境支撑。在保护生态环境方面，《指导意见》共提出四个方面的举措。一是要求依法打击破坏生态环境的刑事犯罪，不断加大对生态环境和资源的司法保护力度，促进扭转生态环境恶化趋势。二是依法查办破坏生态环境涉及的职务犯罪。依法严厉打击重点生态功能区建设、国土江河综合整治、能源资源保护、环境污染防治、生态环境监管、防灾减灾体系建设等环节的职务犯罪。及时介

① 本文系作者主持的河北省法学会2016年度法学研究课题的阶段性成果之一，课题编号：HBF（2016）D019。

入重大环境污染事故调查，依法查办事故背后国家工作人员索贿受贿、失职渎职等犯罪，为破坏生态环境的企业和个人充当“保护伞”、帮助破坏生态环境犯罪嫌疑人逃避处罚的犯罪等，促进强化环境监管。三是加大对涉及生态环境案件的民事行政诉讼监督力度。加强支持起诉工作，对因受到环境污染损害而提起诉讼的企业或个人，积极提供法律帮助。开展督促起诉工作，加强对负有环境保护监管职责的行政机关的监督力度，督促其依法认真履行职责。针对破坏能源资源、重大环境污染等事件，适时开展专项监督活动。四是加大与相关部门协作配合力度。深入调查研究，加强与省法院沟通协作，积极探索设立环保类案件跨行政区划法院和检察院。结合重点项目职务犯罪预防工作，分析生态文明建设领域存在的突出问题，查找深层次原因，及时向地方党委政府提出对策建议，推动相关部门有针对性地加强生态环境保护工作，促进生态环境持续改善；督促环保部门建立重大项目环境影响及社会稳定风险评估预警机制，减少潜在的危害环境事件的发生；建立破坏生态环境刑事案件类案监督机制，着力纠正以行政罚款代替追究刑事责任等问题；结合查办涉及环境问题的职务犯罪案件，监督纠正生态文明建设中的行政不作为、乱作为；加强生态环境保护法律宣传，深入企业、社区和农村，引导公民、法人和其他组织参与和监督环境保护，共建生态文明。上述四点举措显示了河北检察机关稳步推进建立京津冀生态环境保护领域执法司法协作机制的意向。北京、天津检察机关也应提出跨区域常态化协作机制的意见，与河北检察机关一道认真履职，形成打击跨区域破坏生态环境犯罪的工作合力。

二、开展专项行动，依法打击破坏生态环境犯罪行为

作为治标的手段，京津冀司法机关要严格依法加强对破坏生态环境犯罪行为的打击力度，通过履行检察和审判等职能，加强环境案件立案管辖协调联动，形成真正的司法协同机制；加强环境案件法律适用协调联动，确保京津冀三地法院审理同类环境案件法律适用基本统一、裁判尺度基本相同、处理结果基本一致。

河北省检察机关已经充分认识到，加强生态环境司法保护，是建设经济强省、美丽河北的重大任务，是服务保障京津冀协同发展的必然要求，是回应群众期盼、坚持司法为民的重要举措。从 2015 年 11 月起至 2016 年 11 月，在全省开展为期一年的“发挥生态环境保护检察职能服务和保障京津冀协同发展”专项检察监督活动，此次专项检察监督活动的重点是：严厉打击破坏

生态环境的刑事犯罪，包括污染饮用水水源，非法排放、倾倒、处置有放射性的废物、含传染病病原体的废物、有毒物质，非法排放有毒有害气体，跨区域非法运输、倾倒有毒物质，私设暗管或者利用渗井、渗坑等排放、倾倒、处置化工废水，以及非法采矿，非法占用农用地，盗伐、滥伐林木等刑事犯罪；严肃查处生态环境保护领域的职务犯罪，重点打击为犯罪分子或不法企业充当“保护伞”，徇私舞弊不移交刑事案件，玩忽职守环境监管失职，滥用职权违法发放林木采伐许可证，非法批准征用、占用土地，以及贪污、挪用、私分、截留生态环境保护专项经费等犯罪；加大对行政执法、刑事司法和民事行政诉讼监督力度，重点监督有案不移、以罚代刑、降格处理、选择性执法和有案不立、立而不侦、久侦不结以及有罪不究、枉法裁判等问题，积极开展民事行政执行监督、检察建议、支持起诉等工作，探索公益诉讼制度，依法按程序履行公益诉讼职能。目前，这项工作已经取得了初步成效。自2015年4月河北省检察院成立生态环境保护检察处至当年11月，全省检察机关共批准逮捕破坏环境资源犯罪案件288件415人。2016年1至5月，全省检察机关共受理提请审查逮捕破坏生态环境刑事犯罪案件183件269人，批准逮捕149件216人；受理移送审查起诉351件583人，提起公诉262件438人。全省检察机关惩治环境犯罪力度之大前所未有。

三、严肃查办环境污染和生态破坏背后职务犯罪

京津冀三地检察机关应充分发挥反渎职能，加大查办环境污染渎职侵权案件力度，一方面，积极配合有关部门处理重大安全事故和环境污染事件；另一方面，严肃查办国家机关工作人员危害土地资源、矿产资源、森林资源、水电资源等能源资源和破坏生态环境的渎职犯罪案件。2016年1至5月，河北省检察机关共立案查处涉及生态环境保护领域的职务犯罪案件14件38人，涉案金额6133万元人民币。事实证明，在土地、城建、能源资源等领域生态环境的违法犯罪案件之所以屡禁不止，与一些国家机关工作人员玩忽职守、滥用职权甚至徇私舞弊、钱权交易有着直接的关系。以往查办的案件表明，检察机关查办的危害能源资源和生态环境渎职犯罪案件中，涉及罪名集中在玩忽职守罪和滥用职权罪，重要特点是重特大案件多、行政执法人员占的比例较大、窝案、串案多、绝大多数案件发生在基层监管环节。总结经验还可以看出，在办案中检察机关要坚持“预防为主，综合治理”的方针，发挥预防犯罪的先期屏障作用，促使生态保护和建设的重点真正从事后治理向事前保护转变，强化从源头防治污染，从源头上扭转生态恶化趋势。“一旦此‘上

游工程’运行顺利，将可大大减轻下游公害纠纷处理上的负担。”

四、优化资源形成行政执法与司法保护的合力

在这个方面，可以考虑京津冀三地司法机关在联动机制建设方面，形成司法保护与行政保护的无缝对接，避免出现保护脱节。同时，还要重点关注环境司法和行政执法的权力交叉地带，形成一种良好的协调配合，避免相互推诿。检察机关不能满足于仅仅监督公安机关立案，而且要督促环境行政执法机关及时移送涉嫌环境犯罪案件，使环境犯罪案件顺利进入刑事诉讼程序，防止环境执法领域以罚代刑，有罪不究。要建立行政执法与刑事司法信息共享平台，实现“网上衔接，信息共享”，增强行政执法和刑事司法整体工作合力，共同打击危害生态环境和能源环境的犯罪。依法建议有关部门加大对污染环境犯罪行为的财产处罚力度和适用范围。因为大多数环境违法犯罪行为目的都是为追求经济利益而实施的，加重财产处罚力度可以让其在考虑成本和收益后放弃违法犯罪行为，可以有效遏制行为人再次或继续实施破坏环境的行为，铲除其经济利益方面的犯罪动机。

五、建立完善环境保护检察工作机制，强化推进生态文明建设的法治保障

唐山市检察机关建立了环境检察与环境保护行政执法工作联系协作的制度，充分发挥检察机关环境检察职能在推进生态环保工作中的积极作用，在实践中不断完善机制，依法为环境保护提供有力的司法保障，对检察机关在服务京津冀协同发展中保护环境具有借鉴意义。

（一）建立工作联络机制，加强检察机关与环保部门的配合协作。这不仅有利于增强环保执法刚性，完善环境保护的监管机制，有利于防范环境污染，维护公众环境权益，有利于疏导化解环境纠纷，提高公众参与环境保护积极性，还有利于促进依法行政，廉政勤政建设。检察机关和环保部门深化配合协作，充分认识到了运用检察职能加强环境保护的重大意义，积极实践，努力探索，建立定期联系和信息交流制度，相互支持，协调工作，扎实推进环境保护工作的全面深入开展。

（二）建立环境执法检查监督机制。检察机关积极配合环保部门开展环境污染整治，切实推进环保工作，促进全市经济社会的可持续发展。督促环保部门及时将需要检察机关配合执法的环保案件通报检察机关，并提供案件的相关材料，检察机关根据环保部门的要求给予配合、支持和检察监督。

（三）建立环境诉讼申诉案件优先办理机制。检察机关把涉及环境保护的民案件作为办案重点，予以优先办理。在调查取证过程中，环保部门根据案情需要向检察机关提供涉及侵害环境公益的监测、化验、鉴定、评估等技术资料或者数据。检察机关在行使检察裁量权时，充分考虑对生态环境的影响。

（四）建立督促、提起诉讼和支持起诉机制。对严重破坏和污染环境公益的责任人，检察机关积极支持环保部门依法查处，符合督促起诉条件的，督促符合法定条件的社会组织向人民法院提起诉讼，要求污染者停止侵害，赔偿损失。检察机关对当事人的人身或者财产权益受到环境污染行为侵害，当事人有起诉意愿，因证据收集困难或者诉讼能力缺乏等原因尚未起诉的，检察机关探索支持起诉，环保部门积极配合。

（五）建立矛盾纠纷化解协作机制对因环境污染引发的信访、举报、控告、申诉等矛盾纠纷，检察机关与环保部门等加强配合，共同做好矛盾纠纷的释法说理、排查化解、息诉罢访工作，维护当事人的合法权益，促进社会的和谐稳定。

环境公益诉讼的法律经济学分析

宋雪琦
（河北地质大学法政学院）

摘要：在当今社会，人类生存面临着环境危机的严峻挑战，越来越多的人开始关注环境问题，并致力于环保运动，公众的环保意识因此不断提高，观念也逐渐深入人心，环境纠纷日趋社会化，环境保护呈明显的公益化特点。然而，传统诉多限制性规定，这给公众通过司法途径寻求环境侵权救济造成了障碍，环境公益呼唤尽快建立新的诉讼制度以满足公众参与环保的需求，因此，环境公益诉讼成为人们关注的焦点。作为一种新型的诉讼，它突破了传统诉讼中许多限制性规，数国家所采纳。而我国现行的诉讼制度还存在着许多欠缺之处，阻碍了环境诉讼和环境保护。通过比较研究的方法和经济学的研究方法，本文旨在论证环境公益诉讼在我国建立的必要性，并提出环境公益诉讼的一些立法构想。

关键词：环境；公益诉讼；经济学

一、环境侵权概述

民法通则第一百二十四条规定：违反国家保护环境防止污染的规定，污染环境造成他人损害的，应当依法承担民事责任。环境是指影响人类生存和发展的各种天然的和经过人工改造的自然因素的总体，包括大气、水、海洋、土地、矿藏、森林、草原、野生生物、自然遗迹、人文遗迹、自然保护区、风景名胜区、城市和乡村等。人类在生产、生活中不可避免地要排放一定的废水、废气、废渣等对环境质量产生影响的物质，如果违反有关环境污染防治的规定，造成了他人损害，就应承担民事责任。目前，我国的环境侵权有如下几个特点：一是全国城市的空气污染问题突出。44.9% 的城市环境空气质量超过国家二级标准，其中有 43 个城市环境空气质量劣于国家三级标。山西、宁夏、陕西等省区城市空气质量超标的城市较多，国家环保重点城市中空气质量劣于三级的 7 个城市是：山西大同、阳泉、临汾；四川宜宾；甘肃兰州、金昌；新疆乌鲁木齐。二是全国城市的环境基础设施建设问题突出。全国城市生活污水集中处理率平均为29.44%，城市生活污水集中处理率为0的城市有178个，占“城考”城市总数34.84%；生活垃圾无害化处理率平均为59.71%（实际真正符合无害化处理要求的不足20%），生活垃圾无害化处理率为0的城市有130个，占“城考”城市总数25.59%；地级以上城市（含）危险废物集中处理率（特指建成医疗废物集中处置装置）为0的城市有80个。三是一些城市工业企业废水排放达标率、主要工业物排放达标率还很低。

1960年，原德意志联邦共和国的一位医生认为，向北海倾倒放射性废弃物的做法违反了《欧洲人权条约》中关于保障清洁卫生环境的条款，于是，他向欧洲人权委员会提出控告，引发了一场关于环境权的法律依据的国际性大讨论。美国学者约瑟夫·萨克斯也认为，企业并不考虑全体市民的公共利益，向公共环境中排放废弃物，全体市民是公共权利的所有者，所以，市民有权主张自己的权利且受法律保护。萨克斯教授还引用了法律格言“在不侵害他人财产的前提下使用自己的财产”作为环境权理论的论证依据。根据这个理论，1969年美国《国家环境政策法》对环境权做出了规定。1970年3月在日本东京召开了公害问题国际座谈会，会后发表的《东京宣言》也提出了环境权，即把每个人享有其健康和福利等权利，不受侵害的环境权利和当代留给后代的遗产应当是大自然赋予我们的权利，作为一种基本人权，在法律体系中确定下来。在我国，同样有很多学者提出赋予公民环境权的主张，比如，汪劲在其《中国环境法原理》一书中指出：应当将赋予公民环境权的相关法律规定，在立法中具体化和程序化。他认为，环境权的内容应该从实体和程序两方面来确定，实体上的环境权包括安全环境权、卫生环境权、舒适环境权、美感环境权；程序上的环境权包括环境知情权、环境事务参与权、环境请求权、环境监督权。

二、环境公益诉讼制度的经济学分析

环境公益诉讼的成本收益分析法律经济学的主要理论基础是制度经济学，经济分析方法应用于法学领域的前提是假设法律问题存在于经济市场中，各个主体按照自己的需要进行资源的分配和交换，价值判断标准和前提是效率或效用最大化，即投入最小成本获取最大收益。环境公益诉讼的成本主要包括直接成本和间接成本。直接成本是法院和当事人及其他诉讼参与人在进行起诉、审判和执行过程中所直接消耗的费用，如环境公益诉讼制度的构建成本，亦即立法成本，包括论证、听证等形成草案、审批等环节的费用；当事人参与诉讼活动而支付的成本，包括诉讼费、律师费，还包括由于参与诉讼放弃其他事情而损失的成本，亦即机会成本；其他诉讼参与人为参与诉讼而支付的成本，包括证人出庭的差旅费、食宿费、误工补偿的费用以及鉴定人的鉴定费用；其他与诉讼活动有直接关系的成本，如传唤、取证、制作法律文书、执行等成本。间接成本主要指由于原告的错误诉讼而导致被告合法权益受到侵害的损失成本。环境公益诉讼是特殊的侵权诉讼，法律规定由被告方承担证明责任。无论是直接成本还是间接成本，都属于经济成本范围，可以用货币来衡量，所以，应当尽量减少诉讼成本，以使经济资源的配置更加合理，从而取得更大的经济效益。

按照经济效益来讲，司法结果的经济效益都是负效益。尽管环境公益诉讼的结果不能产生直接经济效益，因为环境公益诉讼不是物质性产品的生产经营活动，但从科学发展观的角度来讲，环境公益诉讼所产生的效益应当归属于非经济效益范畴，其收益是巨大的，这主要包括对环境公共利益的保护；对公民环境权的保障；对社会公德的倡导及对公平正义的伸张；对环境侵害行为的有效预防和抑制及对后代人利益的保护；对国家法律尊严的维护和对国家法律权威的肯定等。就传统诉讼而言，直接利害关系人只要付出的私人成本小于私人收益，就会提起诉讼；环境公益诉讼中如果是非直接利害关系人，只要付出的是较小的私人成本，为了维护社会的公共利益，也可能提起诉讼。这样，在构建公益诉讼制度时，或者将私人成本，主要包括诉讼费和律师费，适时地转嫁于社会或做有利于原告的合理化安排；或者降低社会经济成本总量，比如诉讼周期的缩短或诉讼程序的简化等，就可以使环境公益诉讼的收益为正，并使社会主体可以毫无顾虑地以公益为重，积极参与或者发起诉讼。

从经济法的外部性视野分析首先要从环境的外部性出发。外部性是指一个经济主体的行为对另一个经济主体的福利所产生的效果。如果这种效果是积极的，则称之为正外部性，反之是负外部性。假若任凭市场自由发展，排污企业为了提高自己的经济利益，不可避免地会对周围环境产生污染和破坏，这就造成了环境的负外部性，市场中的各利益主体都在追逐自身利益最大化，所以，市场机制本身是无法达到帕累托最优状态，这就需要采取措施来加以矫正。针对环境外部性的解决方法可以分为私人解决方法和公共解决方法：私人解决方法主要是通过环境污染者和受害者的私人协商或者二者签订合同的手段来补偿受害者的利益损失，这种手段只是解决了环境污染者和受害者之间的矛盾，对于环境治理而言，不但没有成效，反而使环境污染更加严重，把负效应转嫁于社会，导致自然资源的进一步恶化，所以说不是最佳选择；而公共解决方法主要是通过经济手段和行政手段来解决，也就是以相关法律惩罚的手段来治理环境污染行为和以税收的手段增加环境污染者的经济成本，然而对于经济手段而言，很多经济主体为了追求更大的利润，宁可增加税收也要扩大生产规模，然后提高产品价格达到盈利，这种手段同样是将负效应转嫁给了社会，不是环境治理的最佳手段，所以，应当通过行政手段来加强对环境的保护，同时建立环境公益诉讼制度。环境公益诉讼的这种正外部性不仅能给诉讼当事人带来收益，还能给诉讼以外的其他人和子孙后代带来收益，是可持续发展的手段之一。虽然我国目前立法中还没有对环境公益诉讼制度的直接规范，但是在司法实践中和学界已经对该制度有所突破。在司法实践中，贵州省天峰化工厂污染案、广州石榴岗河污染案、乐陵市金鑫化工厂非法炼油案、青岛市民告规划局案、“塔斯曼海”油轮污染案等都是比较典型的环境公益诉讼的成功案例；在学界中，梁从诫、陈勋儒、吕忠梅以及其他一些知名学者也都在全国重要会议上提出了应当建立环境公益诉讼制度的议案和建议。这从另一个角度说明，环境公益诉讼制度的构建不但具有合理性、可行性，还十分具有迫切性。

三、完善我国环境公益诉讼制度的构想

环境公益诉讼制度的建立，从某种意义上是对传统诉讼制度的突破与创新，需要深入细致的理论准备和实践探索。为构建环境公益诉讼，应遵循以下原则：第一，有利于保障公民环境权的环境公共利益；第二，有利于调动公众的广泛参与，促进政治民主化进程；第三，有利于诉讼法律制度的完善和环境立法目的的实现；第四，实现司法资源对制度支撑的可行性。我们可以从以下几个方面入手，建立切实可行的环境公益诉讼制度。

（一）放宽原告诉讼资格

环境公益诉讼的目的是维护环境公共利益，环境与每个公民的利益紧密联系，原告的资格不应限于与案件有直接利害关系。在环境公益诉讼中，确定原告起诉资格的关键应该是原告与所主张权益之间的关系，即依据原告所主张的权利性质以及所主张权利之间的关系为依据，来判断是否享有起诉权。只有将原告范围扩大于所有社会成员，包括公民、企业事业单位和社会团体，这样才能充分发挥每个公民的监督管理作用，才能切实地保护好环境。由于环境损害具有广泛性、积累性和持久性，因此，要求“造成实际损害”的规

定不能更好地保护公民的环境权益。此外，从法理上讲，“损害”不仅包括实质性的损害，还包括视觉和精神感受等非实质性的损害。只要原告能够证明他已经受到“事实上的损害”，并且确认他所指控行为与他所享用的部分环境所遭受的损害存在因果关系，就可以提起诉讼。我国的《民事诉讼法》和专门的环境立法都没有做出规定。要解决这个问题，必须先解决非实质性损害的参照标准以及公民、单位在视觉、精神感受等方面的忍受限度等问题，否则，法院一般不会受理这类案件，即使受理了，也不具有操作性。

（二）授予环保组织等社会团体以环境公益诉讼起诉权

我国现行《民事诉讼法》第 15 条规定：“机关、社会团体、企事业单位对损害国家、集体或者个人民事权益的行为，可以支持受损害的单位和个人向人民法院起诉。”可见，在我国社会团体的作用只是辅助性的。因此，我们应该将一些社会团体，特别是一些专业团体纳入原告的行列，比如环境保护团体，这些团体可以在专业知识、资金力量等诉讼各方面弥补个人力量的不足，并且团体在对抗行政机关的能力、社会影响等方面有更多的优势，相对于个人的干预，其效果会更好。在立法上，可以考虑对一些环保团体经一定程序的认可，赋予专门的起诉权，为环境公共利益而提起诉讼。在公民个人为环境公共利益而提起诉讼尚存在障碍的现实情况下，为使环境权得到最大限度的保护，这种方式不失为一种有效的选择。

（三）赋予检察机关提起环境公益诉讼的职权

提起检察院公诉，我们就会将它们与刑事案件联系起来，其实，公诉还包括民事公诉和行政公诉。无论民事公诉还是行政公诉都或多或少地仿效了刑事公诉制度。“根据刑事公诉制度，‘公诉’是指国家公诉机关代表国家指控犯罪，将犯罪嫌疑人交付法院审判的诉讼活动和制度。公诉机关在什么情况下提出刑事指控，取决于刑法的规定，刑法关于具体的规定又体现了稳定和维护社会秩序这一基本的公共利益。可见，刑事公诉的实质是为了维护公共利益而提起的诉讼，与此相对应，只有为了公共利益而提起的诉讼才属于公诉案件。”检察机关作为公共利益代表的身份不容置疑，所以，当作为公共利益的环境受到侵犯时，当然有权提起环境诉讼。检察机关以原告身份参加民事诉讼活动，已经是不少国家的惯例。但是，检察机关的起诉权毕竟不同于公民、法人的起诉权，不能没有限制。否则，检察机关过多地介入民事案件，则会影响公民自主行使权利。笔者认为，首先，在具体的诉讼人资格上，我国可以借鉴国外的立法，规定在环境公益诉讼中，由检察机关或公众提起诉讼的双轨制，检察机关提起的这类诉讼可分为两种情况：一是依职权主动提起；二是因公众申请而提起。在因公众申请而提起的情况下，公众具有选择权，他既可以选择检察机关为代表提起诉讼，也可以以自己的名义直接起诉。在公众有选择权的制度设计下，公众会趋向于把比较复杂、专业性比较强的环境公益诉讼案件申请由检察机关起诉，从而更有效地保护公共利益；同时，在申请被驳回的情况下，公众也可以以自己的名义提起诉讼，使公共利益的损害真正享有完整的救济途径。其次，人民检察院提起民事诉讼，享有程序意义上的起诉权，这种诉权基于法定信托而产生。在诉讼中检察机关对自己的主张和请求负有举证责任，参与法庭辩论，处分某些诉讼权利。这些权利和义务是从诉权中派生的，是诉权的具体运用和表现。再次，检察机关提起民事诉讼，不仅享有诉权，而且享有民事检察监督权。虽然民事诉讼由检察机关提起，但其又不是民事实体权利的主体，它在民事诉讼活动中无权处理当事人的诉讼权利，人民法院的判决对它也不发生强制作用。因此，它始终不失为法律监督者的地位。

四、结语

环境公益诉讼是特殊的侵权诉讼，法律规定由被告方承担证明责任。无论是直接成本还是间接成本，都属于经济成本范围，可以用货币来衡量，所以，应当尽量减少诉讼成本，以使经济资源的配置更加合理，从而取得更大的经济效益。在公民为环境公共利益而提起诉讼尚存在障碍的现实情况下，为使环境权得到最大限度的保护，利用经济学分析利弊不失为一种有效的选择。

参考文献

[1] 金瑞林. 20世纪环境法学研究评述 [M]. 北京：北京大学出版社，2003：107－113.

[2] 纪文. 国外环境民事起诉权的发展及对我国的启示 [J]. 中国环境科学，2002.

[3] 谢志勇. 论公益诉讼 [J]. 行政法学研究，2002（2）.

[4] 苏家成，明军. 公益诉讼制度初探 [J]. 法律适用，2002（10）.

[5] 陈泉生. 环境法原理 [M]. 北京：法律出版社，1999.

[6] 冯敬尧. 环境公益诉讼的理论与实践探析 [J]. 湖北社会学，2003（10）.

[7] 杜群. “生态法学”基本概念的悖论和法学回归 [J]. 现代法学，

1999（4）..

［8］张乃根．西方法哲学史纲［M］．北京：中国政法大学出版社，1995：303.

［9］陈泉生．环境法学基本理论［M］．北京：中国环境科学出版社，2004：243.

［10］胡静．环境法的正当性与制度选择［M］．北京：知识产权出版社，2009：34.

人民法院在环境污染治理中的功能定位

马　捷
（石家庄市桥西区人民法院）

摘要：环境污染具有多变性、复杂性、公害性、潜伏性、长久性等特点，这些特点影响着人民法院在环境污染治理中的功能定位。与传统类型的诉讼不同的是，环境资源类诉讼的功能定位存在着司法目的的复合型、工作取向的专业性、发挥作用的有限性、对待诉讼的积极性、调解工作的谨慎性、法制宣传的必要性等六大基本特点。

关键词：环境污染治理；人民法院；功能定位

生态环境保护是近几年来在各级政府人大工作报告中反复强调的一个热词，也是全社会成员广泛关注和热烈讨论的敏感话题。2014 年修订的《中华人民共和国环境保护法》被称为“史上最严”的环保法规，可见国家对于环境保护的重视程度。人民法院作为社会综合治理布局中的关键一员，在环境污染治理中如何摆正角色，发挥积极作用，这是一个值得认真思考的重大课题。

一、环境污染的特性

明晰环境污染的特性，有助于更好地把握环境污染治理相较于其他社会治理的不同之处，从而对人民法院在环境污染治理中应有的功能定位做出合理分析。

环境污染是各种污染因素本身及其相互作用的结果。它的特点可以归纳为：①多变性。污染物的排放量和污染因素的强度往往随时间和空间的变化而变化，这给科学监测污染、评定污染等级带来了挑战。②复杂性。环境是一个复杂体系，必须考虑多种因素的综合效应，由此给污染损害的证明及因果关系的认定增加了难度。③公害性。环境污染不受地区、种族、经济条件的影响，一旦受害，使得环境污染侵权的客体往往具有广泛性和不确定性。④潜伏性。许多污染不易及时发现，一旦爆发后果严重，由此导致人们的关注点与环境污染的危害程度可能并不一致。⑤长久性。许多污染长期连续不断的影响，危害人们的健康和生命，并不易于消除，使得污染的严重后果往往不能被准确估量。

二、人民法院在环境污染治理中的功能定位

受环境污染种种特性的影响，人民法院在环境污染治理中的功能定位亦有独到之处。廓清、认识这种功能定位的不同，将有助于人民法院更好地定位自身角色，发挥其在环境污染治理中的积极作用。具体而言，人民法院在环境污染治理中的功能定位主要体现在：

（一）司法目的的复合型

在传统类型的诉讼中，人民法院发挥的功能和作用有所区别：民事领域旨在定纷止争，刑事领域旨在惩治犯罪、保护人民，而行政领域则是促进依法行政、保护行政相对人的合法权益。这些传统类型的诉讼有一个共同特点，均是在协调人与人之间的关系，即便是在危害国家安全罪、破坏市场经济秩序罪等罪名中，其所侵害的法益所指向的也均是人与人之间的集合体（国家、市场、社会等）。而环境污染诉讼有所不同，除协调人与人之间的关系外，它主要协调的是人与自然之间的关系，所涉及的利益主体和利益关系更加广泛、更加复杂，导致环境污染诉讼兼具民事、刑事和行政保护的色彩，这种特征从有关环境污染规制的法律法规中也可窥见一二。环境污染诉讼司法目的的复合型和多元性正在于此，所矫正的不仅是人与人之间的关系，更是通过多种法律手段改变人的观念及对自然的态度。这种特性使得环境污染类案件在审判时更加适合专业化、统一化审理，而不受民事、刑事、行政领域的束缚。

（二）工作取向的专业性

就传统四级法院的定位而言，级别越低的法院越倾向于以解决纠纷为工作取向，级别越高的法院越倾向于以塑造清晰规则为工作取向。但在环境污染治理领域，无论是哪一级的人民法院，都应该以塑造清晰规则为主要工作取向，其原因在于：环境污染诉讼的群体性和公益性较强，容易引起社会的广泛关注，环境污染案件的审判结果将直接关系到社会公众对相关法律的认知及下一步行动的取舍。因此，环境污染类案件在审理时对司法工作人员的素质要求更高，在审理时也会更加广泛地采用合议制的方式。另一方面，受制于环境污染的多变性和复杂性，环境污染的审判实际上是一个专业性强于法律性的工作，取证难、鉴定难、认定难是环境污染审理面临的三大困境。受这些特性的影响，环境污染审判对专业陪审和人民陪审的需求要强于其他

类型的案件，“1名审判员+1名专业陪审员+1名人民陪审员”的组合可能会成为环境污染类案件在审理时的标配阵容。

（三）发挥作用的有限性

尽管司法是守护社会公平正义的最后一道防线，但也不得不承认，人民法院在环境污染治理中的作用远没有它在参与其他社会治理时发挥的作用强大。原因可能在于：一是环境污染的公众参与度较高，很多污染源没有明确的指向，而是存在一个聚少成多、由暗转明的过程。在治理环境污染时，更加强调预防为主、公众参与、“边保护边发展”，相比之下，事后惩戒并非环境污染治理的着力点。二是执法的及时性和可持续性契合了环境污染多变性和长久性的特点，这与司法在参与环境污染治理时的被动性和一过性形成鲜明对比，因此，执法在环境污染治理中的作用要强于司法，而司法的主要作用可能在于利用司法权威来放大影响，加强环境污染治理的社会效果。换言之，在环境污染治理中司法的作用是辅助性的，而非实质性的。三是相关法律法规的不完善进一步制约了司法作用的发挥。环境污染具有公害性，其污染成本将均摊到环境污染所及的所有个人身上，因此，尽管在整体上环境污染的后果可能很严重，但在个人看来却是一个无足轻重的蝶变过程。法律上公益诉讼主体的不明确导致很少有公众或者组织愿意付出巨大的精力来打这场官司，即便有人愿意出头，在没有法律支撑的情况下，法院也多半不会受理。

（四）对待诉讼的积极性

尽管发挥的作用有限，但仍然不能否认，司法是参与社会治理的多元主体中非常重要的一环。当前，环境污染问题已成为国家和各省市重点关注和亟须解决的核心问题之一，司法能否发挥积极的作用，为实现绿色崛起的科学发展大局添一份力，这是各级司法机关必须思考的重大课题。司法的谦抑性固然不能动摇，但也必须通过各种举措最大限度地调动公众参与环境资源诉讼的积极性，从而对破坏环境资源的组织和个人形成强大威慑。诉讼费用的减免、执法力度的加强、个人隐私的保护，这些问题都应该同步思考，达成共识，真正鼓励、支持和引导有诉讼需求的人勇敢地、坚决地参与到诉讼活动中来。另外，明确法定的诉讼主体后，也需要很好地处理好公众个人与法定组织的诉讼请求承接、权力监督和制约问题。

（五）调解工作的谨慎性

在传统类型的诉讼中，诉讼参与主体的范围是划定的，绝大多数案件的诉讼双方都能够明确地指向特定组织或者个人，即便是刑事案件，大多时候也是存在受害者的。这使得在民事案件、部分行政和刑事案件中开展调解工作有了着力点，提供了可行性。与传统类型案件的不同之处在于，环境污染类案件受害者的范围在很多情况下是不明确的，通过法律形式拟制的诉讼主体固然能够代表自然以及不特定的受害者提起诉讼，但是否能够同样代表这些主体通过调解的方式放弃一部分权利，笔者认为，这是值得商榷的。另外，环境资源类诉讼不单要承载定纷止争、保护受害者权益的法益，更要承载重塑人与自然之间和谐关系的法益，这种特性使得环境资源类诉讼对价值的判断更加青睐，对规则塑造的要求也更加刚性。综上分析，对于环境污染类诉讼应该慎用调解，并加大判决力度和说理力度。

（六）法制宣传的必要性

环境资源类诉讼存在着一个逻辑上的冲突：其本身承载的法益很大，而实际参与诉讼的却很少，故其对法制宣传有着天然的渴望，希望通过多种形式的宣传将有限的作用放大化。而环境资源类诉讼也确实是一个容易引起社会关注和媒体炒作的事宜，即使不去追逐媒体，媒体也会自己找上门来。问题的关键是，如何充分有效地利用这些媒体，发挥司法宣传的正能量，促使人们提高环保意识，而不是引发负面舆论，动摇人们内心的真挚情感，诱发社会不稳定因素。这对于司法机关和社会媒体都提出了更高的要求。司法承载着特殊的价值，媒体进行司法报道的门槛理应放高，并且具备专业的知识技能和职业素养，与司法追求的公平正义的价值理念相契合。而司法机关也应该充分转变互联网时代的思维模式，不遮不掩，主动出击，做好充分准备，自觉邀请值得信赖的媒体参与相关案件报道，同时，利用自身的微博、视频直播平台等媒介广泛做好社会宣传。

环境保护行政执法与刑事司法衔接中证据转化问题研究

刘亚昌
（河北省沧州市人民检察院）

摘要：修改后的《刑事诉讼法》明确规定了行政执法证据可以在刑事诉讼中转化使用。但由于环境保护行政执法办案程序与刑事诉讼程序在取证手段、取证程序、对被告人权利保障方面存在诸多差别，因此，对刑事诉讼中行政执法证据的转化必须谨慎，并要坚持一定的原则。从积极方面看，可以进行转化的行政执法证据必须是不可再现和控诉必需的；从消极方面看，转化行政执法证据应该协调控诉利益和被告人的权利保障，严格遵循比例原则。最后，应考虑以上转化条件的例外情形，即量刑相关的行政执法证据和有利被告人的行政执法证据。

关键词：行政执法证据；转化；不可再现；控诉必需；比例原则

一、引言

修改后的《刑事诉讼法》第52条第二款规定了行政执法中获得的证据在刑事诉讼中的转化。这一规定是对目前我国行政案件和刑事案件“双轨制”查办的妥协与尝试。立法者试图将行政违法、刑事违法二元追责体系之间证据规则的差异敉平。

首先，需要明确“行政执法证据”的概念。刑事诉讼法中对“行政执法证据”的规定，包含了行政执法和查办案件两个方面。所谓行政执法，是指执行行政管理方面的法律法规赋予的职责；而查办案件是指依法调查、处理行政违法、违纪案件。还有学者根据《行政执法机关移送涉嫌犯罪案件的规定》认为，行政执法证据就是行政机关及行政工作人员在行政执法过程中收集的证明案件事实的证据材料。从整体上看，我国行政机关查办行政违法范围广、种类多，难以一一列举，所以只能进行概括性的规定。综上所述，我们发现行政执法和查办案件事实上针对的对象均为行政不法，因此，不宜强行割裂看待。因此，本文中将统一以行政执法证据一词对其予以概括。

其次，需要理解为何行政执法证据需要转化后才能在刑事诉讼中使用。尽管刑诉法中的规定是行政机关查办案件或行政执法所得证据“可以”在刑事诉讼中使用，但学界普遍认为，该类证据不宜在刑事诉讼中直接使用。其一，由于刑事诉讼中严格证明的存在，行政执法所得证据在调查主体、收集程序、证据形式方面与刑事诉讼所要求的证据不协调。其二，行政执法所得证据想要证明的是行政违法的存在；而刑事证据则旨在证明犯罪构成要件事实以及量刑的合理性。其三，对于证据调查对象的权利保护不同。刑事诉讼过程中强调对犯罪嫌疑人、被告人的权利保障，一般赋予了诸如辩护权、会见权、通信权、律师在场权等一系列“防御性权利”；而行政执法中的权利保障一般弱于刑事侦查。因此，学界普遍认为，行政执法证据需经转化才能在刑事诉讼中使用。

然而，鉴于行政执法与刑事侦查之间的巨大区别以及严格证明条件下刑事程序的正当性要求，并非所有行政执法证据都应当或都能够转化。而如何判断转化与否，则需要回答转化宏观要求应当如何这一问题。换句话说，这种转化的原则与底线应当如何？以下做详细论述。

二、两法衔接中证据转化的实质要件

所谓证明力，是指证明事实存在或不存在的可能性。因此，证明力实质包含真实性和相关性两个基本属性。[①] 证据的相关性是衡量证据是否能够起到实质作用的重要方面。在刑事诉讼中，证据是否为控诉必需成为相关性实际存在的表征。同理，与刑事侦查类似，行政机关在执法过程中会通过行政手段收集大量的证据。然而，与刑事侦查所不同的是，行政执法过程中所取得的证据，其目的在于证明行政相对人的行为存在不当；刑事侦查证据则用于证明犯罪构成要件和量刑事实。

在两法衔接中，行政执法取得的证据的转化一定要遵循必要性原则。具体如下：

第一，关于控诉必需。其一，从证据体系层面的角度看，由于我国证明标准对于证据整体性的要求相对较高，因此，证据作为一个完整体系必须环环相扣，严密论证。因此，控诉必需在这一方面应当确定为对形成证据的整体具有不可分的作用。其二，从单个证据的证明力角度看，所谓控诉必需，

① 陈瑞华．刑事证据法学［M］．北京：北京大学出版社，2012：80.

是指与其他能够证明某一犯罪要件事实或量刑事实存在与否的证据相比，该证据的证明力更高。若非如此，实在没有必要舍弃证明力相等或更高的刑事证据，转而使用相对证明力更低的行政执法证据。

第二，从证据体系上看，只有当一个行政执法证据成为证明某一事实存在的关键所在，才有转化的必要性。例如，海关扣押的走私物品，如果该案涉嫌刑事犯罪，则该物证成为构成证据体系的关键部分，有必要进行转化使用。如果行政执法证据仅能证明与犯罪构成要件事实和量刑事实无关，而只与行政违法要件存在与否相关的事实，那么，可以判断该份证据对刑事控诉并没有作用。

第三，从单个证据的真实性和相关性上看，转化后的行政执法证据优于其他证据。其一，行政执法的程序与刑事诉讼程序有诸多差别。刑事诉讼程序拥有诸多技术装置可以最大限度保证侦查所获证据的真实性。行政执法和办案的证据搜集者与裁判者往往是同一机关，而且行政执法强调办案的速决性，较少关注证据的真实性。其二，行政执法过程中会收集一些并不用于刑事控诉的证据。尽管由于行政违法和刑事犯罪的交叉性，使得大部分行政执法证据同时可以证明犯罪构成要件事实和量刑事实。但是，也不应忽略一些行政执法证据。从相关性上看，与刑事控诉无关或相关性低于其他证据。实践中，一些侦查机关倾向于堆砌支持控诉的证据，将部分相关性较低或根本没有相关性的行政执法证据转化使用，希望构成表面上的“证据确实、充分”。实际上，这是一种证据收集的浪费；同时，这些并不必要的证据也可能干扰甚至污染审判所依凭的信息。

第四，所谓的控诉必需，必须在同一个案件中进行考察，不得用犯罪嫌疑人、被告人在其他行政违法案件中搜集的证据，来证明本案的犯罪要件事实和量刑事实。换句话说，转化前后的行政执法证据所对应的案件应当是统一的。例外情形是，一些累犯、常习犯和刑法规定其犯罪行为可以累加计算的案件，不同的行政违法案件所获得的行政执法证据可以一并转化使用。例如，多次盗窃但单次行为均只构成行政违法的，其每一次在行政执法中获得的证据可以在刑事诉讼中转化使用；同样，对于多次偷逃税款的，也可以依此转化。

第五，如何看待行政执法中所搜集的可用于刑事诉讼的弹劾证据和品格证据？弹劾证据，就是指用于反驳辩护意见、证人当庭不一致证言或辩护证据的证据；品格证据则是指通过证明犯罪嫌疑人、被告人的品格，从而间接论证该人犯罪可能性和更高或更应当适用重刑的证据。笔者认为，对于弹劾证据，由于其并不是证明犯罪构成要件和量刑事实存在与否的证据，从本质上看，并非刑事证据。因此，也就不存在所谓行政执法证据的转化问题。此外，从世界范围上看，对于弹劾证据普遍持宽容性采纳的原则，尽管仍有一些限制。① 而品格证据则不同。“对真实性的经验性研究表明，一个人诚实与否的一般品格特征并不能证明他在某个特定的时间和场合讲的是真话还是假话。”② 尽管英美法系对于品格证据的使用，多用于弹劾证人诚实品质；但在中国，品格证据还会用来证明犯罪嫌疑人、被告人有犯罪倾向。笔者认为，这实际上是一种“倾向性的猜想证据”，即通过简单的“龙生龙凤生凤，老鼠儿子会打洞”的类比思维推断犯罪的可能性。这一类证据的使用本身就是严重违反无罪推定原则的，因此，无论品格证据是否是由行政执法证据转化而得，均应禁止控诉方使用。例如，在一起伪证罪审判过程中，控诉方使用了此前该被告人曾经嫖娼遭到行政处罚的证据，以此证明被告人有犯罪倾向，这种行政执法证据的转化使用显然应当禁止。

第六，关于不可再现和控诉必需这两项原则的理解，究竟是两者必须同时具备还是只需具备其一则可转化？笔者认为，二者必须同时具备才能转化。对于可以再行收集的确实是控诉必需的证据，侦查机关责无旁贷，应尽其职责收集，自无转化理由。对于尽管无法再行收集，但是证明力低甚或与本案无关的证据，也没有转化的必要。

三、两法衔接中证据转化的形式要件

对于行政执法证据在刑事诉讼中转化的必要性，极富说服力的论点在于行政执法所获证据的难以复制和不可再现。③ 笔者认为，不可再现是行政执法证据转化的首要考虑因素。首先，必须承认，行政执法取证程序和刑事侦查程序之间存在诸多不同，以保证进入刑事诉讼程序后不与严格证明相冲击，从而避免危及刑事诉讼的正当性。因此，在证据转化过程中，必须采取审慎的态度。其次，充分理解行政追责/刑事追诉这一“二元制”追责体系。由于我国缺乏其他国家的“轻罪制度”“违警罪制度”与刑事诉讼相协调，这就势必导致了同一行为可能产生行政违法和刑事犯罪两种法律评价。因此，片面强调刑事诉讼的正当性和严格证明，也有画地为牢的局限性。一般情况下，

---

① 约翰·W. 斯特龙. 麦考密克论证据［M］. 北京：中国政法大学出版社，2004：66.

② 陈瑞华. 刑事证据法学［M］. 北京：北京大学出版社，2012：80.

③ 周佑勇，刘艳红. 行政执法与刑事司法相衔接的程序机制研究［J］. 东南大学学报（哲学社会科学版），2008（1）.

往往是在案件查办过程中才能分辨其法律属性进而移交刑事侦查机关侦办案件，而在调查之初，是很难迅速辨别其究竟构成单纯的行政违法还是复合构成刑事犯罪。然而，一方面，一些证据的不可回复性有可能因为在否认证据的转化而要求刑事侦查机关重新取证的过程中导致重要证据的遗失。另一方面，对于可以再行取证的证据，特别是当事人、证人口供等言辞类证据一般不应转化。综上所述，行政执法证据的转化需权衡现实局限，对于可以再行取证的，刑事侦查机关要做到既不应推卸责任，也不宜过分侵犯刑事诉讼正当性和严格证明的要求。

对于“不可再现”的界定则可以进行更加细致的理解。首先，从涵摄内容上看，可以将其区分为证据形式的不可再现和证据内容的不可再现两类。其次，从实质要求上看，对行政执法证据转化的底线是在用尽所有刑事侦查手段后，仍无法获取的证据才能进行转化。

（一）证据形式的不可再现

证据是形式和内容的统一体。所谓证据形式，在本文中并非意指法定的证据种类，而是指证据存在的客观样态。一方面，同一形式的证据可能证明不同的内容。例如，一份贪污罪被告人的私人日记所记录的贪污行为，既可能证明其贪污金额，又可能证明其实施犯罪的手段。另一方面，不同形式的证据，又可能证明相同的内容。例如，上例中的贪污犯罪，可以用通过私人日记证明，还可以利用会计师事务所的报表证明，还可能通过证人证言证明。

笔者认为，行政执法证据转化，应当考虑其证据形式是否可以再现。首先，是因时间变化而导致证据形式不可再现的情形。例如，行政执法机关在查办醉酒驾驶案件中，违法者的血液酒精浓度会随时间变化而逐渐降低，直至无法测出酒精。在这类情形下，如果违法者构成了危险驾驶罪而进入刑事诉讼程序，侦查机关是没有可能再行取证证明其醉酒程度的。此时，血液酒精浓度这一证据形式已经无法再现。因此，先前在行政执法中所取得的血液样本及其酒精检测成了形式上不可再现的证据，应当进行转化。

其次，还有因介质特殊性导致其证据形式不可再现的情形。例如，行政执法机关在查办卖淫过程中发现的电子聊天数据，而后发现其中涉嫌强迫卖淫而转为刑事案件，但由于电子聊天数据的介质决定其不可能通过其他形式再现的特殊性，这种情形下，也有转化的必要性。

（二）证据内容的不可再现

所谓证据内容，是指证据所包含的实质性信息。例如，凶器上的指纹、内裤上的精斑所包含的个人信息；又如海关报关单包含的公司信息、货物信息等等。证据内容包含了证据的主要价值，其决定证据所能证明的对象，以及证明的程度。因此，从实质上看，证据内容的不可再现有可能无法对所欲证明的对象提供有效、充分的证明，从而导致关键的犯罪构成信息或量刑信息的缺失。所以，确实有转化的必要。

证据内容的不可再现的情形有多重可能。首先，与证据来源有关。比如，被害人的临终遗言透露的死亡原因；又比如被海关挡获的走私货物等，由于此类证据来源单一，一经取得则无法再次取证。其次，与时间有关。例如，行政执法查获的伪劣农药，通过时间推移，其主要成分已经降解或蒸发，无法再现。最后，还与一些突发情况有关。例如，一份在行政执法中取得的关键证人证言，之后由于此证人死亡，也无法再次取证。

综上所述，证据乃内容和形式的统一体，因此，也有可能在一些情况下出现形式和内容同时不可再现的情况。例如，上例中的醉驾者血液，既可以从形式上看，其醉酒状态下的血液已无法再行取得；也可以从内容上看，由于时间推移，其血液中包含的醉酒信息已经无法重复取得。

（三）不可再现要件的实质要求:穷尽刑事侦查手段

笔者认为，行政执法证据如果想要在刑事诉讼中转化，首先需要符合不可再现这一要求。那么，对于不可再现的理解，究竟是证据内容和形式两者必须同时不可再现，还是只要其中之一不可再现即可？笔者认为，证据的内容和形式尽管在理论上可以划分，但实践中是不可分割的。[①] 形式不同，但证据所包含的信息相同，也不可能是同一个证据。同样，虽然形式相同，但其包含的信息已经不同，这也不可能是同一个证据。因此，只要证据的内容或形式其中之一不可再现，则可认为该证据已经不可再现，可以进行转化。

但是，如果这一证据还能从形式和内容上再次取得呢？比如说一份偷税罪中的证人证言，税务机关执法中已经取得，但该证人仍然可以找到并重新进行取证，那么，该份证据就不能认定为不可再现。笔者认为，对于可以再次取得的证据，侦查机关有责任履行其法定职责，不能简单地将先前的行政执法证据进行转化。尽管这种做法有助于提高办案效率，但其实质上是侦查机关对其法定职责的违背，同时，也是对犯罪嫌疑人、被告人刑事诉讼中权利的侵害。在学理上，一般认为，对于言辞类证据，原则上不予以转化，除非其不可再行取证。[②] 以《关于办理侵犯知识产权刑事案件适用法律若干问题

---

① 陈瑞华．刑事证据法学［M］．北京：北京大学出版社，2012：64.

② 杨维立．刑事诉讼中如何使用行政执法证据［N］．检察日报，2012-08-20：3.

的意见》为例，其明确规定："行政执法部门制作的证人证言、当事人陈述等调查笔录，公安机关认为有必要作为刑事证据使用的，应当依法重新收集、制作。"但对于实物类证据，有人认为，由于实物类证据的客观性，重新取证仅具有形式意义，因此，不必再次取得。① 对于这种观点，笔者并不认同。首先，刑事证据的取证工作，是由法律规定，由专门机关通过专门手段进行的侦查工作。如果任由其他机关代行刑事侦查机关的职责，则会导致刑事诉讼程序的混乱，甚至出现以行政执法替代刑事侦查的情形。其次，刑事侦查和行政执法对于违法者（犯罪嫌疑人、被告人）的权利保障不可同日而语。刑事侦查对于取证的手段有严格规定，并且赋予了犯罪嫌疑人、被告人诸多权利予以对抗。倘若忽视这一实质不同，而仅仅认为实物证据的重新取得仅仅具有"形式意义"，那么，这种观点实际上是认为刑事程序本身也仅仅具有"形式意义"。再次，在审判前，没有人能够从法律上确定所谓的证据"客观性"，尽管实物类证据相比于言辞类证据，不易变更，具有一定的真实性恒定力。但其证据能力和证明力最终也需交由审判阶段认定。最后，目前我国已经规定了非法证据排除制度，对于违反刑事诉讼规定所取得的实物类证据本身也在排除之列，片面将行政执法所取得的实物证据皂白不辨地进行转化，实有借行政执法之名，绕行刑事诉讼禁区的嫌疑。因此，笔者认为，对于实物类证据，如果侦查机关仍然能够再次取证的，则不能转化行政执法中所取得的实物证据。

综上所述，从形式和内容两个方面看，如果证据仍能够再现，那么，侦查机关就没理由以提高效率的名义推卸其取证责任。因此，侦查机关应当恪尽职守，努力侦办案件，只有在穷尽其侦查资源和能力后，实是客观条件所限，无法再行取得的证据才能转化。

四、证据转化中利益主体的平衡

由于行政执法与刑事诉讼程序和权利保障上的差异，对于行政执法证据的转化必须审慎看待。前文所述不可再现与控诉必需两项原则，其本质在于从积极方面划定"什么样的行政执法证据可以转化使用"；而比例原则在于从消极方面判别"什么样的行政执法证据尽管不可再现，也是控诉必需，但仍然不可转化使用。"比例原则意味着要寻求犯罪控制和被告人权利保障的平

① 杨惠新，李长坤．刑事诉讼中行政执法机关移送证据的转化与使用［N］．人民法院报，2004－06－04.

衡。[①] 一些尽管不可再现，也实属控诉必需的行政执法证据，由于其严重侵犯被告人刑事诉讼权利，也不能使用。

首先，既违反刑事诉讼相关规定，也违反行政执法办案规定所获得的证据，不能转化使用。这主要是指刑讯所获得的证据。对于居于刑讯核心射程的冻、饿、打、骂等手段所获得证据，无论行政执法办案还是刑事诉讼，都应将之排除，决无异议。比较有疑问的是一些行政执法办案中允许的欺骗、利诱、威胁所获得的证据是否可以转化。笔者认为，简单认为行政执法办案的程序要求和权利保障弱于刑事诉讼是不正确的。因此，出于保障被告人权利的角度，对于何谓非法证据的判断，应当采取“就高不就低”的原则。即依行政执法办案规定为非法获取，而刑事诉讼法认为并不违法获取的证据，采行政执法办案的规定确定为非法证据，并不得转化使用。从法理上看，这类证据存在的基础即不存在，自无转化可能。换句话说，这类证据依行政法律法规均属非法，自然谈不上成为行政执法证据。另一方面，如果行政法律法规认为合法获取，但刑事诉讼法规定为非法手段获取的证据，由于不具有转化后证据的适格性，因此，也不得转化。

其次，在是否转化的判断中，应当考虑社会利益和公共秩序的权衡。即行政执法证据的转化需要在符合社会利益的条件下，不违反社会公共政策；换言之，即不能因为打击犯罪的社会利益需要而采取有违社会公序良俗的措施。行政管理领域庞杂、内容众多。一些行政执法领域具有专业性强、秘密程度较高的特点。在查办案件中，也会使用一些较为技术化、秘密的手段获取证据。这一类证据往往处于法律的“灰色地带”，由于行政执法手段的专业性和复杂性，难以统一划定标准来约束其办案方法和取证手段。但是，从原则上看，由于刑事诉讼的高度法制性，其取证手段受到严格限制，必须控制证据入口的合法性。因此，对于处于法律“灰色地带”，但又严重侵犯社会利益、违反社会公序良俗，足以造成普通人之厌恶而获取的行政执法证据，尽管为行政法律法规允许，也不得进入刑事诉讼程序。否则，侦查机关有可能利用行政执法取证手段的多样性、秘密性和宽松限制，而以行政执法办案之名，行刑事侦查之实，来避开刑事诉讼法的诸多限制。

最后，如何认识“行政陷阱调查”所获得的证据呢？行政陷阱调查类似于刑事侦查中的诱惑侦查。行政陷阱调查是指行政机关隐瞒身份，通过设计诱发相对人实施违法行为的情景或者为相对人实施违法行为提供条件或机会，

---

① 徐燕平．行政执法证据在刑事诉讼中的转换与运用［J］．法学，2010（4）．

诱使相对人实施违法行为，从而得以收集证据或者查获违法行为人的调查方式。有人认为，在行政执法办案过程中，行政陷阱调查并不违反相关法律规定。① 但对于行政陷阱调查所获得的证据是否可以转化使用，学界缺乏相关讨论。笔者认为，对于行政陷阱调查所获得的证据是否可以转化的判别标准，可以参考刑事诉讼中的诱惑侦查的相关规定。一般认为，诱惑侦查可以大致区分为犯意引诱型和机会提供型两类。二者的区别在于被告人是否已经具备了犯罪意图。犯意引诱型为被告人的犯罪不仅提供了机会，更促使被告人犯罪意图的产生。因为其有显著的政府引导人民犯罪的不良倾向，因此一般予以严格禁止。而机会提供型的诱惑侦查，只是为被告人提供了作案的机会，其犯意已经自行产生。侦查机关是在确保不会产生危害后果的情形下促使了犯罪的提前实现而已。因此，原则上予以限制使用。当然，对此的争议在于，从逻辑和法理上看，机会提供型诱惑侦查并非使必然的犯罪提前实现，而是使可能的犯罪提前实现，因此，也有一定的侦查机关诱使人民犯罪的不良印象。此外，还有控制下交付这一普遍允许的诱惑型侦查的存在。对于行政陷阱调查所获得的证据，应当受到前述诸项比例原则的评估。首先，对于犯意引诱型的行政陷阱调查所获得的证据，不允许转化使用。其次，对于机会提供型和控制下交付的行政陷阱调查，在不严重侵害社会秩序、被告人权利，且具有十分重大的控诉利益的情况下，可以谨慎转化。

参考文献

［1］吕保春，王小光．行政执法证据在刑事诉讼中的有效运用途径分析——兼论行政执法与刑事司法程序的衔接［J］．上海公安高等专科学校学报，2012（5）．

［2］谭畅．论公安机关行政证据与刑事证据的转化衔接［D］．长沙：湖南师范大学，2011.

［3］王进喜．论行政执法证据的刑事“转化”//王进喜．刑事证据法的新发展［M］．北京：法律出版社，2013：110 - 112.

［4］万毅．证据“转化”规则批判［J］．政治与法律，2011（1）．

① 张奖励．论行政陷阱调查［D］．北京：中国政法大学，2009.

论环境司法中的公众参与

唐　芳
（河北地质大学）

摘要：环境支持着人类的生存与发展。在21世纪的当下，伴随着社会的发展以及可持续发展理念的深入，人们对于环境的保护愈加重视，由此促进了人们对于环境司法的参与性。鉴于此，本文试图从法理和制度分析的框架对环境司法中的公众参与进行探讨，认为我国有必要通过社会权利的可司法化，赋予公民救济其环境权的司法途径，旨在为我国环境司法制度的改革与完善提供可资参酌的共识。

关键词：环境；公众参与性；制度；司法途径

引言

我国的环境问题由来已久，新中国成立初期为了尽快恢复新中国的国民经济建设，在当时采取了不顾及环境问题而盲目发展工业的政策，加上当时国家缺乏环境治理意识，没有配套的环境治理法规和措施，使得环境污染和破坏问题非常严重。改革开放以来，随着我国经济的蓬勃发展，环境问题也日渐突出，危害环境与资源的重大事件时有发生，不仅造成对环境的毁灭性损害，也造成对当地人民群众的身体健康、财产安全以及精神尊严的严重损害。目前，对我国环境公益的破坏几乎存在于各个领域，固体废物、大气污染、水质污染、光化学污染、珍稀动植物灭绝无不令人触目惊心。尤其是近几年日益严重的雾霾现象，由先前只属于北京的专有名词，到现在全国范围的大面积爆发，已经严重影响了全国人民的身体健康和人身安全。环境问题已经成为限制我国经济发展、威胁人民身体健康、影响社会和谐安定的重要因素。2012年《民事诉讼法》修改，增添第55条公益诉讼条款一定程度上肯定了民间环保组织参与公益诉讼的主体地位。然而，《环境保护法》草案的几番修改和审议事实上只确立了中华环保联合会一家环保组织的诉讼地位，这是公益诉讼发展上的倒退。可以说，在环境保护领域，环境立法与环境执法中的公众参与已经相当普遍，但环境司法中的公众参与尚待拾遗补阙。本文试图从法理和制度分析的框架对环境司法中的公众参与进行探讨，认为我国有必要通过社会权利的可司法化，赋予公民救济其环境权的司法途径，旨在为我国环境司法制度的改革与完善提供可资参酌的共识。

一、公众参与环境司法的理论依据

作为环境法的一项基本原则，公众参与是指公众有权通过一定的程序或途径参与一切与公众环境权益相关的开发决策等活动，并有权得到相应的法律保护和救济，以防止决策的盲目性并使该决策符合广大公众的切身利益和需要。在现代司法对于公众权利越来越尊重的当下，公众参与本身体现了司法的公正性和公平性，展现了司法对于公民权利的尊重，是一种司法成熟的表现。环境作为一种与人们生活密切相关的内容，人们对于环境的重视程度由来已久，每一个公民都希望可以生活在良好的、洁净的环境之下，由此也进一步加剧了人们对于当下环境法的参与热情。

环境司法的公众参与作为公众对环境诉讼的提起、参加及对诉讼结果的执行，是公众保护自己的环境权益、实现环境公正的基本形式和最后保障。相对于传统的环境诉讼而言，公众参与下的诉讼本身是以维护社会公共利益为根本目的的诉讼。其是一种公益性质诉讼。公众对环境诉讼提起并不基于一般意义上的利害关系，虽然环境遭到破坏当然会损坏个别人的私人权利，但环境公益更强调全社会主体的共同利益，这种公益不是个别人的利益，也不是一部分人的利益，更不是社会成员的利益的叠加，而是所有社会成员包括公民、组织、国家机构、国家利益的集合体。此外，相对于普通的私人诉讼的判决仅仅对原被告双方产生束缚力，即便是在有多方参加的集团诉讼、代表人诉讼、共同诉讼等诉讼中，判决的束缚力也仅仅局限于判决书中提及的原被告或者参加法院登记的权利人。对于判决书上没有提及的诉讼参加人和没有被法院登记的权利人，只能通过其他救济方式另行保护自己的权利，或者另行请求法院适用先前判决，因此，普通的私益诉讼并不具备判决效力的直接延展性。反之，在环境公众群体性的带有公益性质的诉讼中，法院的判决在于恢复或者保护已被破坏的环境，而保护环境不仅仅是破坏环境者个人的责任，更是全社会成员的义务。因此法院的判决不仅对诉讼原被告产生约束力，其效力及于所有公民、社会团体和国家机关，也即法院的判决对全体社会成员产生约束力，这即是环境公益诉讼的拓展特性。

从更深层次的法理意义上，公众参与环境司法的正当性还可以从参与民主、协商民主、合作治理等理论框架中得到自足性解释。作为共和主义取向的民主理论的一种类型，参与民主理论的核心概念是公民参与，该理论认为，无论是公众提起环境公益诉讼，还是公众对环境规制机构提起行政诉讼，都是民主制度在微观治理层面的反映，折射出社会公众对参与民主、协商民主实践和公共领域制度变迁的想象力。由此可见，环境司法的公众参与是大势所趋，其本质体现了国家对于公民私权的重视，是我国当下物权法精神的重要体现，同时借助于公众参与制度的实现，进一步提升了公众对于现有环境保护的参与性和积极性，提升了整体国家环境保护的效果。

二、公众参与环境司法的制度困境

尽管公民环境权理论、公共信托理论与环境公共财产理论为公众参与环境司法提供了充分的理论依据，参与民主理论、协商民主理论与合作治理理论为公众参与环境司法提供了正当性求证，但我国环境司法实践中并未出现公众参与的理想图景，公众参与环境司法面临诸多制度困境。这种制度困境具体体现在：

（一）公众参与环境司法缺乏统一的立法规范

从实体法的角度来讲，我国涉及环境保护方面的法律法规缺乏具备操作性的具体性条款。保护环境是我国的一项基本国策，然而在法律层面上却并未给予与基本国策相应的地位。在《中华人民共和国宪法》中，只有第26条第一款宣誓了国家保护环境的重大意义，然而，这一款事实上并没有提出环境权的概念，宪法也没有指出环境权是公民的一项基本权利。《中华人民共和国环境保护法》第6条的规定也只能很牵强地看到环境权的影子。现行的六部单行环境法规也只是对该条进行了照搬。由此可见，不论是国家根本大法的《中华人民共和国宪法》还是《环境保护基本法》以及旗下的《环保单行法》，都没有提出“环境权”的概念。然而，诉权的实现必须以相应的实体权利为基础，环境权却是提起环境公益诉讼的实体权利基础。此外，我国的《环境影响评价法》第11条的规定虽然相对具体，但由于召开论证会、听证会的权力掌握在行政部门手中，是否召开、何时召开、怎样召开均非公众所能左右，这必然导致公众参与形似而神不至。正是受制于现有法律条文的不明确以及环境司法立法的不完善，在一定程度上制约了当下我国公众环境司法中的参与性以及相应的诉讼的提起。

（二）民间环保组织参与环境司法困难重重

民间环保组织对我国而言是舶来品，草根民间环保组织更是诞生得很晚。

从数量上而言，民间环保组织在我国共有3539家，由政府成立的环保组织有1309家，草根民间环保组织共508家且主要分布在北京、天津、上海以及东部沿海发达城市和两湖、两广、云贵等自然生态资源丰富的省份。从业人员上，28.9%的民间环保组织没有专职工作人员。多数的草根环保组织甚至没有固定办公场所，主要以租赁民宅的形式进行办公。

限制民间环保组织发展的一大桎梏在于对民间环保组织的管理模式上，我国对民间环保组织的管理方式采取业务管理机关和登记管理部门双重管理体制。民间环保组织成立首先要寻找业务主管单位进行“挂靠”，经主管单位批准后，才可以向民政部门申请成立。即“先找婆家再嫁人”。这对于纯粹来自民间的草根环保组织来说尤为困难，业务单位不能对其收费而且还对其负较大责任，存在“怕添乱，惹麻烦”的思想，因此，很少有政府部门愿意为他们承担责任允许其挂靠。这就直接造成了大量草根环保组织无法获得法律资格，不得不游离于合法身份之外，更不可能获得国家对环保组织的各项优惠政策。鉴于双重管理体制阻碍民间环保组织成立和参与公益诉讼的现实，笔者认为，应从两方面放宽民间环保组织的成立条件，其一，要尽快研究制定出我国环保组织成立发展的基本法，提高环保组织法律法规的位格，在一部统一的环保组织基本法下协调规划环保组织的登记注册、监督管理、优惠政策。其二，笔者主张，成立环保组织不必挂靠到业务主管单位以减少环保组织对政府部门的依赖性，加强环保组织的独立性。同时，要将环保组织的成立审批权集中在民政部门，由民政部门统一负责环保组织的全国监管体系。

民间环保组织最大的问题在于筹资上的困难，与西方民间环保组织主要依靠自营创造资金不同的是，我国民间环保组织自身营利能力不足。目前，我国民间环保组织资金的大部分来源于社会捐赠、成员会费和政府补贴，还有一部分草根环保组织纯粹依赖国外组织的捐助。也就是说，民间环保组织绝大部分的筹资要靠“化斋”来“讨”，筹资的多少几乎完全取决于社会大众的同情心。清华大学非政府组织研究所对全国范围内对非政府组织进行的调查问卷表明，在我国NGO的资金来源结构中，营业性收入仅为6%。笔者认为，对于民间环保组织尤其是没有政府资金扶持的草根环保组织来说，生存和发展的关键在于自身资金水平的充裕程度，我国现阶段单纯依靠社会捐赠和会员缴费的融资方式过于依赖外力，而民间环保组织强大的关键则在于壮大自营能力。民间环保组织以实现社会公益为使命，具有天然的非营利性，但非营利性不代表着不可以去营利，只要把经营而来的利润从事到社会公益中就不违背其维护社会环保公益的天然使命。同其他营利组织相比，环保组织作为一种社会组织形式同样会面临市场的考验，同样要面对消费者，也同样要提供自己的产品或者服务，也同样会面临同行业的环保组织的竞争。环保组织自身提供的产品或者服务如果不能满足消费者对于社会公益的需求，就一定会被市场所淘汰，因此，转变民间环保组织的筹资理念和主要渠道，将主要精力放在壮大自身创造财富的能力，充分运用市场经营理念和价值规律去经营民间环保组织，这些才是“成功致富”的关键。

三、公众参与环境司法的变革

（一）明确公益诉讼起诉主体

2012年《民事诉讼法》在修改时增添了第55条公益诉讼条款，这在一定程度上肯定了民间环保组织参与公益诉讼的主体地位。然而，什么样的民间环保组织具备起诉资格？民间环保组织需要具备何种资质？民间环保组织起诉的具体门槛是什么？这些并没有通过本次《民事诉讼法》修改明确下来。笔者认为，公益诉讼接下来发展的最关键问题，是通过进一步立法或推出司法解释明确公益诉讼的诉讼主体资格问题。在《民事诉讼法》短期内无法再一次进行修改的背景下，通过修改《环境保护法》以及六部单行的环保法规确立起诉主体资格不失为一种及时有效的手段，并且此举可以进一步明确公众参与环境司法的主体资格。

（二）明确环境公益诉讼举证责任

在环境诉讼中，对证据的提取不仅需要强大的取证能力，更需要优秀的鉴定人才和技术。由于原告获取信息的能力有限，让他们承担不合理的举证责任是很困难的，“让较少有条件获取信息的当事人提供信息，既不经济也不公平”。笔者认为，我国当下民间组织以及公民自己提起的环境诉讼应采用举证责任部分倒置。如原告由于客观原因不能自行收集证据，或收集证据有困难，人民法院应依法调查收集证据，也可根据需求让被告负部分举证责任。我国《最高人民法院关于民事诉讼证据的若干规定》规定，由肇事方承担污染行为与损害结果的因果关系。该条是对普通环境侵权案件举证责任的分配，它将证明被告污染行为与损害后果之间存在因果关系的证明责任倒置给了被告。这是因为相对于原告，被告更有能力证明这种因果关系的存在情况，也因为污染肇事者多为企业，掌握了更多的证据链，因此，该种举证倒置分配能够更实际地保护环境公益。《若干规定》中的该责任倒置方法当然适用于环境公益诉讼，环境公益诉讼也应当坚持这样的举证责任分配。

（三）明确环境公益案件的诉讼费用分担

在环境诉讼案件中，由于要对污染源进行复杂的鉴定和检测，公民以及环保组织即便履行其较轻的举证责任，也需花费极为昂贵的技术鉴定费用，尤其是经济实力较弱的公民个人以及部分民间环保组织，更加难以承受。在诉讼费用分担上，我国采用“事前预缴，事后由败诉方承担”的做法，民间环保组织起诉公益诉讼案件同样要预缴起诉费用。高昂的鉴定费用和诉讼费用是阻碍环保组织参与环境公益诉讼的另一大壁垒。如果仅因费用问题而拒公民和环保组织于庭审之外，这相当于使公民和民间环保组织放弃提起环境诉讼。公民和民间环保组织作为维护社会公益的代理人，由其代表社会公众参与环境公益诉讼并不是为了环保组织本身的利益，如果让其对案件缴纳诉讼费用，就等于替社会公众承担了诉讼风险。在当今的诉讼费用收费标准之下，民间环保组织胜诉则社会公益坐享其成，败诉则由其替社会买单，这显示是不合理的。

笔者认为，关于公民和民间环保组织的诉讼费用问题，我国的相关立法应尽快确立明确公益诉讼的诉讼费用分担办法。在起诉阶段，应本着“便宜原则”的精神，免交或者减交诉讼费用，消除环保组织对诉讼费用的“戒心”，使公民和环保组织进入诉讼更为便宜。在败诉阶段，可对诉讼费用进行一定的转嫁。转嫁的方法可以通过建立公益诉讼基金的方式进行，经基金组织审查符合要求的，可以批准由基金支付诉讼费用。在我国的司法实践中，已经出现了此种由基金会承担费用的案例。在“中华环保联合会诉乌当定扒污染案”中，中华环保联合会就是通过这种方式获得了贵阳“两湖一库”基金会的资助，从而解决了鉴定费用问题。

公众参与环境司法不仅具有必要性和紧迫性，而且具备正当性，其在我国的勃兴为我国环境法治的发展提供了全新图景。在不远的将来，伴随着人们对于环境问题重视程度的提升，必然要求进一步优化现有的各项法律，从而更好地实现公众环境司法的参与性，在尊重公民私权的基础上，优化和实现我国环境整体的优化和保护。

新《环境保护法》中环境公益诉讼相关问题探讨

刘明君

（中国银行石家庄中山东路支行）

摘要：本文从环境公益诉讼制度在我国法律中的相关规定与具体实施中遇到的情况着手，找出环境公益诉讼法律制度在实施过程中面临的问题：提起环境公益诉讼的“法律规定的机关”定义仍存疑义，法律对环境行政公益诉讼尚未明确界定，环境公益诉讼相关制度缺乏必要的补充，环境公益诉讼案件审判的具体规则尚存在空白。基于此，根据国外经验和我国司法实践提出了完善我国环境公益诉讼制度的措施探讨：明确环境公益诉讼原告主体资格的界定范围，增加环境行政公益诉讼的相关规定，建立健全环境公益诉讼相关制度的配套保障措施，细化环境公益诉讼相关法律规范具体规则，从而使新《环境保护法》最大限度地发挥其保护公民公共环境权益的作用。

关键词：环境公益诉讼；原告主体资格；环境行政公益诉讼

一、环境公益诉讼制度在我国法律中的规定与实施情况

在中国不断赶超成为世界第二大经济体的同时，我国的环境问题也日趋严重，环境公益受损事件频频发生，制度缺失使得环境公共利益受到损害，却无法得到及时有效的救济，司法诉讼成为保护环境的最终途径。顾名思义，环境公益诉讼就是指以保护环境公共利益为目的的公益诉讼。

2012 年《民事诉讼法》第 55 条规定，对污染环境、侵害众多消费者合法权益等损害社会公共利益的行为，法律规定的机关和有关组织可以向人民法院提起诉讼。这一规定为环境公益诉讼制度的建构奠定了基础，从框架上确立了环境公益诉讼制度，标志着中国环境民事公益诉讼制度的正式确立。

环境公益诉讼首先需要明确进行公益诉讼的原告，新《环境保护法》第 58 条规定：“对污染环境、破坏生态，损害社会公共利益的行为，符合下列条件的社会组织可以向人民法院提起诉讼：（一）依法在设区的市级以上人民政府民政部门登记；（二）专门从事环境主要在以下两个方面拓展了环境公益诉讼法律制度：保护公益活动连续五年以上且无违法记录。符合前款规定的

社会组织向人民法院提起诉讼，人民法院应当依法受理。提起诉讼的社会组织不得通过诉讼牟取经济利益。”该条确定了社会组织作为公益诉讼原告的主体资格与限定。

新修订的《民事诉讼法》2013 年 1 月实施后，环境公益诉讼出现了很多新问题，如法律规定较为笼统，实践操作性差，原告主体不明确，立案难，缺乏相应司法解释予以细化等情况，这些问题严重制约了环境公益诉讼拓宽公民环境维权途径、加大环境保护力度的制度功能的发挥。《民事诉讼法》首次以法律规定的形式确认了环境公益诉讼，但是仅规定了对污染环境的公益诉讼，没有明确对破坏生态的公益诉讼。在此情况下，新修定的《环境保护法》将破坏生态环境的行为也纳入到环境公益诉讼的保护范围内，改变了《民事诉讼法》规定的单纯污染公益诉讼的模式，体现了环境公益诉讼救济范围的全面性。这种诉讼范围的扩大将更加有利于公众全面参与环境保护。同时，新《环境保护法》对“社会组织”进行了规范，要求社会组织具备依法在民政部门登记、专门从事环境保护公益活动、无违法记录等条件，确保了享有诉权的是那些专业性强、社会公信力高并有相当规模的社会组织。

二、环境公益诉讼法律制度在实施过程中面临的问题

由于新《环境保护法》对环境公益诉讼制度的规定仍是原则性的，在程序规则、相关制度衔接等方面规定较为模糊，目前尚缺乏全面的实体规范、程序规则与相应联动机制，因此，可以预见的是，在具体实施过程中会遇到不少问题，具体而言包括以下几个方面：

（一）提起环境公益诉讼的“法律规定的机关”定义仍存疑义

《民事诉讼法》第 55 条规定，“法律规定的机关和有关组织可以向人民法院提起诉讼”，但是该条并没有明确界定“法律规定的机关”和“有关组织”的范围。因而，新《环境保护法》第 58 条明确规定了“有关组织”的条件，并对符合法律规定条件的社会组织范围做出了限制性规定，但仍然没有对“法律规定的机关”的范围给予明确规定。

鉴于《民事诉讼法》和《环境保护法》均未对“法律规定的机关”中的“法律”作出规定，则该法律只能理解为单行法律，在目前的单行法律规定中，仅海洋环境保护法涉及相关的规定。新《海洋环境保护法》第 90 条第 2 款规定：“对破坏海洋生态、海洋水产资源、海洋保护区，给国家造成重大损失的，由依照本法规定行使海洋环境监督管理权的部门代表国家对责任者提出损害赔偿要求。”如果仅将“法律规定的机关”理解为行使海洋环境监督管

理权的部门，那么，其他与环境保护有关的行政管理部门就不能享有提起环境公益诉讼的权利。目前，环境公益诉讼的主体由于提起公益诉讼“法律规定的机关”范围仍未明确而被局限在很小的范围内，由此限制了众多环境保护管理部门通过提起环境公益诉讼保护环境公共利益的愿望，这将非常不利于我国生态环境的保护。

（二）法律对环境行政公益诉讼尚未明确界定

目前，在世界范围内，各国均把强化对行政机关的监管力度作为建立环境公益诉讼制度的首要目标。根据我国法律，对于环境行政管理部门违法审批、怠于履职导致环境污染和生态破坏行为是否属于新《环境保护法》第58条规定的行为，立法和相关司法解释并没有做出明确规定，亟须通过具体立法或者司法解释加以明确。新《环境保护法》第58条仅仅针对环境公益诉讼做出了概括性规定。根据诉讼性质和诉讼目的的不同，环境公益诉讼分为环境民事公益诉讼和环境行政公益诉讼两种。对于环境民事公益诉讼来说，其在《民事诉讼法》第55条中纳入了民事诉讼体系，而环境行政公益诉讼却至今没有以法律法规的形式体现出来。

在实践中，负有环境保护法定职责的行政机关违法做出环境行政决策、环境行政许可，或者怠于履行行政职责或其具体行政行为，相较于社会主体对环境造成的损害，有时对环境造成的损害甚至更为严重。因此，能否建立起环境行政公益诉讼将是新《环境保护法》关于环境公益诉讼规定实施面临的一项难题。

（三）环境公益诉讼相关制度缺乏必要的补充

不容忽视的是，在实际操作中，环境公益诉讼与行政执法的关系、环境公益诉讼主体资格与环保社会组织登记规范化的关系、环境公益诉讼与环境侵权私益诉讼的关系等，都会对环境公益诉讼制度的正常运行产生影响。例如，对“损害社会公共利益的行为”难以界定、社会组织的“无违法记录”证明或者证据由谁提供、“设区的市级以上人民政府民政部门”是否包括同级别的直辖市区的人民政府民政部门、“通过诉讼牟取经济利益”是否包括通过诉讼让被告支付原告为公益诉讼所付出的时间人力与经济费用等问题，以上问题如不解决，在具体环境公益诉讼中就会形成很大的障碍。

（四）环境公益诉讼案件审判的具体规则尚存在空白

新《环境保护法》第58条将诉权赋予具有非利害关系的社会组织，是对传统的当事人适格理论的突破。在此情况下，与传统私益诉讼相适应的诉讼规则也需要进行修正，以应对新的公益诉讼要求。目前的情况是，无论立法机关、司法机关还是行政机关，对环境公益诉讼均未做出任何立法解释、司法解释和行政解释。实际上，环境公益诉讼在诉讼管辖、起诉资格认定、起诉主体顺位、诉讼请求范围、举证责任分配、证明规则、禁止令适用、诉讼费用负担、被告反诉、当事人和解、法院调解、赔偿金归属、裁判效力范围等方面都需要有具体的规则。缺少这些具体规则，一方面，有可能为一些法院拒绝受理环境公益诉讼案件提供借口；另一方面，也有可能使人民法院在审理环境公益诉讼案件时无所遵循，从而导致在诉讼管辖、适用举证责任、证明规则等方面的混乱。

三、完善我国环境公益诉讼制度的措施探讨

（一）明确环境公益诉讼原告主体资格的界定范围

无论是从国外司法实践还是我国地方司法实践来看，环境公益诉讼的主体都不应该仅仅局限于环保组织，而应该启动立法解释程序，赋予公民个人、环境公益诉讼事务所、社会组织、检察机关、行政机关环境公益诉讼原告主体资格，实现环境公益诉讼主体多元化，并根据“二次分类标准”确定诉权顺位。

新《民事诉讼法》中“法律规定的机关”的界定并不明确，因此，建议在司法解释中明确说明“法律规定的机关”所指为法律规定具有环境和资源保护法定职责的行政机关，并明确这些机关的起诉条件。提起公益诉讼的社会组织应当包括在各级人民政府民政部门登记的社会组织，而行政机关和社会组织“在不能完成社会的信托，恰当行使环境公益诉权的时候，广大公民必须成为待诉主体”，最终将公民纳入到环境公益诉讼的主体范围。

（二）增加环境行政公益诉讼的相关规定

环境行政公益诉讼是一种特殊的行政诉讼，是立足于现有的行政公益诉讼制度而建立的。从理论上讲，环境行政公益诉讼是指特定的国家机关、相关的组织和个人作为公共利益的代表人，在环境受到或可能受到污染或破坏的情形下，为维护环境公益不受损害，对行为人提起行政诉讼的诉讼活动。

环境行政公益诉讼与环境民事公益诉讼具有同等重要地位。在中国现行环境执法管理体系不畅的情况下，环境行政公益诉讼制度可以充分实现对行政机关的环境执法行为的监督，但目前立法并未明确有环境保护法定职责的行政机关做出的所有涉及公众环境利益的具体与内部行政行为是否属于环境行政公益诉讼的受案范围。因此，本文建议最高人民法院对“污染环境、破坏生态，损害社会公共利益的行为”是否包括行政机关非法环境许可审批、

不履行环保法定职责的行为做出解释性规定，并将环境行政公益诉讼制度写入正在修改中的行政诉讼法，以法律的形式予以确认环境公益诉讼。

（三）建立健全环境公益诉讼相关制度的配套保障措施

环境公益诉讼制度的正常运行，首先需要厘清环境公益诉讼与环境侵权私益诉讼的关系。在现有环境诉讼制度体系框架内，环境公益诉讼与环境私益诉讼的主要区别在于，环境公益诉讼旨在维护环境公益，而该种环境公益为不特定多数人所享有，具有共享普惠性与不可分割性；而环境私益诉讼则目的在于保障公民个人的人身权益和财产权益。由此，二者之间并不存在交集，但是环境公益与环境私益的侵害可能系同一环境污染或生态破坏行为所致，因而在认定危害行为、侵害后果及其因果关系等要件过程中，二者可以互相借鉴并映衬。

关于如何准确界定何为“损害社会公共利益的行为”，目前主流观点认为，应当由中立的第三方机构通过环境损害鉴定评估和环境健康风险评价对环境污染、生态破坏状况及其造成的公众健康损害或损害风险进行界定；此外，行政管理部门违法审批、滥用职权、不履行法定职责导致不特定多数人的环境受到损害，也应属于损害社会公共利益的行为，并纳入公益诉讼的范围；而如何证明社会组织的“无违法记录”，笔者认为，可以由主管部门或者负责社团登记的部门负责提供，且不得无理拒绝；考虑到完全禁止环保民间社团通过诉讼取得合理收入将不利于环保民间组织的可持续发展，因而，环保社会组织“不得通过诉讼谋取经济利益”，并不排除环保社会组织通过诉讼取得一定收入，比如胜诉后从赔偿金中得到为诉讼所支出的费用、所付出的时间人力成本等。

（四）细化环境公益诉讼相关法律规范具体规则

环境公益诉讼具有公益性、技术性及较大的社会影响性，使其与普通的民事诉讼和行政诉讼在管辖制度、诉讼程序、举证规则、判决内容与判决执行等方面有很多不同之处，因此，需要根据环境公益诉讼的特性制定有别于传统三大诉讼的诉讼程序规则，使环境公益诉讼健康和顺利发展。

本文建议，可以从以下六方面对诉讼规则进行限定：第一，在管辖方面，该类诉讼可以由环境污染或生态破坏发生地、造成公众环境权益损害地的中级人民法院集中管辖；第二，在诉讼请求方面，诉讼请求应包括禁令之诉、给付之诉、损害赔偿之诉、履职之诉、撤销之诉等不同类型；第三，在举证责任分担方面，考虑到原被告双方力量的不平衡在故意污染和生态破坏行为与损害后果的因果关系证明上，应适用举证责任倒置和因果关系推定规则，且原告可以基于及时遏制环境污染或生态破坏的理由申请人民法院发布禁止令；第四，在诉讼费用方面，原告胜诉的应由被告承担诉讼费用，原告败诉时免收或由政府设立的环保公益基金承担诉讼费用；第五，在诉讼处分权方面，为防止恶意诉讼行为二次侵害环境公众利益，应对被告反诉、当事人和解、法院调解等做出严格限制；赔偿金可以根据诉讼的具体情况，或者补偿一定范围的受害人，或者缴入财政账户，或者全部或部分纳入环保公益基金；第六，在判决效力方面，允许胜诉的环境公益诉讼判决适用于其他还没有起诉的主体，而败诉的判决则允许其他原告对同一公益性请求再次向法院提起诉讼。

四、结语

随着新《环境保护法》的颁布，我国的环境公益诉讼制度将逐渐得到完善与健全。相关立法机关需要定制详细的配套细则，才能使环境公益诉讼制度成为具有操作性、实用性的制度，从而最大限度地发挥其保护公民公共环境权益的作用。随着新《环境保护法》的实施，我国一定会逐渐形成完备的环境公益诉讼制度，推动以可持续发展为途径的生态文明建设，最终形成人与自然、人与社会和谐共生、良性循环、全面发展、持续繁荣的理想社会形态。

参考文献

［1］王灿发，程多威．新《环境保护法》规范下环境公益诉讼制度的构建［J］．环境保护，2014（10）．

［2］杨林．实现“美丽中国梦”之环境司法保护图景——以环境司法保护现状为基础的宏观分析与制度设计［J］．山东审判，2013（6）．

［3］蔡守秋．论环境公益诉讼的几个问题［J］．昆明理工大学学报（社会科学版），2009（9）．

［4］张守增．公益诉讼提起主体的范围与诉权限制［J］．人民检察，2008（10）．

［5］欧阳国．新民事诉讼中公益诉讼的限制与扩张［J］．黑龙江省政法管理干部学院学报，2013（2）．

［6］张彬彬，张斗胜．我国环境公益诉讼的不足与完善——以新环境保护法第58条为视角［J］．贵州警官职业学院学报，2015（1）．

［7］肖建国，黄忠顺．环境公益诉讼基本问题研究［J］．法律适用，2014（4）．

第四篇

生态产业发展研究

基于生态哲学理论下的生态旅游开发研究
——以张家口草原天路为例

刘　岩　辛　程　毕艳玲
（河北北方学院生态建设与产业发展研究中心、农林科技学院）

摘要： 草原天路作为我国唯一一条具有自驾观光旅游价值的公路景区，伴随着其知名度和影响力的扩大，景区管理不到位、远景无规划、交通堵塞、环境污染等问题便接踵而来。发展生态旅游，要坚持可持续发展的哲学观，这是人与自然的关系问题。发展草原天路，需要重新定位旅游资源的传统利用方式，运用生态哲学的思维引导人们转变草原天路旅游的开发方式。将理论转化为社会政策和人们行动的规则，影响政策制定和开发天路的目标选择。为推进草原天路生态旅游健康可持续发展，提供意见与建议。

关键词： 生态哲学；草原天路；旅游开发

草原天路位于张家口市张北县和崇礼县的交界处，目前已开发 132.7 公里。横跨沽源、崇礼、张北、万全、尚义五县，是连接 2022 冬奥会崇礼滑雪场、赤城温泉和张北草原风景区的一条重要通道。

一、张家口草原天路生态旅游开发的理论基础

（一）生态旅游兴起及其原因

作为一种商业旅游产品，生态旅游是在可持续发展的思潮中衍生出来的一种旅游形式，在精神和物质财富满足的同时，人类开始认识到资源、生态环境等问题所带来的生存危机，思考自身的生存方式以及发展模式。生态旅游作为我国乃至世界旅游业经济的新增长点，是当代世界旅游业新的发展观，是可持续旅游的实现途径。

张家口地区改革开放的起步较晚，尤其在传统的发展观念上走过不少弯路，在生态环境被破坏的同时也汲取了许多经验和教训。伴随着京津冀协同发展和承办 2022 年冬奥这一千载难逢的历史机遇和挑战，张家口市开展生态旅游产业势在必行。

（二）生态旅游的哲学内涵

与传统哲学人与自然的主、客二元对立观不同，生态哲学认为，人离不开自然，同时，只有将自然纳入到社会当中，才会体现其价值。人对自然的改变使得自然人性化，同时，人类对自然环境的适应，自觉地维护自然界的生态平衡，也使人自然化。马克思唯物主义的基本观点指出，既要充分肯定自然界的客观性，又要重视它的属人特性和历史发展，从实践出发重视人与自然的关系，主张人与自然在社会中的统一。人和自然的协调一致，作为统一的世界，两者是不可分割的，这是生态旅游开展的理论基础。

为实现环境保护与经济发展相协调，生态旅游作为可持续发展战略的必然选择，其内涵是生态经济供给能力的有限性和旅游经济发展需求的无限性之间矛盾运动的动态平衡。生态旅游的矛盾体现在生态环境的承载力不能满足旅游开发的需求，以及旅游开发所带来的环境破坏、污染超出了生态系统的调节能力和自净能力。生态旅游与其他事物一样，处于不断运动的平衡中，它需要创建一种适合可持续旅游的有序结构。因为生态旅游的主体是人类赖以生存的地球，因此，在保护自然环境的前提下，通过生态工程和环境教育的实施，既要满足旅游者对回归自然的需要，又要以可持续发展的思想为指导，实现人与自然的和谐共处。这样不仅体现了旅游开发、环境承载力之间的矛盾协调，而且可以实现环保与经济发展的双赢。作为未来人类旅游文化的走向，生态旅游不仅是一种生态消费行为的具体体现，又是一种对传统旅游形式所导致的环境危机而进行的反思和矫正，是人们实现与自然和谐共处、返璞归真的理性深思和自觉选择，更是游客履行环境保护义务的体现。

二、张家口草原天路生态旅游的优势

（一）草原天路的生态环境的优势

2015 年环境保护部发布了全国 74 个监测城市，张家口市空气质量排名第七位，在长江以北 37 个监测城市中排名第一。天路周边自然风景区气候宜人，年均气温只有 4℃。空气含氧量达到 27%，年降雪量达到 700 毫米，降雪期可达 120 多天，为延长旅游季节提供了天然的条件，是避暑和滑雪的胜地。原始的村容村貌、得天独厚的阎片山景区，层次分明、纵横交错的梯田风光，南泥河空中草原、坝上湿地加之古朴浓郁的民俗风情都为天路生态旅游奠定了良好的基础。

（二）草原天路的地域、文化的优势

汇聚游牧文明与农耕文明、蒙元文化和中原农耕文化的草原天路，有燕

赵、秦、北魏、北齐、金、明6代古长城遗址，是中国长城最集中的展示之路。作为金元大战的遗址，天路是抗日战争最后战场，同时是新中国成立后802军事大演习的主战场，是一条军事展示之路。草原天路沿线有汉淖坝地质群落多处，有绝美的大疙瘩石柱群等世界奇观，因此，草原天路也是一条地质科学探索之路。

三、张家口草原天路生态旅游的问题所在

草原天路在资源管理上，以生态环境为代价，重造轻管现象突出，致使生态建设没有达到预期的效果。开发管理者生态建设意识淡薄，在工作部署上缺乏全局和整体意识，人财物使用不集中，在建设项目的布局上不系统，生态建设的整体效益不明显。

（一）传统发展观与可持续发展相矛盾的问题

“人类中心论”是传统发展观的哲学根源。草原天路生态旅游产业的发展就是与传统发展观相矛盾的问题。人们的思想一直局限于人类中心论的范围内，认为自己是世界的主宰，自然被人类当成技术生产的原材料，被无限度地索取和透支，造成生态赤字以及人类延续中的代际间的不公平。发展生态旅游是生态哲学的世界观，它反对不加节制地无序开发，用生态系统的观点和方法研究人类社会与自然环境之间的相互关系，以人与自然的关系为哲学基本问题，追求人与自然和谐发展的人类目标，确认自然界的和谐性和完整性。

（二）草原天路旅游的生态环境破坏问题

2015年张北县草原天路发布招商项目16项，新增6条“天路”连接线，总投资20亿元，协议引资8.7亿元，天路两侧风电产业、采矿业的兴起导致原始植被和生态环境遭到破坏。目前，草原天路吸引国内外观光游客已超过100万人次，周六日接待量最高达5000多辆车次。草原天路旅游产品的客观性决定了自驾游的旅游方式所导致的汽车尾气排放，不仅加重了天路道路的空气污染，而且也造成了能源的浪费。随着外来游客的增多以及越来越多草原旅游项目的开发，如农家乐，休闲农业种植，草原娱乐项目以及以家庭为主的露营等，草原天路面临着草甸退化、大气、水、固体废弃物、违章建筑等多层面生态破坏的危险，天路的无序开发已经触到了生态保护的红线。

（三）单纯景区开发商业模式和路权之间的矛盾问题

随着人们旅游习惯和消费能力的变化，自驾游占据了越来越多的旅游市

场份额。天路在区域和空间规划开发过程中容易陷入景区式开发的思维逻辑，急功近利的商业模式使然，更是迫切地将草原天路中路的价值变现，由此导致了2016年5月轰动一时的草原天路收费事件，草原天路的价值变现与公共治理之间的矛盾由此更加凸显，使得监管治理的成本被迫提高。假如当地政府和运营企业不能正确定位天路旅游产品商业模式，草原天路将变成尴尬之路。

（四）配套设施不完善，旅游信息不充足

自驾游区别于团体旅游，个性化强、方式自由。目前为止，天路相应的自驾游配套基础设施和服务还不够完善。草原天路入口偏僻，至今没有官方网站以及天路旅游路线规划指南，周边路标设置不合理，路况信息发布不及时，游客多以论坛方式传递信息，又往往会由于路标指引、服务区、加油站等交通信息不详细或缺失而不知所措。这些问题都会使草原天路的自驾游效果大打折扣。

四、为推进草原天路生态旅游健康可持续发展，提出意见与建议

（一）建设草原天路生态文明，努力打造生态保护核心区

1. 建设天路生态文明，打造生态保护区

充分发挥草原天路其路的特征，沿路打造沽源湿地重点水源涵养区、桦皮岭山区木林集中分布区和张北草原生态保护区。天路旅游开发，是人与自然的一种改造和被改造、认识与被认识的关系。人类的生产依靠自然界提供的劳动对象和劳动资料；人类社会的基础是人与自然物质之间的交换活动；所以，人类活动不能违背自然规律，超出自然所能接受的限度。人与自然的共存，是“人化自然”与“自在自然”的相和谐。所以，要发展天路的旅游业，就一定先从建设草原天路生态文明开始，努力打造生态保护区，使天路保持自然资源供给能力和环境承载能力相协调的前提下促使人类社会经济的持续发展，从而实现生态效益和社会效益全面发展的转变。

2. 完善旅游基础设施建设，宣传绿色旅游理念，走出一条生态优先绿色发展的新路。

要想使草原天路旅游产业得到更好的发展，完善旅游基础设施建设是关键。通过政策扶持、财政投入，企业参与或众筹的方式来完善旅游交通网络、信息服务的建设；改善旅游住宿条件，加强旅游餐饮服务监管，合理设置停车场、加油站等基础设施；配备景区环保设施，加强景区的环境管理。提高

游客自身素质，引导大众培养绿色旅游环保理念，如选择电动汽车、小排量汽车、大型载客旅游汽车集体出行减轻大气污染，适当选用燃油添加剂，合理地控制旅游时间，通过使用环保产品来减少对环境的污染，通过爱护动物植被来减轻对生态环境的破坏。

3. 政府主导，立法加强核心区生态保护

为了更好地解决天路核心区生态资源配置和管控等突出的问题，政府应及时起草生态补偿条例及相应的法律措施，并且将其列入省人大常委会的立法计划中。用法治思维建立旅游开发生态补偿系统，使得生态保护区有法可依。同时，进一步增强法规的针对性和可操作性，真正做到有法必依、违法必究。推进“以查促改”，对天路周边地表水、环境空气和集中式饮用水源地实时监测，对沽源、崇礼、张北、万全、尚义五县的县域生态环境质量进行综合评价和预警分析。不断加大对核心区生态补偿政策力度，明确生态补偿的基本原则、范围对象、目标和补偿措施等。严格按照国家重点生态功能区县域生态环境质量考核要求，建立草原天路周边生态环境质量考核制度，每年对草原天路生态功能区范围内的五个县域进行考核，针对考核中存在的问题，督促有关县落实整改，推进“以考促保”。

（二）使草原天路纵深立体发展，形成生态辐射区

1. 缓解生态保护区的环境承载压力，大力发展天路周边生态观光农业、休闲农业

生态观光、休闲农业是一种以农业和农村为载体的新型生态旅游业。观光休闲农业，在日本、美国等发达国家在20世纪70年代就已形成产业规模。草原天路周边生态农业产业化的发展，不仅使周边生态环境质量得以改善，发挥其生产性功能，而且为人们提供观光、休闲、度假等服务，发挥其生活性功能。这样的话，一方面，可以缓解生态保护区的环境承载压力；另一方面，可以满足游客休闲旅游的不同需要求，拓展草原天路周边旅游的新空间，开辟旅游业发展的新领域。游客不仅在优美的环境中放松、休闲，而且可以将住农家屋、做农家活、看农家景当作新的旅游方式。同时，政府应该吸引更多民间资本在天路周边投资以渔业捕捞垂钓、农业生产模拟、农业科学教育、畜牧养殖模拟、野生植物观赏等形式的生态观光、休闲农业。

2. “丰富草原文化内涵的服务性旅游”

草原天路地域文化的优势以及潜在的消费人群，使得蕴含在旅游资源中的文化潜能可以得到充分的释放。天路开展具有草原文化内涵的服务性旅游，

重点要开发有关天路周边地域特色文化、科考型旅游产品，以其独特的地域文化特色吸引旅客消费重心由观光型向文化型旅游商品的转化。大力加强对天路周边以及全市旅游历史文献的收集整理和开发利用，深入调查研究，明确文化营销策略，提高旅游产品文化档次水平，充分依靠艺术手段的处理，使天路旅游资源的文化内涵能够生动、形象地展示出来。通过举办一系列的草原天路旅游节庆活动或者建设一批天路主题文化公园，显示地域文化内涵。

（三）由"一路"向"一带"发展，发挥草原天路生态带动区功能

以草原天路旅游一体化为引擎，形成天路周边新型生态旅游线路，打造天路旅游新格局。借助草原天路横跨坝头东西，连接张北、沽源、崇礼、万全、尚义五县交界的区位优势和便利交通条件，进一步辐射坝上草原、承德避暑山庄以及张家口市，发挥联通山西和内蒙古自治区的优势，承接环北京两小时休闲旅游产业带，以坝上旅游一体化为引擎，形成华北北部新型生态旅游线路，打造草原天路旅游新格局。在京津冀协同发展的背景下，北京非首都功能的转移为张北以及草原天路承接相关项目提供可能性。首先，在全国人口老龄化的背景下，北京作为特大型都市，养老大健康产业发展迅速。充分利用天路周边宜人的气候，面向京、津高端消费人群，发展具有休闲、度假、医疗等功能的度假村、老龄社区、敬老院，在天路周边形成养老、大健康产业的新格局。其次，充分发挥张北风能、太阳能等清洁能源优势，发展以数据仓储为核心，包括数据分析、数据安全、数据挖掘等相关的大数据产业。依托2022张家口携手北京冬奥会的大背景，大力发展冰雪体育产业。最后，建设竞技类项目的运动员基地和国家驻训基地，发展文创产业，包括影视基地、婚纱摄影基地以及相关上下游产业。

草原天路尽管在开发、运营上尚处初级阶段，但其得天独厚的环境与巨大的消费人群优势，使其成为带动张北、崇礼、沽源、万全、尚义地区县域经济崛起的重要力量。天路作为环北京区域内联通河北省、山西省、内蒙古自治区最具价值的通道，随着京张联合举办冬奥的热潮，原生态的草原环境会吸引越来越多游客的关注，放大草原天路的商业、社会和生态价值，天路的发展对推动坝头区域经济和周边社会发展具有划时代的意义，对张家口、北京以及环首都旅游带上的各个城市具有极大的现实意义。

草原天路旅游 SWOT 分析及对策[①]

李文红　边玉花　贾志国　常美花
（河北北方学院生态建设与产业发展研究中心、农林科技学院）

摘要：草原天路是河北张家口市快速发展起来的旅游景区。本文利用 SWOT 分析方法对草原天路发展旅游业的优势、劣势、机会和威胁进行分析，在此基础上提出生态保护先行、发展区域旅游、引进专业人才、完善智慧旅游及策划淡季产品等策略，以期为草原天路的健康发展提供参考。

关键词：草原天路；SWOT 分析；对策

一、引言

草原天路位于河北省张家口北部，横贯尚义、万全、张北、崇礼、沽源五区县，于 2011 年开始修建，原为张北森林防火通道和风电设备运输通道，其道路绵延东西坝头百余公里，蜿蜒曲折、跌宕起伏，沿线有大量丰富优质的自然及人文景观，经由互联网传播，在短时间内得到迅速发展，成为骑行爱好者和自驾游爱好者较为理想的草原旅游观光线路，并享有“中国 66 号公路”之美誉。

2015 年，张家口市政府为将其打造成成熟完善的旅游景区，与广西龙脊旅游开发有限公司签订了开发协议，预计投资 30 亿元，拟将其建设成国家 5A 级旅游景区。2016 年 3 月 25 日，市政府正式批复同意建立草原天路市级风景名胜区。根据发展规划，草原天路全长将达到 299. 3 公里，目前，一期已开发长度为 132. 7 公里。

① 基金项目：河北北方学院生态建设与产业发展研究中心项目 ST2015 – ZX – 01

二、SWOT 分析

（一）优势（Strength）分析

1. 优质的旅游资源

具有吸引力的旅游资源是发展旅游的先决条件，草原天路的自然旅游资源和人文旅游资源种类多样丰富，沿线自然风光壮美奇俊，夏秋季节气候宜人，文化资源深厚丰富，这些旅游资源均极具稀缺性与独特性。

（1）自然资源

据考证，由于受 2300 万年以前的喜马拉雅造山运动的影响，在张家口地区形成了独特的“汉诺坝组”地层，汉诺坝将张家口分成坝上、坝下两大区域。由于海拔高度的巨大差异，坝上、坝下两大区域地貌、气候、植被不尽相同。到草原天路沿线观光，可以领略到两大区域不同的自然景观。坝上海拔在 1500 米以上，垅状山脉分布，具有典型的草原草甸景观，加之人工种植的各种农作物和景观植物，如菜籽、胡麻、马铃薯、向日葵、波斯菊、薰衣草等形成了坝上特有的空中草原和花田草海，景观开阔优美。坝下则沟谷纵横，盆地罗列，让人惊叹，与周边的河谷、村庄、森林、梯田等形成壮丽秀美的画面。

除此之外，天路沿线还分布着奇特的地貌景观，如大圪垯石柱群、阎片山、两奶尖山、鸡冠山等。

（2）气候及环境资源

草原天路所在地属于中温带大陆性季风气候，年平均气温 4℃，风大、日照充足，冬季严寒，无明显夏季，7、8 月份平均气温在 16℃到 21℃之间。天气凉爽，吸引旅游者慕名而来避暑消夏。

自环保部门实行新空气质量标准以来，据官方数据显示，从 2014 年 7 月份至今，张家口的空气质量综合指数为 3.68，成为中国长江以北空气质量最好的城市之一。张家口市环保部门的监测数据显示，草原天路的空气质量在全市排名中长期保持良好。蓝天白云和清新的空气、草原天路优良的环境是其在全国城市污染严重的背景下吸引游客的又一大亮点。

（3）文化资源

草原天路沿线分布着大量丰富且极富特色的文化资源，如蒙元文化、军事文化、长城文化、风电文化等。

元中都遗址，是迄今国内保存最完好、时代比较单一、后期破坏最少的元代都城遗址。张北县以蒙元文化为依托建设了元中都博物馆，元中都遗址公园、中都原始草原度假村，成为各地旅游者了解蒙元文化的窗口。

草原天路野狐岭入口集中反映了神秘的古代军事文化。野狐岭要塞自古为军事要地，现在以70年代国防、人防地道工程为主体，以802演习纪念馆为依托，建成了军事“红色”旅游景区，弘扬爱国主义精神，凸显军事文化旅游特色。

已开发的草原天路沿坝头而建，在沿坝的隘口能看到分属不同朝代的古长城烽火台，成为赵、秦、燕、汉、北魏、明等六代古长城的集中展示地。有夯土长城、土石混杂长城、毛石干插长城各种建筑形制，堪称长城博物馆。同时，还有古居遗迹、古城遗址坐落其间，真乃“立一地则可纵览二千多年长城”的立体画卷。

草原天路沿线风力发电机组分布密集，成为我国新能源风电科技文化的集中展示之路。2014年，风电观景塔和风电主题公园的建成，又使得风电文化得到了挖掘和拓展，为更多的旅游者所认识，从而满足游客的“求新、求知、求奇、求乐”的心理。

（2）优越的地理位置

发展旅游业，地理位置的优势是最基础的条件。草原天路所属的张家口市地处京、冀、晋、内蒙古四省省份交界处，是京津冀（环渤海）经济圈和冀晋蒙（外长城）经济圈的交汇点。市区距首都北京仅180公里，距天津港340公里。因此，京津地区将为草原天路提供最大的客源市场（见图1）。

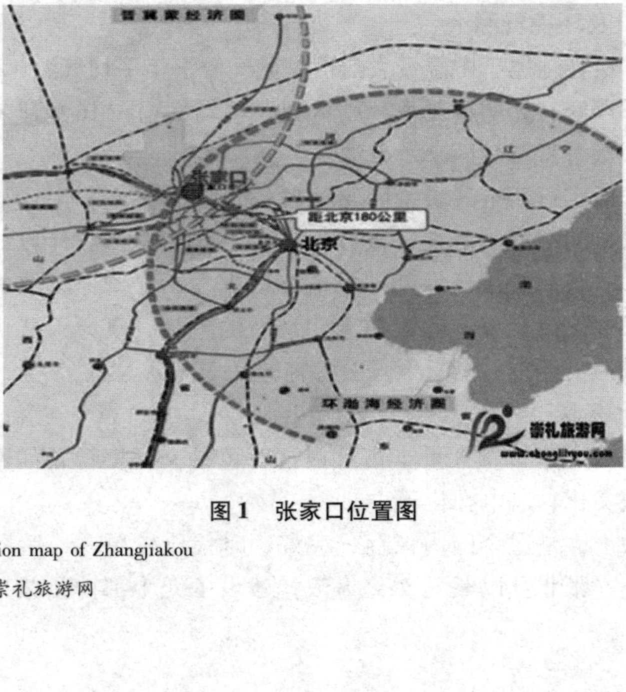

图1 张家口位置图

Fig. 1 Location map of Zhangjiakou

图片来源：崇礼旅游网

（3）便利的交通条件

张家口市高速公路网较为发达，京新、京藏、首都环线、张石、京大、张承等高速公路四通八达，交通极为方便。京包铁路在此设有张家口（南）站。京张城际铁路开通后乘火车从张家口到北京的时间将缩短到40分钟至1个小时。张家口机场航线的开通，亦给旅游者带来了极大的便利。除此之外，还有四通八达的国道及省道联结周边各个区县（见图2）。

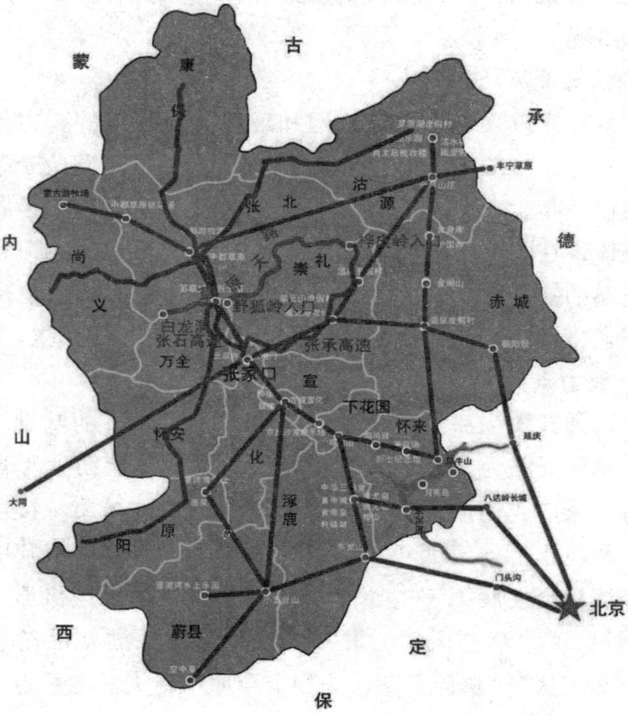

图2　草原天路区域旅游交通示意图

（4）清洁的风电能源

在低碳环保的背景下，清洁的风电能源及其风电文化也成为吸引旅游者的热点，人们在观光同时可以了解风能、风电知识，使得低碳环保理念深入人心。

（5）广阔的客源市场

客源市场是旅游发展赖以生存和发展的条件。截至目前，张北草原音乐节已经成功举办七届，吸引诸多的国内外媒体和音乐爱好者，为张北旅游业带来了广泛的客源市场。草原天路和草原音乐节同为张北县旅游两大品牌，客源市场可以共享共用。草原天路建成后，每年亦会吸引数百万旅游者观光旅游，该旅游市场的巨大潜力由此可见一斑。据北京交通大学风景道与旅游交通研究中心的在2016年端午小长假调查数据显示，草原天路的一级客源市场为京津地区，二级客源市场为省内的唐山、秦皇岛、保定、石家庄、邢台等地区，也有相当一部分省外旅游者。此外，草原天路的潜在客源市场前景广阔，2022年，北京将携手张家口举办冬奥会，草原天路作为与崇礼奥运主赛场连接紧密的风景区，必然会被更多的媒体和旅游者认识。届时，会形成更广阔的客源市场。

（6）品牌认知度高

草原天路自建成以来，经由互联网和现代传媒手段的有力传播，形成了较高的品牌认知度。2016年5月份维持了23天的草原天路收费事件又将其推到了舆论的风口浪尖，引起社会各界广泛的关注，面对该不该收取门票，各路消息见诸媒体，在国内（包括港澳台地区）引起很大反响，客观上又一次提高了草原天路的知名度。除此之外，河北北方学院吕跃东教授的油画《天路》在法国巴黎罗浮宫展出，说明草原天路已受到世界的关注。

（7）政府大力支持

张家口的对外开放为旅游经济快速发展奠定了较好的基础。特别是申奥成功以来，以草原天路为代表的张家口市特色鲜明的旅游业呈现出良好的发展态势，使得张家口成为河北省旅游收入增长最快的城市，接待国内外游客和旅游总收入两项指标连续四年位居河北省第一。市委、市政府坚持把旅游业作为全市经济社会发展第一主导产业，并提出“抓奥运机遇，谋划京张大旅游”，重点打造了“草原风情、滑雪温泉、葡萄（酒）品游、民俗精品和历史文化“五个大区”。草原天路作为坝上草原风情大区的重点，受到政府的高度重视，在开发建设和推进过程中多次召开政府工作会议，召集商界、学界人士集思广益，积极与专业旅游大公司磋商合作，推进建设新的景点，并进一步强化对沿线知名景点的开发管理，为草原天路的旅游发展提供动力和发展空间。

二、劣势（Weakness）分析

（一）缺乏系统开发管理

由于草原天路最初的功能是作为生产生活通道，并没有系统规划发展旅游景区，在景区建设尚未成熟的情况下每年接纳上百万游客被动运营，势必会带来很多问题。一方面，景区配套设施薄弱，管理混乱，旅游服务能力低下。调查数据反映，观景平台、野炊野餐区、汽车营地以及道路引导标志等游憩服务设施相对较少，停车场不足，交通协调管制不足，导致交通拥挤堵塞现象严重，高档餐饮住宿设施较少等问题普遍存在。另一方面，宣传营销策略不足，草原天路沿线各景点知名度不高，宣传营销有待强化。同时，地方民俗特色体现不足，缺乏坝上游牧文化和坝下农耕文化交汇的深入挖掘及开发利用。缺乏科学合理的统筹开发，对草原天路旅游的成熟和完善发展是极其不利的。

（二）专业人士匮乏

根据调查，目前从事草原天路旅游开发管理和经营者中42%为当地村民，文化素质较低、专业性差，导致景区的管理和经营处于无序状态，存在较多问题，诸如营销理念落后、创新意识不强、旅游产品单一、经营档次不高等。高素质的旅游经营管理人才的缺乏是其主要原因。仅仅将景区作为一种敛财手段，片面追逐当下利益，而不注重专业人才的引进，势必会形成草原天路的发展障碍。

三、机会（Opportunity）分析

京津冀协同发展、北京与张家口联合申奥成功为草原天路旅游提供了前所未有的历史性机遇。京津冀协同发展是我国重要的国家战略，发展规划指出，充分发挥张家口的生态优势，走一条绿色崛起的发展之路，文化旅游是其重要的组成部分。京津冀一体化，张家口将处于“一小时经济圈”，旅游市场会更加广阔，而冬奥会带来的将是世界各地高端人群的涌入，对张家口旅游经济的发展将会带来巨大的促进作用。草原天路是连接草原风情大区和滑雪温泉景区的重要观光路线，同时也是代表张家口大好河山形象的一条标志性旅游风景线。在发展过程中，要牢牢把握历史机遇，将草原天路变成张家口旅游对外展示形象最靓丽的名片。

四、威胁（Threat）分析

（一）生态环境脆弱

草原天路地处坝上高寒地区，气候干旱少雨，生态环境脆弱且自我修复功能弱。生态系统的良性循环是景区旅游资源可持续发展的前提和基础。但随着旅游者越来越多，景区的环境随之出现了大量问题，如道路两侧的植被严重受到汽车尾气的污染，游客环保意识差，对原生草原肆意践踏，垃圾乱丢乱放等，加剧了景区生态环境的人为破坏。另外，景区的生态保护管理资

金短缺、体系不完善、法治建设落后、环保工作效率低下等，这些对草原天路旅游的可持续发展带来一定的威胁。

（二）季节性强

季节性强是旅游景区普遍存在的现象。除去休假制度的影响，草原天路主要受坝上冬季寒冷的气候影响，人满为患的夏秋季与门庭冷落的冬春季形成鲜明对比，构成景区的旅游旺季和淡季。草原天路景区在旅游旺季承受巨大压力，各项基础设施供不应求，在旅游淡季惨淡经营甚至关门歇业，造成资源闲置、从业者失业等问题。

（三）同质化竞争严重

与全国很多城市一样，现阶段张家口市各个区县之间，尤其是坝上各县的旅游同质性竞争现象比较严重。坝上四县的地理位置联系紧密，自然条件、自然景观与风土民俗极为相似，在以地域特色发展旅游的前提下，草原天路的草原风情并不占优势。

三、对策

针对草原天路旅游发展的劣势和威胁，提出以下对策。

（一）生态保护先行，实现可持续发展

草原天路优良的生态环境是其发展旅游业的重要基础，但与此同时，其生态环境现状却极其脆弱且难恢复，因此，绝不能忽视生态环境承载能力肆意开发旅游项目，而是要根据生态承载力评估进行旅游资源开发，并科学合理发展生态旅游业，坚持生态保护先行，努力实现旅游资源开发和生态环境保护双优，促成景区健康持续发展。

在保护生态环境过程中，可以根据不同区域的生态特点进行分级保护。在人工营造景区沿线的植物景观时，可以选择抗污染、吸尘、固土能力强的适生树种种植风景林，在提升景观的同时加快天路沿线植被的恢复。在游客集中踩踏的观光区域，可以选择耐踩踏的草种进行人工补种，也可以适当安插一些提示牌提示游客保护草场资源的重要性，以弥补或减少对原生草原的人为破坏。在旅游旺季，要根据景点容量控制，并进行有效的疏导和分流，避免游客在某一景点过于集中。

除此之外，应多渠道筹措生态保护管理资金，完善环保管理体系，健全环保法法治建设，在景区中积极宣传环保理念，增强从业人员及游客的环保意识，降低对景区生态环境的人为破坏。

（二）发展区域旅游，提升经济效益

旅游业有它自身的特点，产业链较长，涉及的行业和业态众多，如果想为消费者提供高端及丰富的旅游产品，只靠一个地区的旅游部门来完成是远远不够的。

草原天路应与坝上坝下近距离的区县协同发展区域旅游。可以充分利用地理位置的优势以及便捷的交通条件，整合周边区县的旅游资源，有效消除同质化竞争，推出精品路线，提高旅游产品的质量和档次，确保景区可持续发展。同时，应大力发展适合接待大量高端游客的旅游服务配套项目，形成一大批有较强吸引力的精品景区景点。旅游产品也应从目前单一的观光旅游逐渐转成食、住、行、游、娱、购等综合性旅游，真正实现资源、市场、利益的共享，实现旅游经济效益的突破性提升。

（三）引进专业人才，提高服务质量

旅游规划的实施，很大程度上依赖于旅游人才的供给，人才开发是旅游业竞争取胜的关键。草原天路旅游的蓬勃发展对专业人才的质和量需求急剧上升。为此，应从社会及专业院校积极引进能够为旅游产业进行策划管理的高级人才，并大量引进实际操作能力强且具有较高文化水平的岗位技能型人才，同时，对从事草原天路景区旅游工作的当地村民进行集中有效的培训，提升从业人员的职业素质，使景区能尽快结束混乱无序的局面，实现良性运营，提高服务质量。

（四）完善智慧旅游，优化宣传策略

智慧旅游依托于信息技术，在当今的新媒体时代，实现旅游服务、管理、营销的全面优化升级。草原天路的初期火爆离不开旅游官网、微博、微信等新媒体的有力传播，在今后的发展中，也应该继续完善和健全智慧旅游的宣传平台，使得景区的相关信息能够及时准确发布，使游客对景区信息能智能感知、方便利用，旅游过程更顺畅，提升旅游的舒适度和满意度，有效增加草原天路品牌的认知度与美誉度。此外，与传统的旅游出行方式相比，草原天路旅游的目标市场以家庭式的自驾游游客为主，针对旅游出行方式的变化，利用人们对交通工具和通信设备的依赖及使用习惯对景区的智慧旅游宣传策略进行优化升级。

（五）策划淡季旅游产品，打破季节壁垒

草原天路的旅游淡季集中在冬季，一方面，由于坝上地区冬季漫长严寒，降雪自然消融缓慢，严重阻碍了自驾游交通；另一方面，冬季大雪封山，景

观较为单调，缺乏旅游吸引力。在此种情况下，需要转变思路，开发出适合冬季、特色鲜明的产品。首先，要长期做好冬季路面清雪工作，提高游客的可进入性并确保交通安全；其次，根据草原天路旅游的特色，将劣势转变为优势，广泛开发冬季旅游产品，增加游客的逗留时间，从而增加旅游收入。比如，借助草原天路冬季银装素裹的美景承办雪景风光摄影论坛，吸引国内外摄影爱好者前来拍摄、交流，并借以宣传提高草原天路冬季旅游的认知度。再如，挖掘坝上游牧民族传统的冬季狩猎文化，在不破坏生态的前提下开辟人工狩猎场，人工蓄养黄羊、沙鸡、野兔、沙狐、黄鼬等，吸引狩猎爱好者体验草原风雪狩猎。

基于 AHP－FCE 的草原天路生态旅游开发潜力评价研究

刘立波　王春燕　刘　岩
（河北北方学院生态建设与产业发展中心）

摘要： 生态旅游作为当前社会最具市场开发的一种旅游模式，也是现代旅游业发展的一个趋势。草原天路是张家口地区知名景点，其周边的生态旅游资源非常丰富，如何有效地利用和开发规划生态旅游是当前亟须解决的问题。本文通过运用层次分析法对草原天路的生态资源进行定量评价，表明草原天路生态旅游发展的过程中，生态环境的质量的好坏直接影响着游客的旅游热情，同时，在注重自身的资源条件和旅游开发的潜力上，旅游景点要维护好草原天路的生态环境，充分地保持和提高其生态旅游的休闲性。

关键词： 草原天路；生态旅游资源；层次分析法

生态旅游是利用当地自身的生态资源而开发的一种旅游活动，也是当今世界上发展最火热的旅游形式，目前正处于高速的发展阶段。张家口是河北省冀西北地区生态资源非常丰富的地区，资源保护完整以及其独特的自然风光，对国内外游客有着强烈的吸引力。草原天路作为张家口地区的一个知名景点，更加深受广大群众的喜爱，因此，合理开发和发展草原天路的生态旅游，构建科学的、合理的生态旅游评价体系，能较好地保护当地的生态资源和充分挖掘其自身存在的潜力，不断地适应国内外旅游客源市场的相应需求，加快当地生态旅游业的发展。

一、张家口草原天路旅游资源概述

张家口草原天路是一条位于群山峻岭之间，蜿蜒曲折、跌宕起伏、绵延百余公里的公路，在上面行走时就如同漫步在蓝天和白云之间，故名“天路”。草原天路沿线分布着古长城遗址、苏蒙联军烈士陵园、桦皮岭、岩片山、大圪垯石柱群等大量人文、生态和地质旅游资源。虽然天草原路只是张北坝上的一条柏油公路，但海拔也有千米左右，深色柏油路与黄实线本身就是一条美丽的风景。同时，在百里之间，呈现出左右徘徊曲折的道路，上坡和下坡多，给人一种跌宕起伏、静谧深远的感觉。

二、层次分析法在张家口草原天路生态旅游开发评价体系中的应用

20世纪70年代初期，美国教授萨蒂（T. L. Saaty）首次提出了层次分析法（AHP），该方法主要通过将要进行研究的问题看成是一个系统，经过分析总结出若干个因素，并依据这些因素之间的相互关系而划分出几个层次，之后再由专家对这些因素进行客观比较和判断，并对各个因素所代表的相对重要程度进行量化。然后构建数学模型，对矩阵中每一个层次上的要素的相对重要程度进行权重计算和排序，最后按照结果做出相应的决策。

（一）评价指标体系的构建

生态旅游指标体系的构建是遵循科学性、规范性、系统性、实用性的原则，参考《旅游资源分类、调查与评价》（GB/T 18972—2003）、《自然保护区生态评价指标和评价标准》等规范性文件所设立的相关评价指标，在反复征求专家学者意见的基础上所建立的生态旅游资源评价的指标体系。

在参考相关研究成果的基础上，初步确定了由16个指标组成的评价体系；然后，采用德尔菲法和专家问卷法对指标进行评判，采用模糊评分法按照指标的重要性程度打分，打分标准依据判断集：V = {“很重要”“较重要”“重要”“较不重要”“不重要”} 5个等级，分别赋值为9、7、5、3、1。然后，在计算机上进行整理、综合、计算和检验，得到旅游资源评价综合层、评价项目层和评价因子层的排序权重及位次。生态旅游资源综合评价指标体系概括为旅游资源、生态环境、旅游开发条件与发展潜力3个方面（图1）。

（二）计算评价指标权重和检验判断矩阵的一致性

本文通过运用层次分析法对张家口草原天路的生态旅游资源进行评价，并采用专家问卷调查的方法对草原天路生态旅游资源评价指标体系中16个要素进行打分。同时，为了确保各个评价因素的相对重要性，对张家口各大高校旅游经济学、管理学、生态学等方面的专家进行了问卷调查，一共发出问卷40份，收回有效问卷34份，有效率达到了85%。针对张家口草原天路旅游资源所具有的特点和发展优势，根据模型中因素之间相对重要性进行比较，对收集到的数据进行整理，运用层次分析方法进行处理，得出草原天路旅游资源开发潜力评价指标的权重数值和位次，同时，对其进行一致性检验的分析，总结出以下评价因素的权重结果（如表1）：

表 1　张家口草原天路生态旅游资源定量评价指标体系及因子权重表

总目标层	权重	综合评价层	权重	因子评价层	权重	排序
草原天路生态旅游资源定量评价	1	生态旅游资源评价	0.318	资源独特性	0.149	1
				资源组合度	0.058	9
				资源完整性	0.033	11
				资源知名度与美誉度	0.025	13
				历史文化价值	0.007	15
				科研教育价值	0.003	16
				主题强化度	0.016	14
				市场辐射能力	0.027	12
		生态环境评价	0.397	大气质量	0.132	3
				绿化覆盖率	0.145	2
				生态工程建设	0.064	7
				适游期	0.056	10
		生态旅游开发潜力	0.285	交通便利性	0.077	5
				旅游产业政策	0.065	6
				市场潜力	0.061	8
				产品开发潜力	0.082	4

三、结果分析及对策建议

从表 1 我们可以看出，综合评价层中生态环境评价的权重最大，为 0.397，其次是生态旅游资源评价指标，权重为 0.318，而生态旅游开发潜力的权重仅为 0.285，这表明，在发展生态旅游时，注重生态环境质量的保护，这与传统的旅游是截然不同的，要突出旅游与生态环境的和谐统一，让游客能在视觉上、文化上、自然风光和精神层面得以享受的同时具有保护生态环境的意识。由于草原天路具有丰富多样的生态旅游资源，周边生态保持完整，植被茂密、植物品种繁多，具有独特的历史文化价值等特点，是吸引国内外游客的主要因素，但是，生态系统和环境要素的这种原生性、稀缺性、脆弱性和多样性是容易遭受到破坏的，因此，生态资源在旅游开发中应注重生态环境的保护，以便能更好地吸引游客，从而产生经济、生态和社会效益。

草原天路的生态旅游资源开发潜力的权重为 0.285，可见，产品开发潜力和交通便利性对游客的影响是较大的，这表明，随着旅游资源的不断发展，要针对市场需求持续创新产品和项目，以满足游客日益强烈的欲望，充分发挥生态旅游的生态、经济和社会价值。同时，在开发草原天路的生态旅游资源的过程中，只有充分考虑到未来旅游的发展趋势和挖掘其潜在的价值，才能更好地利用现有的资源条件发展生态旅游。

在对草原天路因子评价层第三层的16个因子进行权重排序的结果来看，资源的独特性的权重最大，表明张家口草原天路的生态旅游资源的这种资源独特性给予游客的印象是最深的，它是吸引游客旅游的主要因素；其次是绿化覆盖率和大气质量，这说明游客在选择游玩时更加注重生态环境质量的好坏；而生态工程建设、交通便利性、旅游产业政策、市场潜力、产品开发潜力等支持草原天路生态旅游开发的外部条件的权重排在之后，是其发展生态旅游中不可忽视的一部分，表明在发展生态旅游时不仅需要考虑自身所具备的资源基础，还要充分地打开这些外部条件，只有各个方面都得以统筹兼顾，才能将其潜力充分发挥出来。

参考文献

[1] 黄震方，袁林旺等．生态旅游资源定量评价指标体系与评价方法——以江苏海滨为例［J］．生态学报，2008，28（4）：1656－1661.

[2] 李秀娟，赵键等．开展大桂林生态旅游的研究［J］．安徽农业科学，2008，36（19）：8234－8236.

[3] 李海防．桂林生态旅游热的冷思考［J］．南宁职业技术学院学报，2008，13（3）：87－90.

[4] 陈实，任姝慧等．基于层次分析法的旅游景区管理水平测度——以西安大唐芙蓉园景区为例［J］．旅游学刊，2007，22（12）：40－44.

[5] 戚晓芳．闽台两地生态旅游资源评价分析与差异比较［D］．福州：福建农林大学，2013：16－25.

[6] 原清兰．基于AHP的桂林生态旅游资源评价研究［J］．重庆工商大学学报（社会科学版），2009，26（6）：83－88.

[7] 方法林，尹立杰，张郴．城市旅游综合竞争力评价模型建构与实证研究——以长三角地区16个城市为例［J］．地域研究与开发，2013，32（1）：92.

草原天路区域民俗文化资源特点与保护浅议

梁俊仙　贾玉洁　乔颖丽　罗翠梅
（河北北方学院生态建设与产业发展研究中心、经济管理学院）

草原天路是沿着张家口地区坝头沿线建造的一条景观式公路，是张家口地区坝上、坝下地理位置的自然分界线。2011 年底由张家口市张北县投资 3.2 亿元，2012 年 9 月底一期建成通车，全线 132.7 公路，是我国唯一一条最具有自驾观光旅游价值的线路，规划建设全长为 300 多公里。草原天路所横跨的沽源、崇礼、张北、万全、尚义等五县，草原天路沿线有六代古长城遗址，是中国长城最集中的展示之路。沿线及周边有“大境门”“六代长城遗迹”“金莲川幕府”“威远门”“野狐岭金元大战遗址”“中都遗址”“苏蒙联军反击日寇的壮举”“802 军事大演习”等文化遗址，文化底蕴十分深厚。

一、草原天路区域民俗文化资源概述

草原天路沿线坝上坝下区域历来民间文化非常活跃，民俗文化体现出蒙元文化和中原农耕文化、游牧文明与农耕文明相互交融的特色，流行的地方民间小戏就有十余种，（如张北的二人台、戳古董）20 世纪 80 年代中后期至 90 年代初期，许多农村还有自己的戏班（如万全、崇礼），农时干活，闲时排戏，逢年过节唱戏。草原天路沿线区域改革开放较晚、经济比较落后、民风淳朴，在其他地区已消亡的一些优秀民俗传统文化在这里还在绵延传承。随着近年来草原天路旅游品牌的叫响，各种文化思想不断涌入，草原天路周边各县区也进入了经济快速发展，城镇化进程不断加速的时期，给一些优秀民俗文化的传承带来了巨大的冲击和影响。现把一些主要民俗活动简述如下：

1. 蔚县拜灯山。“拜灯山”民俗社火活动，源于蔚县宋家庄镇上苏庄村。产生于明朝嘉靖年间，距今已有 450 多年的历史，表现形式独特、民间民俗文化氛围浓郁。活动的基本内容由四部分组成：一是点灯山；二是拜灯山；三是耍社火；四是唱大戏。经有关专家考证，其原生态面貌明显，民俗文化内涵深刻，民间艺术品位较高，集祭祀、民俗、娱乐为一体，在蔚县乃至河北省的民俗社火中占有重要地位。

2. 宣化王河湾挎鼓。王河湾挎鼓源于宣化区春光乡北门外的王河湾村、四方台村及双庙乡赵家姚村及附近，至今已有一百多年的历史。俗称“煤油拉子把式”。1947 年，有一位叫刘龙的人借鉴中国其他鼓的优点，结合本村挎鼓的形状、特点，制作了木梆、皮面的八面挎鼓，新做成的鼓因材料的改变而变得音色动听，形状变成了中间粗、两头略细的外观，具有一定的观赏性，同时又买了两副镲，正式成立第一个鼓班，叫“三关社”，由于新做的挎鼓形状美观、音色动听，受到了当地农民的喜爱，他们经常在节日期间聚集起来表演，形成了自锵的节奏特点和表演风格。

3. 阳原曲长城背阁。背阁是流传于阳原民间的一种独特的舞蹈形式。从最早作为祈福娱神的舞蹈，经过几百年的传承和完善发展，已经成为群众喜闻乐见的喜庆娱乐表演形式，每逢年节都要进行表演。在过去，大人带着孩子看红火，因为孩子小看不到，大人就让孩子骑在大人肩头。阁就是做一木架，也就是阁，用一条粗布带把孩子的上身和腿与架子捆好，再绑在大人的背上。演出时，大人随着音乐的节奏做舞蹈动作，小孩也要随着大人进行扭动，表演。乐队的乐器，曲牌与踩高跷乐队基本相同。背阁还有单、双之分，单背阁是一个大人背一个小孩，双背阁是一个大人背两个小孩，难度更大，非常精彩。

4. 怀安九曲黄河灯。九曲黄河灯也称黄花灯，主要分布于怀安县东部北部农村。九曲黄河灯不但很美而且很好玩，它是一个很大的连环灯阵。做法是，先用一人高的高粱秆捆成 360 个把子，然后按照九宫图谱，竖栽在固定的灯场上，做成边长 33 米的正方形，每边分布 19 个点，横竖交叉形成 361 个点，每个点设一个灯，再加上 3 盏门灯和一盏天灯，共 365 盏灯，代表人间一年 365 天。每个高粱把子顶端放置灯碗，用红、黄、蓝色薄纸裱成灯罩。入夜，所有灯盏一同点燃，游人便可从入口处进去游逛。灯阵还配有龙灯、高跷队、狮子舞、旱船队的表演，锣鼓喧天，祈福美好生活。

5. 涿鹿绕花。在涿鹿县河东镇张各庄村，每到逢年过节，一种传承了一百多年的民俗——绕花，便“盛开”了，壮观程度堪比烟火晚会。相传，绕花最初是南方一位老羊倌用来驱赶野兽、保护羊群的。后来，他将此项民俗表演技艺传给了涿鹿县张各庄村民邢占春。之后，经过几代传承人在原有基础上反复改进，不断增大花笼体积，增加燃料和生铁量，逐步形成现在极具冲击力和震撼力的绕花表演模式。绕花在表演时用钢丝绳将装满燃烧着的铁屑、木炭花笼捆在花秆顶部，由七八个壮汉用力转动花秆，引导花笼旋转，使其中的木炭极速燃烧化铁为水飞出花笼，甩向场地四周，形成直径达40米左右的火瀑金花。产生的“仙女撒花长裙舞，流星飞瀑珠玉溅”般的瑰丽效果让人目眩神迷。

6. 万全打棍。打棍是万全区绝无仅有的独具特色的汉族民俗舞蹈。据传，清朝同治年间（迄今有一百五十年的历史），万全龙池屯村出了个镖头叫宋林，专为宣化府到大同做买卖的商人保镖。宋林突发奇想，在万全的民间社火中融进一些武术元素并将一些棍法授给艺人，自此之后，打棍便一年一年流传下来。

二、草原天路区域民俗文化的特点

草原天路地域文化脱胎于晋、冀、蒙的交界地带，衍生在高寒干燥的塞外赵北之地。从“千古文明开涿鹿”起始，历经古代国于七国之先称王、北魏孝文帝拓跋宏的“汉化”革新、元代“腹里”中都的繁盛、明朝宣府镇边关的建立、清北方陆路商埠的形成、民国察哈尔设省、抗战时期成为晋察冀边区首府等一系列的沧桑变迁，逐步成为燕赵文化中一个独特的分支。张家口地域文化与燕赵文化既有共同性，又有差异性。明代以来得到发展，清末民初得以整合，形成了以燕赵文化为核心、山西民俗为重要内容、含有察哈尔蒙古游牧文化特点的张家口传统文化。张家口文化的特点，主要有以下几个方面：

（一）草原天路地区民俗呈现出多元文化杂糅，包容开放的张垣特色

草原天路为张家口地区坝上和坝下的天然分界线，该区域地处晋冀蒙交汇、多民族杂居之地，自古是“兵家必争之地”，因此，区域民俗既与“三晋”大地礼仪之邦的文化一脉同源，更呈现出热情洋溢、粗犷“尚武”的特色，明显受到蒙元文化的影响。

（二）沿线区域诸多优秀民俗具备申请国家级非物质文化遗产的文化价值

至今仍活跃在坝下的社火民俗，就展示了独特艺术审美风格，传承久远，群众参与度高，集思想性、艺术性、观赏性为一体，既蕴含着深厚的民俗文化精髓，又体现出多重文化开发价值，具备申请国家级非物质文化遗产的特质。

（三）慷慨悲歌与粗犷豪放相交融

张家口地域文化属于以燕赵文化和三晋文化为主，兼容蒙古等少数民族文化的多元文化复合。历史地理的条件决定了张家口地域文化具有兼容性的

特色。张家口自古以来是兵家必争之地，是汉民族与北方游牧民族交往频繁的地方。生活在这里的汉族人，有相当一部分是与游牧族相互融合的后代，因而许多民俗都保留着游牧民族的痕迹。政权的更迭、战争的频繁又带来了大量流离失所的流民和从各地迁徙来的移民，自然也带来了各地的文化习俗，从而丰富了张家口传统文化的内涵。

（四）教化淳厚，质朴不矫饰

张家口一带山干水瘦，雨少高寒，与华北平原和中原以及江南比，是个贫穷的地方。司马迁说过："传曰：'蓬生麻中，不扶自直；白沙在泥中，与之皆黑'者，土地教化使之然也。"

张家口地域文化也可以说是山的文化、仁者文化。孔子曰：智者乐水，仁者乐山。朱熹的解释是："智者达于事理，而周疏无滞，有似于水，故乐水。仁者安于义理，而厚重不迁，有似于山，故乐山。"可见，仁者、智者的品德情操与山川自然特征和规律性具有某种类似性，因而产生了乐山乐水之情。张家口地域文化所表现的人文精神就是那种仁者不忧、勇者不惧，重德操、讲信义、正直大度、古道热肠的阳刚之气。

三、加强对草原天路区域民俗文化的保护

对于草原天路区域民俗文化的保护，首要措施是保护好当地特别的自然景观结合其独特的民族文化，形成独树一峡的民俗文化。草原天路区域对民俗文化的保护，依托民俗文化旅游，取得了一定的成绩。但受当地民俗文化产生和发展规律的影响，保护形势仍然十分严峻。保护好当地的民俗文化，应抓住其特征，充分展示当地民俗旅游文化是最重要也是最好的办法，发展民俗旅游文化活力，扩大影响，体现当地民俗文化的内涵和价值。主要应从以下几方面着手：

（一）加强保护民俗文化资源保护当地民俗文化

对待文化遗产的态度，往往会有截然不同的两种倾向：一种是强调保护而剥夺发展权，主张原封不动地封闭式保护；另一种是强调发展而剥夺文化权，为追求"现代化"而不惜抛弃或破坏文化遗产。无数事实已经证明，消极封闭既不现实，也不能有效地保护文化；盲目发展既破坏文化，又不能持续发展。在保护文化的前提下活用文化遗产，特别是通过发展旅游业用活文化资源，应是一种对文化遗产实施积极保护的有效办法。

（二）利用高科技记录民俗文化

在科技日新月异的今天，面对民俗文化地不断发展或消失，仅依靠传统

手工文字记录民俗文化的每个变化，已经变得困难重重。因此，将民俗文化的每一项，包括参与民俗活动的人，民俗活动的图像、声音、活动全过程，以及背景、场地、道具等细致的、全面的地运用数据记录下来，再通过高科技手段加工长期保存，更好地完成了民俗文化记录工作。当今社会各国传承保护民俗文化的新兴手段之一就是文化遗产数字化，我们可以采用数字化手段来抢救和保存民俗文化。记录好民俗文化的每一次活动、每一项内容、每一个细节、每一个变化，为我们更好地掌握民俗文化的发展过程和趋势，更深入地研究、保存和展示民俗文化提供重要依据。对草原天路区域所拥有的丰富民俗文化资源进行数字化记录，是一种行之有效的文化形态建设方式；对当地丰富、原生态的民俗旅文化源进行数字化创作，可使当地独特的民俗文化资源得到广泛传播，提高自身的城市竞争力；与此同时，当地的民俗文化资源也得到了长远的传承保护和发展，并且这种可持续发展的、绿色、环保的传承保护方式可以推广到更多文化遗产保护工作中。

（三）建立生态博物馆保护民俗文化

在民俗文化传承的过程中，过往仅靠简单口头或文字传承，但当今社会年轻人受现在思想和外来文化的影响，对民俗文化的传承意识被渐渐淡化了。因此，教育工作应义不容辞地将族群中保存民族风俗及其文化底蕴一以贯之的优良传统继承下来，并通过对这些珍贵的文化遗产加以发掘复原、记录保存，再加上学术研究提炼得以更好的传承和弘扬。因此，持续投入必要的资金和人力就变得必不可少。除此之外，还需采取各种有效的技术手段，切实规范民俗文化保护，建立健全保护体系，制定政策法律法规，使得保护制度化、科学化。因此，在保护区内建立生态博物馆，可使民俗文化得到更好的保存记录。

草原天路区域的自然环境、人文环境造就了丰富的民俗文化资源。区内的各民族文化、风俗习惯以及他们所生活社区的自然风貌、建筑物、生产生活用品等统统列入保护内容，纳入到建立草原天路区域生态博物馆的范畴内。这样，张家口的民俗文化就能通过生态博物馆这一手段得到更好的传承和保护，并能增强人们的文化意识。生态博物馆也成文民俗资源的重要组成部分，也有助于更好地发展当地民俗旅游业。

（四）建立自觉保护民俗文化的激励机制

作为张家口民俗文化资源重要组成部分的居民，是当地民俗文化资源的重要载体和传承保护者，是张家口民俗文化产业发展的直接利用者和受益者，但同时也要承担维护者的角色。当地民众的行为直接影响着张家口民俗文化资源能否得到较好的传承保护，同时也关系着民俗旅游资源的开发利用效益。如果当地民众得到一定程度的激励，便会主动投身到当地民俗文化资源的传承保护工作中去，积极传承保护自己身边的民俗文化资源。如贵州西江千户苗寨，采取“分红制”的办法实施激励机制，每年拿出门票收入的大部分，按照村寨民居建筑保存的完好程度对村民实施等级不同的奖励，极大调动了村民参与民俗文化环境保护的热情和积极性。因此，草原天路区域应建立一种有效的、长效的激励机制，让当地民众能积极主动地参与其中，以保护民俗文化资源为目的，并从中获得集体利益的。这样的话，由民众主动参与传承保护当地的民俗文化的热情被大力激发，并会产生民俗文化发展的强大动力，终将推动此项工作的跨越式进步，从而促进张家口民俗文化旅源的可持续利用和发展。

总之，民俗文化是在数千年的岁月积淀中形成和传承下来的，记载着我们祖先的思维和生活方式，是中华民族的根基与血脉，一旦失传，其损失不可估量。对草原天路区域优秀的民俗文化进行搜集、整理和保护，利用现代科技手段保留活生态的民俗文化档案资料，无论从学术还是实践，都是一件有意义的事。

草原天路风景区管理体制研究

孙殿君
（河北北方学院生态建设与产业发展研究中心、经济管理学院）

摘要：管理体制不顺畅是制约草原天路风景区发展中的主要瓶颈，本文通过实地调查和对现有文献资料的整理，总结草原天路的管理现状及存在的问题，指出解决草原天路管理瓶颈的关键在于加强战略管理、优化行政管理模式、完善经营管理方式。

关键词：草原天路；管理体制；管理模式；对策

一、研究缘起及相关文献回顾

草原天路风景区位于河北省张家口市崇礼区、万全区、张北县的交界处，于2012年建成通车。建成后，由于该路段独特的自然景观而使旅游业不断火爆。在承载丰富游客生活和促进当地旅游经济发展使命的同时，草原天路风景区也出现了诸如旅游高峰时段道路拥堵、周边环境破坏严重、游客满意度不高等一系列问题；同时，国家京津冀协同发展框架的形成和京张冬奥会的申请成功，为草原天路风景区的发展既带来了机遇也带来了可持续发展方面的挑战。草原天路风景区当前面临的问题及后续的发展离不开科学有效的管理。因此，理顺景区管理体制，破解管理瓶颈，成为当前亟待解决的问题，本文在这样的背景下展开。

目前，国内关于景区管理研究的文献主要集中在以下两个方面：第一，宏观层面，研究主要有关于景区存在问题的原因及对策探讨（郭胜、吴文智、刘学兵）、提高景区管理水平的重要性（李晓琴、南宇），以及探讨构建景区管理研究框架（田世政）等方面；第二，微观层面，学者大多从技术手段出发，采用层级分析法（陈实）、游客满意度测量法等方法对景区管理水平进行测度和衡量；另外，也有许多学者从某一具体景区入手，探讨适合这一景区的管理体制。（黄成林、徐宁）

总体来看，学者的研究为景区管理体制的完善提供了许多有效、可行的建议和依据。但以往的研究多集中于成熟景区，对初步开发的景区关注较少；定性研究较多，定量研究较少；立足于新机遇所带来的外部变化对内部管理机制影响的研究较少。

二、草原天路管理现状及存在的问题

（一）景区战略管理不到位

景区战略管理在实践中可以简单理解为全局的、长远的规划。草原天路景区从公路建设初衷到后期的行政管理、经营管理一直带有较大随意性和适应性，并未体现出战略管理的思想，具体表现为：

（1）景区长远目标和发展愿景不明确，政策随意性较大。目前，草原天路全长130多公里，连接张北、崇礼、万全三县。在旅游市场利好因素的驱动下，草原天路即将扩建延伸到300多公里，与坝上5县交界。这种规划并未考虑景区品质和游客体验，仅仅体现了利益的引导。另外，按照张北县政府的批准，从2016年5月1日后，景区开始收取门票。虽然这项工作不足一个月便在社会各界的质疑中终止，但这也更能体现出较大的政策随意性。

（2）景区行政规划缺失现象严重。

旅游产业是一个综合性的产业，它的发展涉及食、住、行、游、购、娱等多个行业，因此，对地域经济有很大的依赖性，必须综合规划所涉及的各种经济要素，例如土地征用、项目建设等方面，才能为景区的发展争取必要的人力、物力、财力支持。草原天路因其风景秀美吸引了周边大量的游客，游客到来之后发现草原天路仅仅是一条风景公路，而与之配套的其他方面要么基本没有，要么达不到游客的需求。2015年草原天路旅游开发有限责任公司会同有关部门制作了《张家口草原天路风景道项目策划方案》，但《方案》的可行性和执行效果仍需后期验证。

（3）景区战略分析缺失。草原天路景区在发展过程中对其自身优势、劣势，外部的机遇和挑战缺乏必要的分析。具体表现为：首先，没有处理好资源与市场的关系，草原天路风景带沿线地质、长城、古道、农耕、军事、能源等文化底蕴深厚，旅游资源条件良好，但目前这些资源大多没有经过合理的规划和开发，这对草原天路旅游品牌的形成和市场份额的占领无疑是一个很大的影响；其次，没有处理好景区与生态环境的关系，随着天路旅游的火爆，游客激增直接导致的是对生态环境的破坏，汽车尾气、垃圾乱扔、随意践踏，已经成为常见现象。

（二）景区政府管理主体不明确

公路最初由张北县主导修建，由张北县政府主管，后来，张家口市政府成立了“草原天路管理委员会”，负责对草原天路开发管理。“草原天路管理委员会”成立后，由于各种原因并未形成对公路景区的有效管理，因此，草原天路的实际管理方式形成了以张北县管理为主、市政府和县政府双重管理的局面。在后期规划中，300 公里草原天路通车后，将涉及张北、沽源、崇礼、万全、尚义五县。政府间的土地征用、利益分成、协调配合等问题更加凸显。草原天路应该由哪级政府主导管理，各级政府在景区的管理中应当承担什么责任，这些都是景区发展中亟待解决的问题。

（三）景区经营管理有待完善

社会资本加入和商业化经营管理方式的使用，使草原天路景区无论从资金上还是从管理手段、效果上较以前有了很大提升。但在运营过程中仍有以下几方面的问题亟须解决：

首先，社会投资的回报问题，合理化的社会投资回报机制尚未形成。草原天路经营管理方面，最早由张北县政府主导成立了张北县草原天路旅游开发有限责任公司，负责对景区进行开发和经营。由于管理责任不到位，造成了草原天路远景无规划、管理跟不上的窘境。后期引入了社会资本，成立了北京宏美龙脊旅游有限公司，与张北县签订了合作协议，沿用张北县草原天路旅游开发公司的名称，开始对草原天路进行注资开发和管理。目前，管理公司的职责定位为负责景区的基础设施建设和管理，景区的餐饮、住宿、购物甚至娱乐并未涉及。

其次，利益相关者的回报问题。按照协议，张北县草原天路旅游开发公司的股权结构，张北、万全和崇礼三个县区合伙占股 25%，社会资本占股 75%。一方面，地方政府持股合法性值得商榷；另一方面，25% 的持股比例，对于三区县来说偏少，导致地方政府积极性受到影响。

最后，健全公司治理结构问题。目前，新成立的张北县草原天路旅游开发公司仍沿用原公司的行政配置。受到持股比例争议的影响，合理的董事会制度、监事会制度和职业经理人制度也没有建立起来。

三、完善草原天路管理体制相关建议

（一）做好景区长远规划，加强战略管理

首先，草原天路管理主体必须强化战略管理意识，长远规划不能仅仅以

短期利益为驱动力，必须注重游客体验，注重生态环境保护和注重产品创新。

其次，景区管理要树立大旅游理念，由“一路”向“一带”推进，盘活张家口全市旅游产业的发展。以门票收入为例，国内大多数景区经营收入主要依赖“门票经济”，但征收门票的做法加重游客支出负担，减少游客停留时间和次数，导致旅游收入单一。如果实行免票制度，降低游客准入门槛，从而带动景区周围的餐饮、住宿、交通、零售和其他行业的长期健康发展，其现实效应更大。以此为契机，促进整个张家口地区旅游经济的长远发展，通过高人气为本地创造显著的综合回报效益，才是更为根本的目的。

再次，具体要做好旅游项目规划、旅游设施配置规划、娱乐活动安排规划等。

最后，要正确处理好旅游产业与其他产业的关系，处理好资源与市场的关系，处理好利益相关者的关系。

（二）优化行政管理模式

当前，国内景区大体有四种管理模式：政府直接管理型；政府职能部门型；企业管理型；政府派出机构型。比较各管理模式的优缺点，总体来看，政府派出机构管理方式，是在总结政府型管理机构和职能部门型管理机构的经验教训后，设立的介于两者之间的一种管理体制。这种管理方式首先避免了政府管理体制的庞大机构和繁重事务，使风景区的管理更加专一化和专业化；其次，在政府充分授权的前提下，克服了职能部门管理方式行政管理权、执法权不足而导致的协调管理等不力的弊端；最后，这种管理方式相比较企业管理方式，依法管理能力有保障，而且在国家政策的约束和引导下，对景区的生态建设和可持续发展会起到积极的促进作用。

因此，在综合比较国内风景区管理模式利弊的基础上，鉴于目前草原天路风景区管理体制运行不顺畅的现实情况，建议成立“张家口草原天路风景区管理委员会”。“张家口草原天路风景区管理委员会”作为张家口市政府派出机构编制，行政级别暂定为正处级。管理委员会主要职责为：负责各类规划的编制、负责对景区经营主体的选择和监督、负责对景区各利益主体的协调、负责综合执法、负责基础设施建设等。同时，为完善景区管理体制，使风景区管理委员会不因缺乏必要的行政管理权和执法权而流于形式，张家口市政府必须对“张家口草原天路风景区管理委员会”在其职责范围内充分授权。将草原天路风景区作为一个特殊的独立行政区域对待，使这一区域的管理不受属地管理和行政区划的限制。

（三）完善经营管理方式

第一，建议草原天路后期不再实行景区收费门票制度，并对草原天路沿线的旅游景点、民俗文化、餐饮娱乐等方面进行包装和开发，通过对这些资源的合理化收费，为社会资本投资回报提供途径；第二，除景区的行政管理外，为减轻政府投资压力，促进草原天路健康发展，景区基础设施宜采用PPP模式融资建设，景区内的餐饮、娱乐等项目的建设应采用社会招标方式，由社会资本多主体投资建设；第三，建立健全草原天路管理公司法人治理结构，优化景区的内外部治理环境。

参考文献

［1］郭胜．旅游风景区管理的问题及解决对策［J］．改革与战略，2006（6）：218－219.

［2］吴文智．我国公共景区政府规制历程及其问题研究［J］．旅游学刊，2007（11）：131－135.

［3］刘学兵，孙晓然．我国旅游景区管理创新探析［J］．中国商贸，2011（11）：16－20.

［4］李晓琴．旅游体验影响因素与动态模型的建立［J］．桂林旅游高等专科学校学报，2006（5）：609－611.

［5］南宇．西北丝绸之路区重点旅游城市梯度开发研究［J］．干旱资源与环境，2010（9）：161－167.

［6］田世政．基于系统分析的旅游景区管理研究框架构建［J］．西南大学学报，2007（3）：141－146.

［7］陈实．基于层次分析法的旅游景区管理水平测度［J］．旅游学刊，2007（12）：40－44.

［8］黄成林．黄山市乡村旅游初步研究［J］．人文地理，2013（2）：24－28.

［9］徐宁．张家口草原天路风景道旅游开发研究［J］．中国集体经济，2015（1）：167－168.

“百绿丛中一点红”
——冀西北红色文化资源旅游开发对策研究

贾巨才　郎　琦①
（河北北方学院生态建设与产业发展研究中心）

摘要：红色旅游在中国的发展受到了党和国家的大力支持。根据冀西北地区红色文化资源的分布特点，结合近年来该地区旅游发展趋势，提出“百绿丛中一点红”的旅游发展模式。该模式汲取“绿色生态游”的精华，同时开创旅游文化繁荣的新领域，具有重大意义。

关键词：冀西北；红色旅游；绿色生态游；百绿丛中一点红

冀西北地区以张家口现辖区为主要地域，在历史上是游牧民族与农耕民族的交汇地，文化呈现复杂、多变、游弋的特点，草原文化、长城文化、三晋文化、燕赵文化、蒙元文化等均在此呈现，随着2022年北京—张家口冬奥会的申办成功，冰雪文化亦将成为挹注于冀西北地区的中心文化之一。旅游以文化为载体，文化因旅游而传承。在冀西北众多的文化载体中，形成了以“绿色生态游”为主要模式的旅游体系。“绿色生态游”作为一种新的旅游形态，具有观光、度假、休养、科学考察、探险和科普教育等多重功能，是依靠自然和旅游的并行关系在对自然带有敬畏感和环保意识的基础上进行的旅游。近年来，冀西北“绿色生态游”规模不断扩大，成为冀西北产业发展的重要支柱。然而，我们也深刻地意识到，“绿色生态游”中也存在一系列问题，最大的问题是缺乏“红色”，缺乏时代主旋律。这就需要深度挖掘冀西北的红色文化资源，并与“绿色生态游”相结合，打造“百绿丛中一点红”的旅游模式。

一、冀西北红色文化资源的特点

冀西北地区是中国共产党人最早开展革命活动的地区之一，该地区是联结绥远、热河的中心区域。在大革命时期，李大钊多次到张家口领导和开展

① 基金项目：河北省社会科学基金项目（HB16YJ008）。

革命活动，使张家口成为北方革命的中心城市。1922 年爆发的京绥铁路工人大罢工，是京汉铁路大罢工的有机组成部分，张家口的铁路工人是这次罢工的中坚力量，同时，中国共产党在张家口领导了多次工人运动，在周边地区有很大的影响力。1926 年察哈尔农村第一个党支部在张家口崇礼县东湾子建立。1933 年察哈尔民众抗日同盟军在张家口成立，挥师北上，一举光复“察东四县”。抗日战争时期，冀西北地区的抗日政权普遍建立，成为晋察冀抗日根据地的重要组成部分。张家口经历了一次光复和一次解放，1945 年 8 月至 9 月间，随着中国共产党领导的人民军队从日寇手中收复张家口、宣化等市，察哈尔全境随之光复。中国共产党以健全民主程序建立了察哈尔省，省会设在宣化，张家口成为晋察冀边区首府，被誉为“东方模范城”“第二延安”。1946 年底到 1948 年，历经了两年艰苦卓绝的解放战争，张家口永远回到了人民手中。

深入分析，冀西北的红色文化资源的呈现三个特点：

其一，涵盖中国革命的各个历史阶段。冀西北地区的红色文化资源显著特点之一，是与中国共产党的历史高度一致并有很强的连续性。在建党初期、大革命时期、土地革命战争时期、抗日战争时期、解放战争时期，冀西北均是革命斗争的前沿阵地，留存了大量的革命红色文化遗址，涉及众多革命人物，其红色文化资源是中国革命过程的一个缩影。

其二，六大板块特色鲜明。冀西北的红色文化资源在连续性的基础上，还有重点内容相对突出的特点，总体来看可分为六大模块：建党初期工人运动的始肇地；大革命时期北方革命的中心城市；抗日斗争的前沿阵地；八路军与苏联红军的首次会师之地；晋察冀边区首府；平津战役的主战场之一。这六大板块既是中国革命进程中的重大历史事件的具体体现，又具有浓厚的地方特色。

其三，“满天星”的地理分布状况。冀西北红色文化资源的分布，并非像西柏坡、延安等革命圣地那样呈密集状态分布，并能独立支撑一个旅游景区，相反，却是呈现“满天星”式的地理分布状况，以张家口为主要辖区，其六区十一县，每一区县均有红色文化遗址留存，部分红色文化遗址已经逐渐开发为红色旅游景区，相对于密集状态分布而言，具有明显的分散性特点，开发程度低，不宜独立成景，适合穿插在整个“绿色生态游”的过程之中。

综上所述，根据冀西北红色文化资源的分布特点，决定了在冀西北红色旅游业的发展中，必须走帮扶、陪衬、结合、主题突出的路线，构造“百绿丛中一点红”的旅游模式，以促进冀西北地区红色旅游的开发与发展。

二、“百绿丛中一点红”模式初探

冀西北的地域以张家口市主城区为中心，包括桥东区、桥西区、宣化区、下花园区、万全区、崇礼区、张北县、康保县、沽源县、尚义县、蔚县、阳原县、怀安县、涿鹿县、赤城县、怀来县，共六区十县。近年来，冀西北地区的旅游业取得了长足发展，在坝上地区以“中都草原度假村”为核心辐射张北、沽源、尚义、康保四县，在坝头一带，以“草原天路”和“赤城温泉度假村”为核心辐射崇礼、赤城等地，在坝下地区以“暖泉古镇”“泥河湾小长梁”为核心辐射蔚县、阳原、涿鹿、怀来等地。但是，作为红色文化资源分布较多的区域，冀西北的红色文化遗址未能得到充分的利用，根据冀西北红色文化资源的分布特点，结合现存红色文化遗址的开发利用情况，可以走“百绿丛中一点红”的红色旅游开发模式。主要红色文化遗址与该区域旅游景点的区位关系，具体详见下表：

地域	绿色游主要景点	主要红色文化遗址	两者距离	备注
桥西	水母宫景区	吉鸿昌纪念馆	—	纪念馆系在景区内
	大境门景区	察哈尔农民协会	5 公里	华北联大等高校旧址在附近
	堡子里景区	晋察冀参议会	—	景区内红色景点众多
桥东	京张铁路博物馆	晋察冀军区司令部	1 公里	博物馆待建
	胜利公园	察哈尔烈士陵园	—	仅一墙之隔
宣化	万柳公园等	察哈尔民主政府	1 公里	均位于宣化城内
下花园	鸡鸣山景区	下花园烈士纪念碑	10 公里	
康保	康巴诺尔假日庄园	康保革命烈士纪念碑	5 公里	
沽源	沽水福源度假村	丁庄湾革命纪念地	10 公里	自赤城赴沽源路过纪念地
崇礼	崇礼各滑雪场	原摩天岭抗日根据地	—	摩天岭系滑雪场内最高峰
张北	中都草原度假村	苏蒙烈士纪念塔	10 公里	沿坝头公路方向路过纪念塔
赤城	赤城温泉度假村	平北大海陀抗日纪念馆	5 公里	由怀来县赴赤城路过纪念馆
蔚县	暖泉古镇	蔚县烈士陵园	1 公里	
尚义	察汗淖草原度假村	大青山革命根据地	5 公里	大青山同为绿色游景区
涿鹿	黄帝城	丁玲纪念馆	10 公里	
怀来	怡馨园温泉度假村	董存瑞烈士纪念馆	5 公里	
怀安	天鹅湖自然风景区	民主察哈尔省察南地委	5 公里	地委在怀安县城内菜市街
万全	洗马林玉皇阁	冀明信烈士故居	9 公里	旅游景区尚未规划
阳原	泥河湾小长梁、开阳堡等	阳原县烈士陵园	10 公里	开阳堡景区待建

通过上表可见，冀西北各县区主要的“绿色生态游”景区与红色文化景区（遗址）之间距离较近，均不超过10公里，甚至连为一体，存在着天然联系，适合共同开发。同时，部分地区的红色文化资源的开发程度，还远远高于“绿色生态游”，这就为“百绿丛中一点红”旅游模式带来了更多的机遇。倘若“绿色生态游”均伴有“红色游”，那么，冀西北的红色文化资源的开发将面临更广阔的发展前景。

三、“百绿丛中一点红”模式的意义

“百绿丛中一点红”旅游开发模式，是根据冀西北红色文化资源的分布特点，结合“绿色生态游”的发展趋势而提出的，其主要目的即是为了提升旅游品位，将旅游纳入到国民思想道德境界提高的方法路径之中，“红色旅游在中国引领了一个时代的潮流”，因此，“百绿丛中一点红”旅游模式具有重要意义。

其一，弘扬时代主旋律，打造思想文化繁荣新领域。近年来，冀西北以“绿色”为主题，以“生态”为支撑，“绿色生态游”取得了长足发展。但是，“绿色生态游”的背后却缺少“画龙点睛”的因素，这就是“红色”，即“主旋律”。习近平总书记强调：“把红色资源利用好，把红色传统发扬好，把红色基因传承好”。因此，弘扬以“红色文化”为中心的时代主旋律亦是旅游业的重要职责之一，从而打造思想文化繁荣的新领域。

其二，提升旅游文化品位，促进区域经济社会发展。红色文化内涵在学界尚无统一定论，总体来讲有三重内涵：①红色文化是凝结了中华优秀传统文化精髓的先进文化；②红色文化是中国共产党领导中国人民在马克思主义中国化过程中形成的历史文化；③红色文化是涉及正确的世界观、人生观、价值观的大众文化。由此可见，红色文化能够提供丰富的教育资源，在旅游开发当中展示红色文化，提升旅游文化品位。红色文化正确的价值导向和多样的教育形式，成为旅游文化品位提升的重要素材。同时，红色文化资源多分布于革命老区、边远山区，“百绿丛中一点红”旅游模式能够促进当地经济、社会、文化和环境的协调发展，解决当地贫困问题。

其三，培养游客高尚情操，开创思想政治教育新途径。纵观近年来冀西北地区“绿色生态游”的发展状况，其各项承载指标均已达到临界水准，若盲目加大发展，必将对环境造成严重破坏，需大力加以整治。人们在冀西北“绿色生态游”确实存在诸如乱丢垃圾、水资源短缺、环境恶化等不文明行为。解决这些问题的关键之一是提高旅游者的素质，而旅游者素质的提高又离不开道德教育，所以，红色文化为道德教育提供了天然的媒介，开创了中国思想政治教育的新途径，因此，“百绿丛中一点红”旅游模式能够培养旅游者的道德情操，促使其为保护环境贡献自己的一份力量。

综上所述，“百绿丛中一点红”旅游发展模式，对弘扬时代主旋律、提升旅游文化品位及培养游客高尚情操等方面有着不可忽视的作用，能够进一步完善和创新“绿色生态游”模式，同时，对冀西北红色文化遗址的保护与开发有着积极的促进作用。

关于草原天路生态保护与旅游开发政策建议

贾巨才　任　亮　孔　伟①
（河北北方学院生态建设产业发展研究中心）

摘要：草原天路是近年来依托其独特的生态资源禀赋和区位优势，形成一定影响力的旅游风景道，加强生态保护，有序旅游开发，强化政策保障，才能实现其多元功能和价值。

关键词：草原天路；生态保护；旅游开发

近年来，草原天路依托其独特的生态资源禀赋，借助现代信息传媒手段逐渐被大众熟知并喜爱。在京津冀协同发展大背景下，特别是张家口申奥成功后，草原天路的整体形象和地位显著提升，但也存在一些问题，引起政府和社会各界的普遍关注。为此，河北北方学院生态建设与产业发展研究中心近期对草原天路进行了考察调研，调研过程我们发现想要切实解决草原天路面临的问题，必须高度重视草原天路沿路的环境保护，并统筹规划草原天路所在区域的旅游开发。

一、草原天路的基本情况和存在的问题

草原天路位于张家口北部，地处我国内蒙古高原和华北平原的接合部，目前已开发的132.7公里，主要位于张北县境内，少部分位于万全县和崇礼县境内。平均海拔1400米，年均气温摄氏4度，是连接崇礼滑雪温泉大区和张北草原风情大区的一条重要通道，沿线分布着古长城遗址、苏蒙联军烈士陵园、桦皮岭、岩片山、大圪垯石柱群等大量人文、生态和地质旅游资源。草原天路犹如一条蛟龙，盘踞于群山峻岭之巅，蜿蜒曲折、跌宕起伏，绵延百余公里。蓝天与之相接，白云与之呼应，行走在天路之上，就像是漫步在云端，故而得名“天路”。

草原天路2011年底建成以来，逐步成为京津冀自驾游的天堂，每年都有

① 基金项目：河北省社会科学基金项目（HB16YJ008）。

大批的旅游爱好者驱车到草原天路旅游观光，并由此延伸到冀西北坝上草原腹地。草原天路也成为中国大陆最美丽的公路之一。但随着到草原天路旅游观光的游客不断增多，也由此带来了一系列问题，具体表现为：道路拥堵、垃圾遍地、生态破坏、开发无序、违建丛生、收费争议等问题。近期，张北县政府和草原天路旅游开发公司开展了集中整治工作，取得一定成效，仍需从制度上进行整体设计，以期从根本上扭转当前面临的现实困境。

二、草原天路生态保护与旅游开发建议

1. 开展区域生态调查，明确功能区划，坚守生态底线。草原天路地处京津冀生态涵养区，属于限制开发区，天路周边区域的森林、草地既是天路旅游的核心资源，更承担着涵养水源、净化空气、保持水土的生态功能。生态保护是天路旅游开发的前提。当先各级政府应尽快开展天路所在区域的生态调查，在调查的基础上按照生态资源的类型和价值确定草原天路沿线生态核心区、生态体验区和生态研究区，划出生态红线，明确政府、企业、游客、当地民众肩负的使命和行为边界，将生态保护融入生态旅游之中，并细化规划，增强可操作性，切实做到保护优先，使生态资源得到有序利用。

2. 科学规划，打造河北生态旅游产业新的增长极。草原天路可开发 300 多公里，东西横跨张家口市沽源、崇礼、张北、万全、尚义 5 县。以天路为依托，东北延伸到辽文化的沽源梳妆楼、闪电河湿地公园、五花草甸，中部延伸到元中都遗址、中都草原，向西延伸为尚义县鲜卑文化的柔玄镇遗址、察汗卓尔国家湿地公园、新能源示范区，向东与崇礼赤城滑雪温泉大区相连。当前，应超越就天路论天路的狭隘旅游开发观，应以草原天路为品牌，对冀西北区域的生态旅游进行整体规划，以路为线，将整个区域生态旅游连接起来，打造河北生态旅游新的增长极。

3. 建立多元化投融资渠道，加快旅游开发建设。积极争取上级政策性资金扶持。加大对生态旅游的资金投入，每年安排一定数量的生态旅游发展专项资金，用于草原天路旅游项目规划设计、重点项目论证、项目招商、贴息补助等。按照“谁投资，谁受益”的原则，吸引社会各界投资主体以多种形式投资开发。进一步加强管理，切实厘清政府与投资主体的关系以及角色定位和各自行为的边界。天路整体运营管理模式可采用公益事业管理模式，天路两边观光景点可采用商业化运营模式，形成以天路为带，以若干生态观光点、生态体验区（包括生态观光农业）、休闲娱乐区、文化区为集群的新格局。

4. 深入挖掘草原天路的价值与意义，赋予其文化内涵与精神血脉。张家口曾经是“草原丝路”——万里茶道和张库大道的重要节点，现今是“一带一路”战略中“推进构建北京—莫斯科高速运输走廊，建设向北开放的重要窗口”，冬奥会的举办地。张家口与路结缘，因路发展。在此背景下，草原天路应放置于张家口、京津冀乃至全国的视野去思考规划，在将有形的旅游之路向张家口、京津冀乃至全国衍生和对接的同时，要把无形的精神之路、文化之路向地域文化、军事文化、农耕文化、游牧文化乃至中华文化衍射和交融。在有形与无形之间，将天路建成为中国一条独特的生态路、旅游路、富民路、文化路和精神路。

5. 成立草原天路管理委员会，统一行使行政管理和公益事业职能。草原天路的道路和周边的生态资源属于公共资源，维护道路畅通、保护生态环境是政府义不容辞的责任。鉴于草原天路是跨县域旅游观光道路，应由张家口市政府牵头沿线县域共同参与成立草原天路管理委员会，由其协调行使行政管理和公益事业职能；按照十八届三中全会对政治体制改革的精神和要求，由管理委员会组织成立综合执法队伍，统一行使公安、交通、森林、环保、防火等职能，对草原天路上违法、违规行为实施监督管理和处罚。

6. 利用大数据和现代智能交通系统，提高治理天路交通拥堵手段的效率。通过创建天路交通模型，计算出分时段、分路段、分人群的天路旅游出行参数，从而有针对性地采取措施提前制定各种情况下的应对预案；通过在天路预埋或预设物联网传感器，实时收集车流量、客流量信息，结合各种道路监控设施及交警指挥控制系统数据，由此形成智慧交通管理系统，制定疏散和管制措施预案，提前预警和疏导交通；通过卫星地图数据对天路的交通情况进行分析，得到道路交通的实时数据，这些数据可以供天路管理部门使用，也可以发布在各种数字终端供旅游出行人员参考，来决定自己的行车路线。

7. 打造以草原天路网站为主，移动终端、多媒体终端等为辅，多个平台并行、多种方式并用的现代旅游电子商务发展体系。在基础建设上，要实现了天路无线全覆盖，为游客提供免费的无线上网体验。在项目建设上，要推出天路旅游手机 APP（中、英版）手机应用。在商务模式上，以天路为依托，打造张家口生态旅游 O2O 新模式，集成在线服务和线下体验，实现智慧服务、智慧营销、智慧管理的功能。在线服务可实现包括天路在内的生态旅游信息展示、旅游产品在线预订、支付、查询、会员信息维护等多种功能。线下场景体验主要是利用支付宝钱包功能，实现游客“一只手机游遍张家口”的消费体验。

张家口旅游业发展的哲学思考
——生态后现代主义视角

左俊楠　任　亮　孔　伟①
（河北北方学院法政学院、生态建设与产业发展研究中心）

摘要： 自然资源与生态环境是经济社会发展的基础性和前提性因素。在大力发展旅游业的同时，必须加强生态环境保护。文章通过分析张家口旅游业发展存在的问题，运用生态后现代主义哲学观点来思考张家口旅游业的发展，提出“以人为本”的生态旅游观、科学发展的全面价值取向、和谐开放的动态思维方式，为张家口旅游业发展提供建议。

关键词： 旅游业；生态后现代主义；张家口

引言

张家口地处华北平原、蒙古高原交界处，毗连北京市，交界山西、内蒙古，属大陆性气候，四季分明，雨热同季，昼夜温差大，夏季清凉舒爽。张家口生态资源丰富，生态环境良好，同时也是京津冀地区的生态腹地和水源涵养区。其中，在2014年10月环境保护部发布的全国74个监测城市空气质量状况报告中，张家口在长江以北37个监测城市中排名第一。如今，优良的生态环境已成为张家口休闲旅游产业发展的最大资本和巨大财富。近年来，张家口不断挖掘自身丰富的旅游资源，开辟出多条旅游精品路线，吸引众多游客前来感受张家口的壮丽美景。张家口市已经将旅游业确定为重点发展的第一主导产业，依托滑雪、温泉、草原、音乐节、打树花等特色旅游项目，

---

① 基金项目：河北省高等学校人文社会科学重点研究基地项目“生态建设与产业发展研究”（20143101）；河北省教育厅人文社会科学研究重大课题攻关项目“冬奥进程中京津冀生态保护与建设的路径及对策研究”（ZD20160106）；河北省科技计划项目“‘十三五’期间河北省生态承载力与经济协调发展的战略研究”（16457625D）；河北省社会科学基金项目“京津冀生态环境—经济—新型城镇化协调发展评价及对策研究”（HB16YJ009）；张家口市科技局重大项目“冬奥会背景下张家口生态承载力研究”（1511077I）；张家口市科技局项目“张家口市旅游经济与生态环境协调发展研究”（1411058I－28）资助。

打造出滑雪温泉、草原风情、葡萄（酒）品游、民俗精品和历史文化五大特色旅游区。据统计，2015 年 1 月至 6 月全市接待国内外游客 1582. 16 万人次，同比增长 16. 5%，实现旅游总收入 124. 16 亿元。随着北京携手张家口成功获得 2022 年冬奥会的举办权，张家口将进一步优化生态环境，加大造林绿化力度，提升城市品牌形象，着力打造国际化优秀休闲旅游目的地。

显然，张家口的自然资源和生态环境成为经济社会发展的基础性和前提性因素。但由于人们自然资源无限和生态环境无价的思维根深蒂固，不断对生态资源进行掠夺式开发，破坏了生态系统的有序运行，已造成自然资源的严重匮乏和生态环境的持续恶化。在这种局面下，张家口要意识到，在大力发展旅游业的同时，必须加强生态环境保护。为此，本文从生态后现代主义的角度来思考张家口旅游业的发展问题，并提出发展建议，供决策参考。

一、张家口旅游业发展存在的问题

（一）景区配套设施不完善，接纳体系不健全

张家口目前旅游的主要客源来自河北省和北京市，但北京市到张家口市的铁路、公路等基本交通设施还不完善。目前，张家口市高品位旅游资源多数属于县内自然风光，如张北县草原天路、蔚县小五台山等，多数只能接待旅客自驾游，不具备便利的交通条件，这在一定程度上影响了游客的出游积极性，但自驾游的增加使得交通拥堵十分严重，大大影响了资源品味和游客体验。旅游景区基础设施、接待设施还不够完善，不具备成熟景区应有的接待能力，如张家口在旅游旺季，住宿、停车、交通问题凸显，影响旅游效率。

（二）旅游发展目标不明确，功能定位不准确

张家口草原天路建设的初衷不是旅游景区，而是作为打通张家口市县域联系的一条路。因为风景绝美，经由互联网的传播，很快吸引了外地的大量游客。草原天路被称为“中国版的 66 号公路”，但即使是美国的 66 号公路，其核心功能也是通道价值而非旅游。事实上，从全球范围来看，也很少有城市直接将公路作为旅游目的地来运营。张家口很多景区都是这样的自然景观，在具有观赏价值之外还具有其他实用价值，而随着旅游业的不断发展，很多地方的这两种功能都发生了冲突。以草原天路为例，到底该更多地发展其观赏价值还是更多地发展其交通价值，这确实需要政府冷静地进行思考的一个定位问题。

（三）景区监管不力，生态破坏严重

目前来看，尽管天路为外界所知的时间不长，但生态破坏已经表现得十分明显。张家口旅游业发展蒸蒸日上，外来游客的数量越来越多，旅游旺季甚至可以用火爆来形容，景区农家旅馆全部有客人入住。草原旅游项目的开发（骑马、滑草等）较多，草原天路也面临着大气、水、固体废弃物的多层面生态破坏的危险，草甸退化严重。草原天路这样的景区属于道路性景区，全长132.7公里，政府该如何监管，而且作为交通职能出现的道路，政府又该如何监管。

为解决张家口旅游业发展存在的问题，我们必须以相应的哲学理论为指导，用全面和联系的观点看待发展中的问题，只有这样，才能让景区在发挥其观赏价值的基础上尽可能地发挥其他价值。生态后现代主义哲学强调人和自然发展的联系性、全面性，是旅游业发展的重要理论基础。

二、生态后现代主义哲学的主要观点

生态后现代主义是后现代哲学思潮的一个重要组成部分，它强调整个世界的内在关联性，整个世界就是一个活的生态系统。它强调世界的整体有机论性和非二元性。后现代主义生态观是一种以整体思维为出发点，以和谐发展为价值取向的世界观。生态后现代主义提倡，世界应该是以生态的方式存在，他们认为世界整体的、关联的、多元主体的、开放的、互生的，人类应在此理论基础上重建人与自然的关系。因此，生态后现代主义是一种本体论，是旅游业发展的重要理论基础，对旅游业发展具有重要的指导作用。生态后现代主义主要有以观点：

（一）否定“人类中心主义”

生态后现代主义理论否定“人类中心主义”。它认为，人类、动物、植物无一例外都是生态系统的一部分，世间万事万物都具有主客一体性。它强调，个体是作为整体的一员而存在的，他们只有在整体的复杂关系网中才能显示出价值。人也不例外，也是整个生态系统能够中的一个重要组成部分。生态后现代主义提倡一种生态伦理，它的首要准则就是：“若一事物保护生态群落的完整、稳定和美好，那他准是对的；反之必错。”① 同样，它还认为，生态系统中的每一活动本身有的独特价值。尤其是“人类向这个星球注入了许多据我们所知其他物种所不能有的经验。人际关系和人类创造力所特有的享乐

① 燕宏远，韩民青．当代英美哲学概论［M］．北京：社会科学文献出版社，2002.

特性具有独一无二的内在价值”。[①] 此外，此哲学观点否定人与其他生物非生物之间的竞争关系，认为协同共存才是我们一致追求，而且要为之不断奋斗的。它认为，我们完全有能力去建立一个既可以充分有效利用生态资源，同时又善待自然资源的生态世界观。如果人类离开了和谐的生态环境，自身的各种价值也就无从体现。

（二）倡导“非二元”论观

生态后现代主义批判现代性的机械论观点和二元论认为，二元论的错误在于不把外事万物看成是具有主客一体性的事物。这种机械的主客体思想，严重影响了生态环境的发展。而生态后现代主义认为，世间万事万物是联结在一起的有机整体，一切现象之间都是相互联系和依赖的，整个世界就是一个有生命的整体。他们以一种联系的、整体的观点去看待人与自然、肉体与精神、自我与他人等方面关系，真正的时代精神应该是“生态的”而非机械的和二元分裂的。这种有机整体论的理论支持是怀特海的过程哲学。怀特海哲学核心思想是：所有原初的个体都是有机体，都有内在的联系。世间所有的事物都是生命的核心，都有自身的利益与价值。过程哲学首先肯定人的主观创造性，认为人是宇宙中一个很小但却起着很重要的创造作用的物种。在肯定人价值的同时，他并没有否定动物、植物及其他事物对人的影响作用，他认为宇宙是不断变化的，而且每一个实体都显现在每一个客体中。这就意味着自然中的一切实体都是生态的，而人是包含在自然中的，所以，人也是地球乃至整个宇宙中的生态存在。在这种有机整体论的基础上建立的非二元论思想核心是，认为物质活动和精神活动是一个主体，互相影响、互相促进的，两者不可分割地联系在一起，并且是一个过程的两种不同要素。同时，怀特海的过程哲学很重视自然规律，认为宇宙有其内在的秩序。任何物质的存在都有其内在价值，是受宇宙规律控制的。他们认为，世间万物是一个由因果关系的“动力因”决定的“客体”，但同时从当前的“自决”而言，又是“主体”。过程哲学在生态上的意义主要是作为生态系统中的一个部分，应该对动物、对植物、对整个世界的环境都负有道德上的责任，而我们现在的经济制度应该是一种更生态的制度，用这种更生态的经济制度去为人类造福，为人类造福也就是为世间万物造福，为世间万物造福也是为人类本身造福。

---

① 燕宏远，韩民青．当代英美哲学概论［M］．北京：社会科学文献出版社，2002.

（三）对“经济假定”理论的批判

经济假定理论是现代性假定的核心理论之一。其主要观点就是一切以经济为主，任何物质都要为经济服务。这在发展中的中国已经表现得淋漓尽致，很多旅游景区在当地喊出的口号就是我们的自然环境能为我们提供源源不断的经济利益。这种理论认为，自然也是为经济服务的，自然对于人们的价值只是有待开发的资源，除此价值之外，没有其他自身价值。而人作为万物之灵，其意义就在于改造自然，同自然做斗争。这是在工业文明之后逐渐形成的并且根植人心的一个假定，因为工业文明后经济在社会中的作用逐渐凸现出来，成为掌控社会发展的主导力量。由此可以得出，人的幸福与社会的进步是完全依赖于经济的，是与经济相统一的，而且人类的所有问题都是可以由经济来解决的。经济主义在当今社会的另一种表现就是消费主义。张家口资源紧张其实也有这方面的原因。消费主义追求物质的极大丰富，造成人们无节制的消费，而在追求的过程中不免会造成浪费和挥霍，造成人们对物质实用价值的背离，因而会造成世界观和价值观的扭曲。而生态后现代主义者对“经济假定”给予了严厉的批评，他们认为：经济主义或实用主义理论让人们信仰的只有自己的贪欲，而是否符合自然规律是无关紧要的，为了经济的增加去牺牲自然，置大自然于不顾，把整个生态系统当成了人们追逐经济的砝码，这是造成现代生态危机的主要原因之一。

生态后现代主义的上述观点将对旅游产业具有极大的指导意义，张家口旅游业正处于起步状态，只有以科学的世界观和方法论为指导，才会在创造经济利益的同时给大家创造一个和谐生态的自然环境。

三、生态后现代主义视角下张家口旅游业发展建议

（一）自然景观开发的观念必须转变为“以人为本”的生态旅游观

生态后现代主义认为，世界不仅在空间上是联系的，在时间上也是前后联系的，这符合以人为本的生态旅游观。“以人为本”的生态旅游观既着眼于满足当代人的旅游需求，也注重妥善处理好当代人和子孙后代的关系，用可持续发展思路来规划未来。在张家口旅游开发过程中，我们要因时制宜地全面考虑制约因素。这包括当前的经济发展速度、质量和未来的发展潜力，能够让发展旅游业功在当代，利在千秋。决不能竭泽而渔，更不能杀鸡取卵，损害子孙后代的利益；不能因一己之私、一时之利而去破坏自然环境里其他物种的利益。如果过度注重短期内的快速发展，势必会对未来发展造成无法弥补的损失。因此，张家口旅游业发展必须着眼于未来的进入者与消费者，

只有赢得这一主体，才能赢得旅游市场的未来。

（二）自然风光利用必须从单纯追求经济利益的片面价值取向向科学发展的全面价值取向转变

生态后现代主义批评经济中心论认为，后现代主义发展的主要方向不是经济的发展，而是人与社会与自然的全面和谐发展。过去，很多旅游政策的制定者、旅游企业的领导者以工业文明的思维方式和价值标准来决定经济项目的立项、决策和实施，而不会在生态保护理念的约束下去寻求有利于环境的旅游开发项目。尤其是一些贫困的生态重要地区和生态脆弱地区（张家口多处旅游景区属于这样的景区）的领导一味追求经济增长。很多地区把旅游业作为经济发展的重要组成部分，这种发展方式是有悖于生态后现代主义观念的。生态后现代主义强调和谐的生态环境有利于人类的生存和世界万物的和谐发展。人们必须树立人与自然和谐生存的新生态文化观，并使每一个社会成员具备起码的生态文化素养，促进生态环境的保护及修复，实现人与自然关系的全面恢复。可见，由发展经济为中心的思维方式向和谐开放动态的思维方式转变是营造生态旅游文化氛围，是促进旅游业持续健康发展的重要条件。

（三）发展过程中必须由封闭保守僵化思维方式向和谐开放动态思维方式转变

生态后现代主义认为，世界发展是联系的、整体的，而旅游业的发展一定会涉及多个方面，必定牵一发而动全身。要使旅游系统的各部分、各要素（人与人、人与社会、人与自然的关系）始终处于共存、有序、协调的状态，使其功能得到最大优化的社会，就必须倡导和谐、开放、动态的思维方式。自然环境和人类社会的发展具有重要的相互依赖关系。人与自然的关系若处理不好，势必会影响到人与人、人与社会的关系。随着高科技的快速发展和人类生存领域的拓展，保持人与自然的和谐发展面临着新的挑战和任务。我们只有采用和谐开放动态的思维方式，才能在复杂的表现背后找到实现旅游业发展的最佳途径。

参考文献

［1］赖章盛．关于生态文明社会形态的哲学思考［J］．云南民族大学学报（哲学社会科学版），2009，26（5）：37－40.

［2］张秀，张国平．生态文明建设的哲学思考［J］．兰州学刊，2009（2）：11－12.

[3] 腾有正．环境经济问题的哲学思考——生态经济系统的基本矛盾及其解决途径［J］．内蒙古环境保护，2001，13（2）：13－16.

[4] 任永堂．文化与生态的哲学思考［J］．自然辩证法研究，1994（6）：43－46.

[5] 方岩．生态哲学及其后现代性［J］．社会科学研究，2001（3）：59－63.

[6] 查伦·斯普瑞特奈克，张妮妮．生态后现代主义对中国现代化的意义［J］．马克思主义与现实，2007（2）．

[7] 张首先．生态后现代主义的和谐价值理念［J］．学术论坛，2008，31（2）．

[8] 余谋昌．生态哲学与可持续发展［J］．自然辩证法研究，1999（2）．